Freiburger Empirische Forschung in der Mathematikdidaktik

Herausgegeben von
B. Barzel
A. Eichler
L. Holzäpfel
T. Leuders
K. Maaß
G. Wittmann

Freiburg, Deutschland

Die Freiburger Arbeitsgruppe am Institut für Mathematische Bildung (IMBF) verfolgt in ihrem Forschungsprogramm das Ziel, zur empirischen Fundierung der Mathematikdidaktik als Wissenschaft des Lernens und Lehrens von Mathematik beizutragen. In enger Vernetzung innerhalb der Disziplin und mit Bezugsdisziplinen wie der Pädagogischen Psychologie oder den Erziehungswissenschaften sowie charakterisiert durch eine integrative Forschungsmethodik sehen wir Forschung und Entwicklung stets im Zusammenhang mit der Qualifizierung von wissenschaftlichem Nachwuchs. Die vorliegende Reihe soll regelmäßig über die hierbei entstehenden Forschungsergebnisse berichten.

Kathleen Philipp

Experimentelles Denken

Theoretische und empirische Konkretisierung einer mathematischen Kompetenz

Springer Spektrum

Kathleen Philipp
Freiburg, Deutschland

Dissertation Pädagogische Hochschule Freiburg, 2012

ISSN 2193-8164
ISBN 978-3-658-01119-2
DOI 10.1007/978-3-658-01120-8
ISSN 2193-8172 (electronic)
ISBN 978-3-658-01120-8 (eBook)

Die Deutsche Nationalbibliothek verzeichnet diese Publikation in der Deutschen Nationalbibliografie; detaillierte bibliografische Daten sind im Internet über http://dnb.d-nb.de abrufbar.

Springer Spektrum

Gedruckt auf säurefreiem und chlorfrei gebleichtem Papier

Springer Spektrum ist eine Marke von Springer DE. Springer DE ist Teil der Fachverlagsgruppe Springer Science+Business Media.
www.springer-spektrum.de

Geleitwort

„Experimentieren in der Mathematik?“ – wann immer man diese spezifische Verbindung zwischen einer wohlbekannten Methode und einer vertrauten Disziplin zur Sprache bringt, kommt es zu einem kurzen Moment des Innehaltens, in dem die Frage im Raum steht: Gehört das überhaupt zusammen?

Die Mathematik ist ja zunächst einmal bekannt als beweisende Wissenschaft. Im Kontext des Lehrens und Lernens von Mathematik kommen beim Experimentieren erst einmal Assoziationen zu einer „Mathematik zum Anfassen“ oder eines „Herumprobierens“ auf. Solche Tätigkeiten erscheinen aber weit von dem entfernt, was man unter einem Experiment im naturwissenschaftlich-strengen Sinne versteht. Auf den zweiten Blick aber – und dieser eröffnet sich, wenn man die vielfältige Literatur zu dem Thema in Augenschein nimmt – ist das Experimentieren sehr wohl eine zentrale Erkenntnisweise in der Mathematik.

Kathleen Philipp legt in ihren theoretischen und empirischen Analysen die engen Bezüge zwischen Experimentieren und Mathematik offen und durchschreitet dabei einen weiten Bogen von der Wissenschaftstheorie bis hin zu konkreten Lehr-Lern-Arrangements.

In der hier geboten Zusammenschau wird deutlich, wie Erkenntnistheorie (Peirce, Lakatos), Mathematik (Euler, Polya), Soziologie (Heintz) und Lehr-Lernforschung (Klahr & Dunbar) immer wieder auf dieselben Muster stoßen: Das Generieren und Prüfen von Hypothesen an Beispielen (Abduktion und Induktion) ist eine zentrale, quasi-empirische Vorgehensweise in der Mathematik. Kathleen Philipp gelingt es, die unterschiedlichen Begrifflichkeiten und Traditionen aufeinander zu beziehen und ein theoretisches Modell für ihre eigenen empirischen Analysen und für künftige Forschung in diesem Feld zu errichten.

Eine empirische Fundierung erfährt diese Theorie durch eine Reihe von Studien, in denen Kathleen Philipp das experimentelle Denken und die experimentelle Kompetenz von Schülerinnen und Schülern untersucht. In einer qualitativen Studie werden Kategorien entwickelt, mit denen sich experimentelle Vorgehensweisen analysieren lassen. Hier wird deutlich wie reichhaltig die dabei beteiligten Prozesse sind. Es wird aber auch klar, dass sich verschiedene Teilfähigkeiten experimentellen Denkens reliabel erfassen lassen.

Eine überzeugende Validierung erfährt das Konstrukt schließlich durch den experimentellen Nachweis, dass sich solche Kompetenzen nachhaltig fördern lassen und dabei auch ein Transfer auf andere Inhaltgebiete stattfindet. Damit gibt sie Impulse für die Problemlöseforschung, sich mit experimentellem Denken als spezifischer und fundamentaler Facette mathematischen Denkens auseinanderzusetzen.

Da die Intervention im Rahmen eines fachdidaktischen Entwicklungsprojektes (Kontexte für sinnstiftendes Mathematiklernen, KOSIMA) stattfand, lassen sich die Ergebnisse unmittelbar für die Praxis nutzen. Da das Dissertationsprojekt zudem in das Promotionskolleg (Experimentieren im mathematisch-naturwissenschaftlichen Unterricht, ExMNU) eingebunden war, ergaben sich fruchtbare Diskussionen über die Parallelität mathematischen und naturwissenschaftlichen Experimentierens, welche in weitere Publikationsprojekte eingeflossen sind.

Timo Leuders, 18.10.2012

Unsere Theorien sind unsere Erfindungen. Sie sind nie mehr als kühne Vermutungen und Hypothesen; von uns gemachte Netze, mit denen wir die wirkliche Welt einzufangen versuchen.

Karl R. Popper

Inhalt

Abbildungsverzeichnis

Tabellenverzeichnis

1 Experimentieren im Mathematikunterricht?

Beobachtung, Experiment, Entdeckung und Vermutung gehören zum Mathematikunterricht ebenso wie zu naturwissenschaftlichem Unterricht. Diese Aussage spiegelt sich in den Standards des National Council of Teachers of Mathematics (NCTM), in welchen empfohlen wird, Teilbereiche des Problemlösens beim Mathematiklernen – exploring, conjecturing, examining and testing (National Council of Teachers of Mathematics, 1989, p. 95) – in den Vordergrund zu rücken. In der Mathematikdidaktik sind mathematische Denkprozesse von Lernenden bei solchen Tätigkeiten von besonderem Interesse. Zu wissen, „was in den Köpfen von Schülerinnen und Schülern vorgeht", ist als Grundlage für die Konzeption von Lehr-Lern-Situationen bedeutsam und dient der (Weiter-)Entwicklung von Unterrichtsqualität. Allerdings ist es eine große Herausforderung, gerade solche verborgenen Prozesse offenzulegen. Die vorliegende Arbeit widmet sich dabei speziellen Denkprozessen beim „Mathematiktreiben", die als *Prozesse experimentellen Denkens* theoretisch beschrieben und empirisch untersucht werden können. Experimentelles Denken bezieht sich dabei auf mathematische Objekte und deren Zusammenhänge. Besonderes Kennzeichen dieser Arbeit ist die bewusste Eingrenzung auf Prozesse im Umgang mit innermathematischen Phänomenen. Ausgeklammert bleiben dabei solche Prozesse, bei denen ein modellierender Bezug zu Phänomenen der zunächst unmathematisierten Welt eine Rolle spielt. Dabei werden im Rahmen dieser Arbeit zwei Perspektiven auf das Experimentieren in der Mathematik eingenommen: einerseits wird Experimentieren als *mathematischer Prozess* verstanden und andererseits als *Kompetenz* betrachtet.

Während dem Experimentieren in den naturwissenschaftlichen Disziplinen und folglich im naturwissenschaftlichen Unterricht eine zentrale Bedeutung zukommt (Pietschmann, 1996; Shadish, Cook, & Campbell, 2002), verbindet man landläufig diese Form des Erkenntnisgewinns eher nicht mit typischen Arbeitsweisen in der Mathematik und im Mathematikunterricht. Gemeinhin wird die Mathematik als deduktive Wissenschaft gesehen. Betrachtet man jedoch Prozesse bei der Entstehung neuen Wissens genauer, so findet man viele Hinweise auf Vorgehensweisen, die man durchaus als experimentell kennzeichnen kann. Polya (1962) hebt in diesem Zusammenhang die Bedeutung induktiver Prozesse hervor und unterscheidet dabei „suggestive Beobachtungen", die über die Betrachtung von Beispielen zu einer Vermutung führen und „stützende Beobachtungen" zur Überprüfung der Plausibilität der Vermutung anhand weiterer Beispiele. Ersichtlich wird hier eine große Nähe zu fundamentalen Prozessen wissenschaftlichen Erkenntnisgewinns bei Peirce (1960a), der Abduktion (=suggestive Beobachtungen) als hypothesengenerierende Schlussform, der Induktion (=stützende

Beobachtungen) als hypothesenprüfende Schlussform und der Deduktion als notwendige Schlussform des Beweisens. Die Deduktion stellt in ihrer Bedeutung beim Begründen und Beweisen, also beim rigorosen Absichern von Wissen, eine charakteristische Stärke der Mathematik als Wissenschaftsdisziplin dar. Beim Entstehen neuen mathematischen Wissens hingegen spielen Abduktion und Induktion eine gewichtigere Rolle und werden im Rahmen dieser Arbeit den Fokus genommen. Das Hypothesenbilden und Hypothesenprüfen auf der Basis von Beispielen – also die Prozesse der Abduktion und Induktion im Peirce'schen Sinne (Peirce et al., 1960b) – werden als *innermathematisches Experimentieren* bezeichnet und spielen auch für das Mathematiklernen eine zentrale Rolle. In Ihrer Bedeutung untermauert wird die fokussierte Sichtweise auf diesen Teilaspekt mathematischen Erkenntnisgewinns auch durch soziologische Untersuchungen von Heintz (2000a), die den Arbeitsweisen von Mathematikerinnen und Mathematikern einen „quasi-empirischen Charakter" zuschreibt: Mathematikerinnen und Mathematiker formen Vermutungen über mathematische Zusammenhänge in der Regel nicht durch Ableitung aus bestehenden Sätzen (deduktiv), sondern durch „experimentelles Arbeiten" mit Beispielen: „Damit rückt das Experiment, das praktische Forschungshandeln [...] in den Mittelpunkt, [...]" (Heintz, 2000a, p. 110). In allen Ansätzen ist die Funktion von Beispielen eine ähnliche: sie können als Träger mathematischer Phänomene als empirische Daten fungieren.

Wie sich experimentelle Denkprozesse in Handlungen manifestieren und wie sie vor dem Hintergrund verschiedener Theorien des Erkenntnisgewinns eingeordnet und konkretisiert werden können, sind zentrale Fragestellungen, denen in dieser Arbeit nachgegangen wird. Die Konzeptualisierung dieser Denkhandlungen stellt einen theoretischen Beitrag zu einem Theorierahmen des „Experimentierens" im Fach Mathematik dar. Gleichzeitig verdeutlichen Analogien zum Experimentieren in den Naturwissenschaften die Nähe, aber auch die Divergenz der Konzepte. Inwiefern sich auf der Grundlage dieses empiriebasierten Theoriekonzepts fundamentale Fähigkeiten experimentellen Arbeitens identifizieren und validieren lassen, ist wesentlicher Bestandteil der Arbeit. Hierbei lassen sich zweierlei Forschungsinteressen differenzieren: aus grundlagentheoretischer Sicht die messtheoretische Erfassung solcher Teilkompetenzen und aus didaktischer Sicht die Frage, wie sie sich im Rahmen einer Unterrichtsintervention fördern lassen.

Wie wir sehen werden, sind experimentelle Prozesse, wie sie übrigens bereits Leonhard Euler (1761) introspektiv beschreibt noch (oder gerade) heute von Aktualität. Ein Aspekt dieser Arbeit wird es sein, diese Aktualität aufzuzeigen. Dies geschieht zunächst auf theoretischer Ebene durch die Verknüpfung verschiedener Theorien und Forschungsansätze zu (mathematischem) Erkenntnisgewinn. Analogien zur Verwendung des Experimentierbegriffs in den Naturwissenschaften werden dabei aufgezeigt (Kapitel 2 und 3). Durch qualitative Analysen von Bearbeitungsprozessen wird die Bedeutung experimenteller Prozesse empirisch untermauert. Wesentliches Ergebnis ist hierbei ein differenziertes Kategoriensystem zur Erfassung experimenteller Vorgehensweisen Lernender, das zu einer Theorie *innermathematischen Experimentierens* führt (Kapitel 4). Die Vernetzung der theoretischen und empirischen Perspektive auf experimentellen Erkenntnisgewinn lässt eine Verortung und Weiterentwicklung dieser Theorie zu (Kapitel 5). Anhand von vier Teilprozessen, denen die vielfältigen Vorgehensweisen Lernender zugeordnet werden können, lässt sich innermathematisches Experimentieren schematisieren: Beispiele werden generiert (1) und strukturiert (2), Vermutungen über Strukturen und Zusammenhänge werden geäußert (3) und an weiteren Beispielen überprüft (4). Nachdem es in der Arbeit zunächst darum geht, mathematische Bearbeitungsprozesse vor dem theoretischen Hintergrund des Experimentierens zu betrachten, kommt dann eine zweite Perspektive hinzu: die Betrachtung dieser zentralen Experimentierschritte als Teilfähigkeiten des Experimentierens. Auf diese Weise können die Schritte auch als *Kompetenzen* verstanden werden. Inwiefern diese Sichtweise auch empirisch tragfähig ist, ist Gegenstand weiterer Untersuchungen, bei denen im Rahmen einer Intervention fundamentale experimentelle Kompetenzen erfolgreich gefördert werden (Kapitel 6 und 7). Zentrale Ergebnisse werden abschließend noch einmal aufgegriffen und im Hinblick auf ihre Bedeutung für die fachdidaktische Grundlagenforschung einerseits und die Praxis des Mathematikunterrichts andererseits diskutiert (Kapitel 8).

Wesentliche Zielsetzung dieser Arbeit ist also ein wissenschaftstheoretisch und lerntheoretisch fundierter, sowie empirisch abgestützter Beitrag zum Experimentieren in der Mathematik. Dabei soll insgesamt deutlich werden, inwiefern sich experimenteller Erkenntnisgewinn in der Domäne der Mathematik konzeptualisieren, erfassen und fördern lässt. Als genuin fachdidaktische Arbeit soll dies auch durch den Transfer in die Praxis validiert werden: die Lernumgebung, die zur Überprüfung der Förderbarkeit experimenteller Kompetenz konstruiert wird, ist zugleich ein konkreter Vorschlag für den Mathematikunterricht.

2 Theoretische Grundlagen

Wesentliches Ziel des Kapitels ist es, aus theoretischer Perspektive zu beleuchten, in welcher Weise ein Konzept des Experimentierens auch im Fach Mathematik verortet werden kann. Denktätigkeiten, die man aus Sicht der Wissenschaftstheorie als Experimentieren bezeichnen könnte, dienen als Ausgangspunkt für solche Überlegungen. Dennoch muss die Bedeutung des Begriffs „Experimentieren" für das Fach Mathematik präzisiert werden. Darüber hinaus sollen Analogien zu naturwissenschaftlichen Konzepten des Experimentierens sowie Bezüge zu mathematischem Problemlösen die Tragfähigkeit eines solches Konzept untermauen.

Im Fokus dieser Arbeit steht „experimentelles Denken", was darauf hindeutet, dass es sich hier um eine Beschreibung mentaler Vorgänge handelt, nicht um Tätigkeiten im Umgang mit Realexperimenten. In den Blick genommen werden also Denkprozesse beim Experimentieren mit mathematischen Objekten, was begrifflich als *innermathematisches Experimentieren* gefasst wird. Ein Vorteil liegt darin, dass die Auseinandersetzung mit mathematischen Gegenständen nicht durch den Umgang mit Realgegenständen oder durch vorgegebene Alltagsbezüge beeinflusst wird und kognitive Prozesse dadurch möglicherweise besser sichtbar werden. Wie solche Prozesse aussehen können, soll folgendes Beispiel illustrieren: Pólya beschreibt, wie ein Mathematiker zu einer Vermutung kommt, die sich zu beweisen lohnt. Zur Veranschaulichung wählt er die Goldbachsche Vermutung und verdeutlicht damit auch den Teilprozess, den Euler ein „Quasi-Experiment" nennt (Pólya, 1962, p. 24). In Tabelle 1 werden entsprechend dem von Polya ausführlich dargestellten Prozess die betrachteten Beispiele (Gleichungen) und die Denkschritte im Prozess dargestellt.

Tabelle 1: Kognitive Prozesse im Umgang mit Vermutungen nach Pólya

Schritt	Gleichungen	Prozess
(1)	3+ 7=10 3+17=20 13+17=30	Durch einen Zufall stößt man auf diese Gleichungen und bemerkt folgendes: • Die Zahlen 3, 7, 13 und 17 sind (ungerade) Primzahlen. • Die Summe ist immer gerade. Wie ist es mit anderen Zahlen?
(2)	6=3+3	Betrachtung der ersten geraden Zahl, die als Summe von zwei ungeraden Primzahlen darstellbar ist.
(3)	8=3+5	Ausnahmen sind die Zahlen 2 und 4 (im Folgenden muss also das Attribut „ungerade" nicht

	10=3+7=5+5 12=5+7 14=3+11=7+7 16=3+13=5+11	mehr explizit verwendet werden). Geht es immer so weiter? Versuchsweise Vermutung: Jede gerade Zahl größer als 2 kann als Summe von zwei Primzahlen dargestellt werden.
(4)	60=3+Primzahl? nein 60=5+Primzahl? nein 60=7+53	Prüfen der Vermutung an einer neuen Zahl (Quasi-Experiment). Die Vermutung lässt sich bestätigen. Im Fall einer Widerlegung wäre die Vermutung „erledigt", eine Verifizierung ist kein eindeutiger Schluss, aber die Vermutung wird glaubhafter.
(5)	18=5+13=7+11 20=3+17=7+13 22=3+19=5+17=11+11 etc.	Überprüfung an weiteren Beispielen. Die Vermutung lässt sich bestätigen. Verifizierung kann eine Vermutung aber niemals beweisen.

Die von Pólya im Beispiel aufgeführten kognitiven Prozesse (eine Konkretisierung durch Pólya findet sich in Abschnitt 2.3.1) dienen einer ersten Annäherung an innermathematische Experimentierprozesse.

Kognitive *Prozesse* werden in der Kognitionspsychologie von kognitiven *Inhalten* unterschieden (Zimbardo, 1999, p. 275). Zu kognitiven Inhalten zählen die Autoren beispielsweise Begriffe, Tatsachen, Aussagen und Regeln. Mit kognitiven Prozessen meinen sie „geistige Operationen" mit diesen Inhalten. Obwohl der Begriff der Kognition in der Literatur häufig sehr unterschiedlich verwendet wird, kann man unter kognitiven Prozessen diejenigen fassen, die zu Wissen und Erkenntnissen führen, sei es um unsere Umwelt zu verstehen oder um Probleme des Alltags zu lösen (Zimbardo, 1999; Betsch, Funke, & Plessner, 2011). Welche Beziehung besteht aber nun zwischen den (Denk-)Tätigkeiten, die man in der Wissenschaft als Experimentieren bezeichnen würde und den *individuellen* Kognitionen, welche in dieser Arbeit ebenfalls als „experimentell" beschrieben werden sollen?

In den Naturwissenschaften ist Experimentieren eine zentrale Methode, neue Erkenntnisse zu gewinnen. Die Mathematik zählt nicht zwingend zu den Naturwissenschaften, gleichwohl kann Experimentieren bei mathematischem Wissenserwerb eine bedeutende Rolle spielen. Welche kognitiven Prozesse nun beim Experimentieren im Fach Mathematik von Bedeutung sind, soll an dieser Stelle zunächst aus theoretischer Perspektive betrachtet werden. Um die Bedeutung der Begriffe des „Experimentierens" und des „experimentellen Denkens" im Rahmen dieser Arbeit zu präzisieren, braucht es neben der kognitionspsychologischen Sicht daher weitere Sichtweisen aus verschiedenen Disziplinen: die naturwissenschaftliche Perspektive einerseits und die mathematische andererseits. In allen Disziplinen wird der Begriff des „Experiments" verwendet und ebenfalls in allen Disziplinen gibt es unterschiedliche Auslegungen des Begriffs. Was also im Rahmen dieser Arbeit unter experimentellem Denken und wie der Begriff des Experiments auf theoretischer Basis verstanden wird, soll in den nächsten Abschnitten deutlich werden. Zunächst wird ein Modell zu wissenschaftlichem Erkenntnisgewinn herangezogen, das nicht domänenspezifisch ist und mit seiner Klassifizierung von Denkprozessen eine vielversprechende Möglichkeit bietet, innermathematisches Experimentieren einzuordnen. Zu solchen epistemologischen Basisprozessen können theoretische Sichtweisen auf experimentelle Prozesse in der Mathematik in Beziehung gesetzt werden.

Die hier angedeutete Sicht auf mathematische Denkprozesse findet eine wissenschaftstheoretische Fundierung in den Arbeiten von C.S. Peirce, welche einen bedeutsamen theoretischen Bezugspunkt für diese Arbeit darstellen.

2.1 Wissenschaftlicher Erkenntnisgewinn nach Peirce

Der amerikanische Philosoph Charles Sanders Peirce (1839-1914) postuliert, mit drei verschiedenen Grundformen des wissenschaftlichen Schließens alle wissenschaftlichen Erkenntnisprozesse beschreiben zu können. Welche Formen Peirce dabei unterscheidet, soll im Folgenden entfaltet werden.

Peirce schreibt in seiner Abhandlung „The fixation of belief“ (Peirce et al., 1960a) wissenschaftlichem Schließen die Funktion von Erkenntnisgewinnung zu, indem er es als Schluss von Bekanntem auf Unbekanntes beschreibt: „The object of reasoning is to find out, from the consideration of what we already know, something else which we do not know." (Peirce et al., 1960b, 5.365)[1]. Vor diesem Hintergrund unterscheidet Peirce drei Schlussformen, welche – unter der Perspektive dieser Arbeit betrachtet – einen theoretischen Rahmen bieten, erkenntniserzeugende experimentelle Prozesse zu fassen.

Peirce charakterisiert diese drei Formen wissenschaftlichen Schließens in seiner Abhandlung „Three types of reasoning“ (Peirce et al., 1960a) näher. Bei den Benennungen der Peirce´schen Schlussformen werden im Folgenden die Begriffe *Deduktion*, *Induktion* und *Abduktion* verwendet, wohl wissend, dass Peirce für das Konzept der Abduktion im Verlauf der Entwicklung seiner Theorie unterschiedliche Termini gebraucht hat, deren Bedeutung sich ebenfalls veränderte (vgl. Fann, 1970; Reichertz, 2003; Richter, 1995; Santaella, 1997). Bei der Verwendung der genannten Begrifflichkeiten wird an dieser Stelle der Bezug vor allem zur späteren Theorie von Peirce (ab ca. 1890) hergestellt, die das Zusammenspiel der Schlussformen als forschungslogischen Dreischritt betrachtet. Die nachfolgende Betrachtung der Peirce´schen Philosophie beschränkt sich also auf einen sowohl thematisch als auch zeitlich begrenzten

1 Verweise auf Collected Papers von Peirce geben in der Form a.b den Band (a) und den Abschnitt (b) an.

Teilbereich seiner Arbeiten, da die systematische Aufarbeitung seiner Arbeiten laut Reichertz (2003) bislang nur bruchstückhaft und teilweise nicht unmissverständlich geschehen ist. Ausschlaggebend für den hier gewählten Fokus auf einen Ausschnitt der Peirce´schen Ideenwelt ist dabei, dass Peirce die drei Schlussformen in seiner späteren Philosophie stärker nach ihrer Funktion im Erkenntnisprozess und nicht mehr ausschließlich nach ihrer logischen Form unterscheidet (Reichertz, 2003).

Die drei Schlussformen mit ihren unterschiedlichen Eigenschaften sollen im Folgenden jeweils für sich sowie in ihrer Verknüpfung und der sich daraus ergebenden „Dynamik des Erkenntnisprozesses" dargestellt werden. In den darauffolgenden Abschnitten werden dann die vorgestellten Begriffe in Bezug zu mathematischem Experimentieren gesetzt.

2.1.1 Deduktion

Peirce beschreibt deduktives Schließen als die „Anwendung allgemeiner Regeln auf besondere Fälle" (Peirce & Walther, 1967, p. 128) und nennt es auch „notwendiges Schließen". Eine bekannte Regel wird auf einen unbekannten Fall angewendet. Diese Form des Schließens ist wahrheitsübertragend, das bedeutet, wenn die Voraussetzung wahr ist, ist auch die Folgerung wahr. Diese Form der Deduktion bringt keine neuen Erkenntnisse hervor, man kann sie als tautologisch bezeichnen (Meyer, 2007).

In der Mathematik als Wissenschaftsdisziplin kommt dieser Schlussform eine besondere Bedeutung zu, wenn aus bestehenden Sätzen Folgerungen abgeleitet werden, um neue Sätze zu beweisen. Die Deduktion ist die zentrale Methode zur Absicherung von mathematischen Erkenntnissen und ist eng verbunden mit dem axiomatisch-deduktiven Aufbau des mathematischen Wissenskorpus. In seiner Abhandlung „Three kinds of goodness" fasst Peirce zentrale Eigenschaften der Deduktion zusammen: „Deduction is the only necessary reasoning. It is the reasoning of mathematics. It starts from a hypothesis, the truth or falsity of which has nothing to do with the reasoning; and of course its conclusions are equally ideal." (Peirce et al., 1960a, 5.145).

Tabelle 2: Beispiel für eine Deduktion nach Peirce

Aussage	Deduktion
Alle Perlen im Beutel sind blau.	1. rule
	↓
Alle Perlen auf dem Tisch sind aus diesem Beutel.	2. case
	↓
Alle Perlen auf dem Tisch sind blau.	3. result

Beim deduktiven Schließen werden auf der Basis von Aussagen weitere Aussagen abgeleitet, die den Wahrheitsgehalt nicht verändern. Ausgehend von einem Gesetz (rule) und einem Fall (case) wird auf ein Resultat (result) geschlossen. Im Beispiel (vgl. Tabelle 2) würde das bedeuten, dass alle Perlen auf dem Tisch blau sein müssen (result), wenn sie erstens aus dem Beutel stammen (case) und zweitens die Aussage gilt, dass alle Perlen im Beutel blau sind (rule). Ausgehend von zwei Prämissen folgt also eine Konklusion.

2.1.2 Induktion

Die Induktion beschreibt Peirce als den Schluss einer „Regel aus der Beobachtung eines Ergebnisses in einem bestimmten Fall" (Peirce & Walther, 1967, pp. 128 f). Die Induktion ist die Umkehrung der Deduktion und ebenso tautologisch, aber nicht wahrheitsübertragend. Dennoch kann man sagen, dass das Ergebnis einer Induktion in gewisser Weise „wahrscheinlich" ist.

„Induction consists in starting from a theory, deducing from it predictions of phenomena, and observing those phenomena in order to see how nearly they agree with the theory." (Peirce et al., 1960a, 5.170). Deutlich wird in dieser Aussage, dass bei induktiven Schlüssen bereits eine theoretische Vorannahme über einen Zusammenhang vorhanden ist und dass deren Passung zum Phänomen geprüft wird. Damit spricht Peirce der so verstandenen Induktion die Funktion der Gewinnung neuer Erkenntnisse ab. Die Leistung der Induktion besteht darin, eine bereits gebildete Hypothese an einzelnen Fällen zu prüfen, sie also zu bestätigen oder zu falsifizieren. Dazu bedarf es eines deduktiven Zwischenschritts, in dem Voraussagen getroffen werden, um eine Hypothese überhaupt erst überprüfbar zu machen. Eine Hypothese kann dann durch Einzelfälle bestärkt oder auch geschwächt werden: „Induction ist the experimental testing of a theory. [...] It never can originate any idea whatever." (Peirce et al., 1960a, 5.145).

Tabelle 3: Beispiel für eine Induktion nach Peirce

Aussage	Induktion
Alle Perlen im Beutel sind blau.	1. rule
	↑
Alle Perlen auf dem Tisch sind aus diesem Beutel.	2. case
	↑
Alle Perlen auf dem Tisch sind blau.	3. result

Induktiv geprüft werden also solche Aussagen, die eine Verallgemeinerung der zur Prüfung ausgewählten Aussage sind. Im Beispiel wird aus den beiden Prämissen, dass die Perlen auf dem Tisch blau sind (result) und aus dem Beutel stammen (case), geschlossen, dass alle Perlen im Beutel blau sind (rule). Nach Peirce kann auf diese Weise kein neues Wissen gewonnen werden, da der Zusammenhang von Perlenfarbe und der Beutelzugehörigkeit bereits indirekt als Information (alle Perlen, die aus diesem Beutel stammen, sind blau) in den Prämissen enthalten ist.

Die besondere Bedeutung der Induktion liegt also nicht auf Erkenntnisgewinn, sondern verschiebt sich nach Peirce auf die Erkenntnisprüfung, mittels der die Gültigkeit einer Hypothese induktiv getestet werden kann. Bezogen auf das oben dargestellte Beispiel (vgl. Tabelle 3) würde das bedeuten, dass mit jeder weiteren blauen Perle, die aus dem Beutel gezogen wird, die Hypothese, dass alle Perlen im Beutel blau sind, bekräftigt wird. Zieht man aber nur eine einzige andersfarbige Perle, so kann die Hypothese abgelehnt werden. In diesem Sinn wird die Hypothese durch das Ziehen weiterer Perlen geprüft.

Die Beschreibung der Induktion bei Peirce unterscheidet sich vom landläufigen Verständnis des Begriffs Induktion. Eine gebräuchliche Unterscheidung von Schlussformen ist die von Induktion und Deduktion. Wird ausschließlich so unterschieden, so wird in der Regel der Induktion die Funktion der Erkenntnisgewinnung zugesprochen (vgl. beispielsweise Salmon, 1995). Flach und Kakas (2000a), beide Informatiker, beschäftigen sich mit der unterschiedlichen Verwendung der Begriffe und dem Verhältnis von Abduktion und Induktion. Sie betonen in diesem Zusammenhang die Kontextabhängigkeit der Sichtweise: In manchen Fällen, ist das Betrachten des Gemeinsamen, das „non-deductive reasoning“ sinnvoll, in anderen Fällen ist die Differenzierung notwendig. Im Fall des innermathematischen Experimentierens ist von Interesse, wie genau Erkenntnisgewinn entsteht und daher die Trennung von Abduktion und Induktion im Peirce´schen Sinne relevant. Diese Sichtweise der Induktion als Überprüfungsverfahren von Hypothesen wird nach Flach und Kakas aus Sicht der „confirmation theory“ gestützt, bei der die Funktion von induktiven Schlüssen als „hypothesis evaluation“ zur Bestätigung oder Widerlegung einer Hypothese (Flach & Kakas, 2000b, p. 4) festgelegt ist.

2.1.3 Abduktion

Der Begriff der Abduktion ist historisch gesehen eine Übersetzung des aristotelischen „Apagogé“, ein einleuchtender, aber unsicherer Schluss (Reichertz, 2003). Die Abduktion bildet für Peirce den Anfang jeder Erkenntnis und ist als einzige der drei von ihm beschriebenen Schlussformen erkenntniserzeugend: “Abduction consists in studying facts and devising a theory to explain them. Its only justification is that if we are ever to understand things at all, it must be in that way.” (Peirce et al., 1960a, 5.145).

Der Abduktion kommt damit die Funktion zu, zu einem beobachteten Phänomen eine erklärende Hypothese zu bilden. Eine so gebildete Hypothese – also das Ergebnis eines Abduktionsprozesses – hat die Eigenschaft, dass sie zunächst einmal als unsicher anzusehen ist. Der Prozess der Abduktion selbst ist also ein Vorgang, bei dem eine Frage aufgeworfen wird, deren vorläufige Beantwortung eine Hypothese ist, die zwar vage, aber dennoch plausibel ist. Infolgedessen ist die Abduktion als einzige der drei Schlussformen diejenige, die neues Wissen hervorbringen kann, womit sie im Erkenntnisprozess eine bedeutende Rolle spielt. Peirce beschreibt den Prozess der Abduktion als einen kreativen Akt, der ausgehend von überraschenden Resultaten tentativ eine mögliche Erklärung liefert: „Abduction is the process of forming an explanatory hypothesis. It is the only logical operation which introduces any new idea; [...]" (Peirce et al., 1960a, 5.171).

Ausgangspunkt für abduktive Schlüsse ist also ein überraschendes Phänomen, zu dessen Verständnis eine Erklärung benötigt wird. Es wird dann ein Fall (case) als mögliche Ursache für das Phänomen gebildet, wobei das Ergebnis (result) auch aus einem anderen Grund entstanden sein kann (Meyer, 2009). Solche abduktiv gewonnenen Hypothesen sind wie bereits angesprochen plausibel, aber unsicher und genau dieser Umstand ist es, der es ermöglicht, per Abduktion zu neuem Wissen zu gelangen.

Tabelle 4: Beispiel für eine Abduktion nach Peirce

Aussage	Abduktion
Alle Perlen im Beutel sind blau.	2. rule
	↓
Alle Perlen auf dem Tisch sind aus diesem Beutel.	3. case
Alle Perlen auf dem Tisch sind blau.	1. result

Um das Beispiel der Perlen (vgl. Tabelle 4) beizubehalten, könnte man sich ein Szenario vorstellen, bei dem mehrere Beutel mit unterschiedlich farbigen Perlen vorhanden sind. Einige blaue Perlen liegen auf dem Tisch (result). Aus welchem Beutel die einzelnen Perlen stammen, ist unbekannt. Geht man davon aus, dass es verschieden farbige Perlen in den Beuteln gibt, so ist das Auftreten ausschließlich blauer Perlen einigermaßen überraschend. Eine mögliche Erklärung für dieses Phänomen wäre, dass die Perlen auf dem Tisch alle aus dem gleichen Beutel stammen (case) und dieser nur blaue Perlen enthält (rule). Das klingt einleuchtend, ist aber nicht zwingend wahr. Die Perlen könnten auch aus verschiedenen Beuteln stammen oder es könnten auch andersfarbige Perlen in dem einen Beutel enthalten sein. Das bedeutet, diese abduktiv gewonnene Hypothese ist noch unsicher und muss daher noch auf ihre Gültigkeit geprüft werden. Sie bietet aber eine mögliche Erklärung für das auftretende Phänomen.

Das Perlenbeispiel verdeutlicht hier vor allem die logische Form der Abduktion im Vergleich zum Schema der Deduktion und Induktion. Zur Untermauerung der besonderen Bedeutung der Abduktion im Erkenntnisprozess soll allerdings noch ein weiteren Beispiel herangezogen werden, das deutlich macht, dass die Abduktion nicht nur eine Erklärung für ein Phänomen liefert, sondern darüber hinaus wesentlich zur Entwicklung einer neuen Theorie beitragen kann. Deutlich wird dieser Charakter der Abduktion an einem von Peirce selbst dargestellten Beispiel. Peirce führt zur Verdeutlichung der Hypothesenentwicklung durch Abduktion ein von ihm im Verlauf der Entwicklung seiner Philosophie mehrfach verwendetes Beispiel an: die Entdeckung der elliptischen Umlaufbahn des Planeten Mars durch Kepler (Peirce et al., 1960b, 2.96). Zunächst nahm Kepler an, dass sich die Planeten in kreisförmigen Bahnen um die Sonne bewegen. Brahe beobachtete davon abweichende Positionen des Planeten Mars (result). Um dieses (überraschende) Phänomen zu erklären, vermutete Kepler, dass sich die Planeten elliptisch um die Sonne bewegen (rule) und daher der Mars sich ebenso bewege (case). Damit konnte Kepler die von Brahe beobachteten Werte mit einem neuen allgemeinen Gesetz in Einklang bringen (Meyer, 2009).

Tabelle 5: Keplers Abduktion nach Peirce

Aussage	Abduktion
Planetenbahnen um die Sonne sind elliptisch.	2. rule
Der Mars bewegt sich auf elliptischen Bahnen um die Sonne.	↓ 3. case
Empirische Werte der Umlaufbahn des Mars (Brahe).	1. result

An diesem historischen (vereinfacht dargestellten) Beispiel (vgl. Tabelle 5) wird deutlich, inwiefern die Schlussform der Abduktion zu neuem Wissen oder gar zu neuen Theorien beitragen kann. Aus der Sicht von Peirce ist die Abduktion die einzige Schlussform, die dies leisten kann. Die Abduktion kommt also von einer Prämisse zu einer Konklusion, indem sie ein Gesetz (rule) für einen Fall (case) unterstellt. In dieser Hinsicht unterscheidet sich die Abduktion in ihrer logischen Form von der Deduktion und der Induktion, die von jeweils zwei Prämissen zu einer Konklusion kommen. In diesem Sinne ist die Abduktion formallogisch kein Schluss, da hier nicht mehrere Aussagen verbunden werden, um daraus zu schließen (Meyer, 2009).

Die hier ausgeführte Beschreibung der Abduktion nach Peirce fokussiert auf diejenigen Aspekte, die als Grundlage zur Erfassung experimenteller Denkprozesse zentral erscheinen und bezieht sich wie bereits angesprochen auf eine zeitlich begrenzte Phase der Peirce´schen Philosophie. Die Bedeutung, die der Abduktion in Bezug auf experimentelles Denken in der Mathematik zukommt, lässt sich besser durch das Zusammenwirken der drei Schlussformen im Peirce´schen Sinn verdeutlichen.

2.1.4 Verhältnis der drei Schlussformen

Abbildung 1 verdeutlicht das Zusammenwirken der drei Schlussformen im Erkenntnisprozess: Eine Hypothese wird abduktiv gebildet. Ausgehend von dieser Hypothese werden Voraussagen getroffen, d.h. es werden deduktiv Konsequenzen expliziert (wenn… dann..), die daraufhin induktiv überprüft werden. In Peirces eigenen Worten: “Its only justification is that from its suggestion deduction can draw a prediction which can be tested by induction, and that, if we are ever to learn anything or to understand phenomena at all, it must be abduction that this is to be brought about.” (Peirce et al., 1960a, 5.171).

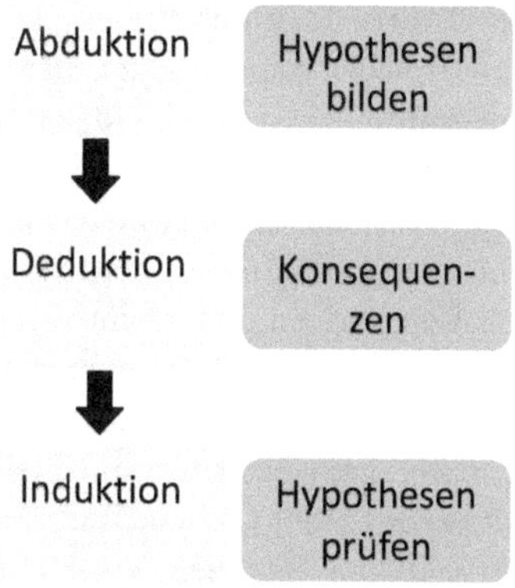

Abbildung 1: Verhältnis und Bedeutung der Schlussformen nach Peirce

Im ersten Schritt, der Abduktion, trifft Peirce nochmals eine Unterscheidung zwischem dem *Prozess* und dem *Ergebnis*. Mit dem Prozess der Abduktion meint er das Erweitern der vorhandenen Daten um etwas Neues. Wie genau dies geschieht, wie bekannte und neue Objekte oder Eigenschaften in sinnvoller Weise zusammengeführt werden, ist unklar, jedoch folgt dieser Phase die Formulierung einer Hypothese als Ergebnis des Prozesses. Reichertz beschreibt Hypothesen nach Peirce als „die sprachlichen Zeugen nicht-sprachlicher Schlussprozesse“ (Reichertz, 2003, p. 94). Aus der Unsicherheit einer abduktiv gebildeten Hypothese ergibt sich die Notwendigkeit ihrer Überprüfung. Dazu ist ein deduktiver Schritt erforderlich. Dieser deduktive Schritt hat an dieser Stelle keine beweisende Funktion, sondern dient der Ableitung von Konsequenzen aus der Hypothese. Es werden also Voraussagen getroffen, die dann in einem weiteren Schritt überprüft werden können. Dieser letzte Schritt besteht aus einer induktiven Prüfung an Einzelfällen, so dass dann die Hypothese falsifiziert werden kann oder mit einem gewissen – nicht präzise zu bestimmenden – Grad von Wahrscheinlichkeit („Plausibilität“) deren Korrektheit angenommen werden kann. Reichertz fasst den Prozess wie folgt zusammen: „Die Abduktion sucht nach Theorien, die Deduktion nach Voraussagen, die Induktion nach Fakten“ (Reichertz, 2003, p. 43).

Alle drei Schritte haben im Prozess des Erkenntnisgewinns eine besondere Bedeutung und nur das Zusammenspiel aller drei Schlussformen trägt zu einem tatsächlichen Erkenntnisgewinn bei: „Deduction proves that something *must be*; Induction shows that something *actually is* operative; Abduction merely suggests that something *may be*.” (Peirce et al., 1960a, 5.171). In diesem Sinn kann keine der drei Schlussformen isoliert von den anderen neues Wissen generieren. Das wirft natürlich die Frage auf, wann genau Erkenntnisgewinn abgeschlossen ist. Aus Sicht der Mathematik könnte man der Auffassung sein, dass erst durch einen Beweis deduktiv abgesichertes Wissen neue Erkenntnis hervorbringt. Andererseits gibt es gerade in dieser Domäne eine Vielzahl von unbewiesenen Vermutungen, die (vorläufig) als wahr gelten. Zu wirklichem Erkenntnisgewinn bedarf es nach Peirce unbedingt der Abduktion als „Initialzündung“ neuen Wissens. Abduktiv kommt ein neuer Aspekt hinzu, hier entsteht die Idee, ohne die keine Erkenntniserweiterung stattfinden kann. Die Idee markiert somit den Beginn des Erkenntnisprozesses. Die Formulierung dieser neuen Idee in Form einer Hypothese ist insofern fundamental, als sie die Voraussetzung ihrer Überprüfung bildet. Die besondere Bedeutung des nachfolgenden deduktiven Schritts ist die, dass hier die Überprüfung einer Hypothese durch Voraussagen ermöglicht wird. Es werden also ausgehend von der Hypothese (die zunächst als gültig angenommen wird) Aussagen deduktiv abgeleitet, die überprüft werden können, „[...] we [...] deduce [...] a promiscuous variety of consequences to the effect that if we perform certain acts, we shall find ourselves confronted with certain experiences“ (Peirce, Hartshorne, Weiss, & Burks, 1998, 8.209). Die anschließende Induktion entspricht einer experimentellen Überprüfung: „[...] by inductive reasoning I mean a course of experimental investigation” (Peirce et al., 1960a, 5.168). An weiteren Einzelfällen (Fakten) kann die Gültigkeit der Hypothese bekräftigt oder widerlegt werden. Wird eine Hypothese widerlegt, so beginnt der Prozess wieder von vorn, allerdings mit größerem Vorwissen, im Idealfall bis eine geeignete Erklärung für das Phänomen gefunden wird.

In dieser dreischrittigen Erkenntnistheorie von Peirce ergänzen sich letztlich zwei wesentliche und zugleich grundverschiedene Prozesse: der der Erkenntnis*findung* und der der Erkenntnis*begründung*. Beide haben ihren Ausgangspunkt in der Abduktion, im Prozess, in dem die Idee gefunden wird und ihrem Produkt, der Hypothese. Während die Abduktion selbst noch keine Rechtfertigung erfordert, ist sie bei der Hypothese unverzichtbar. Um das abduktiv neu entdeckte Wissen zu prüfen, wird es durch die Formulierung einer Hypothese in einem sprachlichen Satz so dargestellt, dass Aussagen abgeleitet werden können. Ohne die formulierte Hypothese also wäre das Wissen nicht überprüfbar. Die Hypothese bildet somit das „Bindeglied zwischen der Phase der Entdeckung und der der Überprüfung“ (Reichertz, 2003, p. 95). Der Überprüfungsprozess umfasst dabei mehr als nur das „technische“ Abarbeiten von Einzelfallprüfungen.

Gerade das Arbeiten mit Beispielen fördert gehaltvolle oder überraschende Situationen zu Tage, die den Abduktionsprozess einleiten. Der eigentliche Abduktionsprozess kann dann oft nicht nachvollziehbar dargestellt werden kann, sondern vollzieht sich eher blitzartig (Reichertz, 2003). Hierin liegt möglicherweise auch ein Grund, warum Abduktion und Induktion häufig gemeinsam unter den Begriff der Induktion gefasst werden.

Es spielen also alle drei Schlussformen, die Peirce unterscheidet, bei der Gewinnung von Erkenntnissen eine spezifische Rolle. Jeder Schlussform eine eigene Bedeutung zu, die erst im Zusammenspiel aller drei offensichtlich wird. Der dreischrittige Erkenntnisprozess hat darüber hinaus eine experimentelle Qualität, die Peirce vor allem der Induktion zuschreibt. Wie einleitend bereits bemerkt, konstatiert Peirce, dass diese drei Formen das wissenschaftlichen Schließen erschöpfend beschreiben: „I say that these three are the only elementary modes of reasoning there are. [...] In fourty years diligent study of arguments, I have never found one which did not consist of those elements." (Peirce et al., 1998, 8.209).

Für das in dieser Arbeit zu explizierende Konzept des „innermathematischen Experimentierens" im Kontext des mathematischen Tuns (auch) von Schülerinnen und Schülern, erscheint ein derart allgemeines erkenntnistheoretisches Modell geeignet, experimentelle Denk- bzw. Arbeitsprozesse theoretisch zu fassen. Peirce nennt das induktive Prüfen „Experiment" und weist damit auf eine Entsprechung zu Experiment als systematische Methode des Erkenntnisgewinns in den Naturwissenschaften im engen Sinn hin (s. nächster Abschnitt). Will man den gesamten Erkenntnisprozess verstehen, so muss man dies, wie oben beschrieben eingebettet in den von Peirce beschriebenen empirischen Erkenntnisweg sehen. In diesem Sinne soll unter „experimentellem Denken" die Gesamtheit der Teilprozesse verstanden werden, also auch die Vorbereitung einer Induktion (des eigentlichen „Experiments") durch Deduktion und die Gewinnung von Hypothesen durch Abduktion im Zusammenhang mit der Erzeugung von Fällen. Für experimentelles Denken im Fach Mathematik wäre dann die spezifische Verbindung der drei Schlussformen von zentraler Bedeutung. Ein weiteres Argument dafür, den Experimentierprozess umfassender zu sehen und nicht nur auf die induktive Prüfung zu beziehen, ist auch, dass keine der Schlussformen allein in der Lage wäre, neue Erkenntnisse hervorzubringen. Vor diesem Hintergrund kann man also festhalten, dass innermathematisches Experimentieren bei der Entstehung mathematischen Wissens eine tragende Rolle spielt: Hypothesen werden generiert und geprüft, eine Hypothese kann durch Einzelfälle oder Fakten widerlegt oder bekräftigt werden. In beiden Fällen findet Erkenntnisgewinn statt und erst, wenn eine Hypothese gut an Einzelfällen abgesichert ist, ist es sinnvoll zur Beweissuche und Beweisführung überzugehen.

Zur Beurteilung der Tragfähigkeit eines solchermaßen umrissenen Konzepts des „innermathematischen Experimentierens" sollen im Folgenden die vorgestellten Prozesse in Beziehung gesetzt werden zu spezifischeren Theorien des Experimentierens in der

Mathematik und in den Naturwissenschaften. Ziel ist hierbei eine Präzisierung des Konzepts für die Domäne der Mathematik auf theoretischer Ebene.

2.2 Zum Begriff des Experiments

Um ein theoretisches Modell zu innermathematischem Experimentieren entwickeln zu können, soll im Folgenden die Bedeutung des Begriffs „Experiment" beleuchtet werden. Hierbei ist zu klären, welche Eigenschaften des Experiments aus welcher Disziplin die Bildung eines theoretischen Konzepts befruchten können und wo in der Begriffslandschaft das innermathematische Experiment seinen Platz finden kann.

Eine bedeutende Rolle spielt das Experiment in allen empirischen Wissenschaften, allerdings wird der Begriff des Experiments sehr heterogen verwendet. Die unterschiedliche Verwendung des Experiment-Begriffs zeigt sich auch im „Zwei-Kulturen-Streit", bei dem man sich mit dem Verhältnis von Natur- und Geisteswissenschaften zueinander auseinandersetzt (Berg, 2009): In den Naturwissenschaften hat das Experiment als Erkenntnismittel eine zentrale Bedeutung. Es ist eine methodisch angelegte Untersuchung, die durch systematische Variation von Einflussgrößen kausale Zusammenhänge untersucht. Solche Experimente können explorativ oder theorieprüfend sein (Steinle, 2005; Steinle, 2006; Schulz, Wirtz, & Starauscheck, 2012). Empirisch arbeitende Sozialwissenschaften lehnen ihr Begriffsverständnis zum Teil an das der Natuwissenschaften an. In der Psychologie werden beispielsweise Labor- und Feldexperimente unterschieden. Feldexperimente finden in natürlichem Umfeld statt, Laborexperimente in einem isolierten Untersuchungsraum. Daneben werden Quasi-Experimente (nicht randomisierte Experimente) von echten Experimenten unterschieden (Shadish et al., 2002; Keppel & Wickens, 2004; Huber, 2002). Demgegenüber steht die andersartige Verwendung des Experiment-Begriffs in den Geisteswissenschaften. Hier wird der Begriff eher metaphorisch im Sinne eines einmaligen, kreativen Ausprobierens gebraucht und zielt auf eine wesentlich schwächere und unsystematischere Form von Erkenntnisgewinn ab (Berg, 2009).

Diese verschiedenartige Verwendung des Begriffs resultiert aus dem Umstand, dass dem Experiment in unterschiedlichen Disziplinen unterschiedliche Funktionen zukommen. Eine Klassifikation von Experimenten, die ihre verschiedene Funktion im Erkenntnisprozess abbildet, nimmt der britische Biologe und Nobelpreisträger Peter B. Medawar (1915-1987) vor. In seiner Abhandlung „Induction and Intuition in Scientific Thought" (Medawar, 1969) unterscheidet er vier Typen von Experimenten[2]:

2 Eine weitergehende Analyse der vier Typen mit Bezug zu Experimentierprozessen in der Domäne der Mathematik findet sich in Leuders & Philipp (2012).

1 *Baconsches Experiment oder induktives Experiment*: Ziel ist es, das Verständnis für die Natur („I wonder what would happen if…“ Medawar, 1969, p. 35) zu erweitern, indem ein Phänomenbereich erkundet wird.

2 *Kantsches Experiment oder deduktives Experiment*: Bei einem solchen reinen Gedankenexperiment werden Voraussetzungen variiert und die daraus folgenden Konsequenzen unter neuem Blickwinkel betrachtet.

3 *Galileisches Experiment oder kritisches Experiment*: Experiment, das eine Hypothese prüft, indem logische Konsequenzen abgeleitet und untersucht werden. Häufig kommen hierbei mehrere Möglichkeiten zur Erklärung eines Phänomens in Betracht, zwischen denen experimentell unterschieden werden soll.

4 *Aristotelisches Experiment oder Demonstrationsexperiment*: Experiment zur Illustration eines Zusammenhangs, der dadurch eine empirische Untermauerung erhält.

In Medawars Klassifikation lassen sich drei zentrale Typen von Experimenten mit jeweils unterschiedlicher Funktion finden: hypothesenprüfende Experimente (3), Erkundungsexperimente (1,2) und Demonstrationsexperimente (4). Das hypothesenprüfende Experiment erlaubt die Absicherung kausaler Aussagen, während das Erkundungsexperiment zur Gewinnung neuer Theorien oder Hypothesen beiträgt. Demonstrationsexperimente veranschaulichen Zusammenhänge und haben eine „pädagogische“ Funktion. Medawar betont die Bedeutung aller vier von ihm beschriebenen Typen von Experimenten beim wissenschaftlichen Erkenntnisgewinn, bei dem der Ausgangspunkt häufig ein Baconsches Experiment ist.

Alle Formen des Experiments haben nach Medawar beim wissenschaftlichen Erkenntnisgewinn ihren spezifischen Nutzen und lassen sich zwischen zwei Polen, dem Prozess der *Entdeckung* (discovery) und dem der *Begründung* (justification) einordnen. Auf dieser Basis gelingt eine Anlehnung an die Unterscheidung von „Erkenntniskontexten“ in der Wissenschaftsphilosophie, die auf den logischen Empiristen Hans Reichenbach zurückgeführt wird (Hoyningen-Huene, 1987). Hoyningen-Huene (1987; 2006) charakterisiert die verschiedenen Prozesse in den beiden Kontexten, „context of discovery“ und „context of justification“, näher und hebt in diesem Zusammenhang einen wesentlichen Unterschied hervor[3]. Der Entdeckungsprozess wird als ein erfahrungsbasierter Prozess gekennzeichnet, während der Begründungsprozess als „critical testing“ (Hoyningen-Huene, 1987, p. 505) auf logischen Schlüssen basiert.

[3] Hoyningen-Huenes Charakterisierung der Kontexte auf der Prozess-Ebene ist nur *eine* von mehreren Perspektiven.

Entdeckung und Begründung (vgl. auch Baconsches und Galileisches Experiment bei Medawar) beschreiben zwei Kernaspekte wissenschaftlichen Erkenntnisgewinns und sind auch für innermathematisches Experimentieren von Bedeutung. Welche Rolle dabei der Empirie und der Logik zukommt, wurde in Kapitel 0 – am Beispiel der Goldbachschen Vermutung – bereits angedeutet und soll im folgenden Abschnitt theoretisch untermauert und konkretisiert werden.

2.3 Experimentieren in der Mathematik

Häufig wird die Mathematik als deduktive Wissenschaft gesehen (z.B. Davis & Hersh, 1998; 1981; Courant & Robbins, 2010). Sie gilt als wahr, sicher und präzise und zeichnet sich durch streng deduktive Prozesse aus: „Whenever someone wants an example of certitude and exactness of reasoning, he appeals to mathematics“ (Kline, 1982, c1980, p. 4). Einer der Gründe für diese Sichtweise liegt wohl in der Weise, wie „fertige“ Mathematik publiziert und auch gelehrt wird. Selten wird der Entstehungsprozess dokumentiert und überliefert. Der „context of justification“ dominiert also hier über den „context of discovery“ (vgl. Abschnitt 2.2). Bei dieser Akzentuierung wird leicht übersehen, dass in der Frage des Erkenntnisgewinns in der Mathematik auch andere Aspekte bedeutsam sind wie beispielsweise Schönheit und Kreativität, sowie experimentelle und induktive Vorgehensweisen. Diese Tatsache wird durchaus nicht negiert, aber deutlich seltener thematisiert (vgl. Euler, 1910; Pólya, 1962; Lakatos, 1979; Chazan, 1990; Heintz, 2000a; Kutrovátz, 2002).

Im Folgenden sollen daher Ansätze dargestellt werden, die den experimentellen Charakter des Mathematiktreibens, wie er sowohl in der Mathematik als auch in der Mathematikdidaktik beschrieben wird, hervorheben. Damit soll eine weitere Argumentationslinie für die Verortung des Experimentierens auch in der Mathematik eröffnet werden. Bezugspunkt sind hierbei vor allem Reflexionen von Denkprozessen von Mathematikern aus der „Innenperspektive“.

2.3.1 Schlussformen bei Pólya

Der ungarisch-amerikanische Mathematiker George Pólya hat mathematische Arbeitsweisen aus seiner eigenen Erfahrung (als forschender und unterrichtender Mathematiker) analysiert und in vielen einflussreichen Publikationen dargestellt. Kennzeichnend für Pólyas Sicht auf die Mathematik ist die Auffassung, dass die Mathematik zwei Gesichter hat: „sie ist die strenge Wissenschaft Euklids, aber sie ist auch etwas anderes. Nach Euklid dargestellt, erscheint die Mathematik als eine systematische deduktive Wissenschaft; aber die Mathematik im Entstehen erscheint als experimentelle induktive Wissenschaft“ (Pólya, 1949, p. 9). Pólya weist darauf hin, dass der zuletzt genannte Aspekt bislang wenig Berücksichtigung beim Lehren und Lernen von Mathematik gefunden hat. Mit der Beschreibung dieser beiden Gesichter der Mathematik trifft Pólya eine essentielle Unterscheidung, denn er trennt damit deutlich fertige Mathematik von Mathematik, die sich im Entstehen befindet. Bei diesem Entstehungsprozess, ob es sich nun um mathematische Forschung handelt oder um das Nacherfinden von mathematischen Erkenntnissen im Lernprozess, spielen induktive Vorgehensweisen eine bedeutende Rolle. Diese Prozesse können auch aus Sicht von Pólya als experimentell aufgefasst werden.

Was Pólya mit induktiven Prozessen meint und wie sie in der Mathematik konkret aussehen können, präzisiert er in seinem Werk „Induktion und Analogie in der Mathematik" (Pólya, 1962). In dieser Abhandlung wirft Pólya einen ausdifferenzierenden Blick auf mathematische Erkenntnisprozesse. Zunächst unterscheidet er zwei Formen des Schließens: „demonstratives" und „plausibles Schließen" (Pólya, 1962, p. 9). Demonstratives Schließen folgt nach Ansicht des Autors einer strengen Logik und dient der Sicherung mathematischen Wissens beim Beweisen. Plausibles Schließen hingegen hat provisorischen Charakter und ist für die Generierung neuen Wissens unabdingbar. Polya expliziert also Denk- und Arbeitsweisen, die in der Regel im Wissenschaftsbetrieb und insbesondere bei Veröffentlichungen nicht explizit gemacht werden. Funktion des plausiblen Schließens ist nach Pólya, vernünftige Vermutungen von weniger vernünftigen zu unterscheiden.

In einem weiteren Schritt formuliert Pólya mit Bezug auf die beiden unterschiedlichen Schlussformen die „didaktische" Forderung: „Gewiß, laßt uns beweisen lernen, *laßt uns aber auch erraten lernen.*" (Pólya, 1962, p. 10), womit er eine explizite Berücksichtigung beider Schlussformen im Kontext des Mathematiklernens (an Schule und Hochschule) einfordert. Pólya betont an dieser Stelle die Komplementarität der beiden Schlussformen, deren Zusammenspiel er als zentral für mathematisches Denken und insbesondere für den Mathematikunterricht erachtet. Um die Arbeitsweise des plausiblen Schließens zu verdeutlichen, greift Pólya in seiner Darstellung auf unterschiedliche Arten von Beispielen zurück, die er mit Eindrücken aus seiner Lehrtätigkeit gewissermaßen empirisch anreichert.[4] Insbesondere der Bereich, der „Induktion" spielt in dieser eine zentrale Rolle und weist eine Nähe zur Peirce'schen Gedankenwelt auf. Pólya hebt den empirischen Charakter mathematischen Erkenntnisgewinns hervor, indem er insbesondere die Betrachtung konkreter Beispiele als „Beobachtungen" charakterisiert. Dabei wird nachfolgend deutlich, dass Pólya ganz analog zu Peirce, wenn auch mit anderen Bezeichnungen, zwei verschiedene Umgangsweisen mit dem empirischen Gehalt konkreter Fälle unterscheidet:

- Über „*suggestive Beobachtungen*" (Pólya, 1962, p. 22) gelangt ein Mathematiker zu einer (zunächst noch äußerst unsicheren) Vermutung. Pólya beschreibt

4 Polya spricht hier von einem „improvisierten psychologischen Experiment" Pólya (1962, p. 13), wenn seine Darstellung durch Anmerkungen und Reaktionen seiner Zuhörer beeinflusst wurde.

diesen Vorgang derart, dass anhand von der Betrachtung einiger Beispiele ein Phänomen entdeckt wird, dessen Entstehen mittels einer Vermutung erklärt wird. Konkreter beschreibt Polya dies als die Entdeckung von Ähnlichkeiten an den Beispielen. Im folgenden Schritt wird dann tentativ eine Vermutung aufgestellt, die gleichzeitig eine Verallgemeinerung darstellt. Ebenso wie bei Peirce ist diese Vermutung zunächst noch unsicher, aber plausibel. Dieser Vorgang entspricht also von Peirce beschriebenen Abduktion (vgl. Abschnitt 2.1.3).

- „*Stützende Beobachtungen*" (Pólya, 1962, p. 24) dienen dazu, eine Vermutung zu prüfen, indem sie widerlegt oder bestätigt wird. Diese Prüfung geschieht nach Pólya an einem (oder mehreren) weiteren konkreten Beispiel(en). Die Untersuchung eines Beispiels nennt er mit Verweis auf Euler[5] ein „Quasi-Experiment" (Pólya, 1962, p. 24). Kann die Vermutung an einem oder mehreren Beispielen verifiziert werden, so ist sie noch nicht bewiesen, kann aber glaubhafter werden. Findet man dagegen ein (passendes) Beispiel, für das die Vermutung nicht gilt, so gilt auch die Vermutung nicht. Auch hier lässt sich eine Analogie zum Peirce´schen Ansatz feststellen. Das, was Pólya „stützende Beobachtung" nennt, fasst Peirce unter dem Begriff Induktion und betont die experimentelle Komponente dieses Vorgehens (vgl. Abschnitt 2.1.2).

Die beiden unterschiedlichen Arten der Beobachtung nach Pólya können an dem eingangs dargestellten Beispiel der Goldbachschen Vermutung präzisiert werden (vgl. Tabelle 1). Die Schritte (1)-(3) zählen nach Pólya zu suggestiven Beobachtungen, die mit dem Formulieren einer Vermutung schließen. Die Schritte (4)-(5) gehören dann zu die Vermutung stützenden Beobachtungen.

Pólya fasst allerdings anders als Peirce unter dem Begriff der Induktion beide oben beschriebenen Formen von Beobachtung zusammen. Induktion ist für ihn „die Methode, allgemeine Gesetze durch Beobachtung und Kombination besonderer Fälle zu entdecken." (Pólya, 1949, p. 133). Unter einem besonderen Fall versteht Pólya ein konkretes Beispiel, in dem sich ein Phänomen zeigt. Dieses Phänomen ist Ausgangspunkt für das Finden von Fragestellungen allgemeinerer Art, so dass Pólya dieses Vorgehen mit dem eines „Naturforschers" (Pólya, 1949, p. 133) vergleicht.

An dieser Stelle wird deutlicher, in welcher Beziehung die Peirce'schen Konzepte zu Pólyas Argumentation stehen. Zunächst sieht auch Peirce bei den Schlussformen Induktion und Abduktion Gemeinsames und fasst sie unter der Bezeichnung „synthetische" Schlüsse zusammen, während er „analytische" Schlüsse mit Deduktionen gleichsetzt und von synthetischen Schlüssen abgrenzt. Synthetische Schlüsse versteht

5 Euler (1910)

Peirce als erkenntniserweiternd, was hier als grundlegendes Unterscheidungsmerkmal zu verstehen ist (Peirce et al., 1960b). In derselben Weise grenzt Pólya „demonstratives“ (beweisendes) und plausibles Schließen voneinander ab. In seinen weiteren Überlegungen aber spaltet Peirce die Abduktion von der Induktion in der Weise ab, dass er allein der Abduktion die Funktion der Erkenntnisgewinnung zuspricht. Pólya nimmt mit seinen beiden Formen der Beobachtung letztlich die gleiche Unterscheidung vor, bleibt aber bei der begrifflichen Zusammenfassung unter der Bezeichnung Induktion. Die theoretischen Konzepte zum Erkenntnisgewinn von Peirce und Pólya weisen also eine große Nähe zueinander auf. Die Verwendung des Begriffs der Induktion bei Pólya hat den Vorteil, dass die notwendige Integration der zwei Arten der Beobachtung beim Erwerb neuen Wissens (das noch durch Beweis abgesichert werden muss) unterstreicht. Bei Peirce hingegen akzentuiert die Trennung der Begriffe Abduktion und Induktion, dass es sich um zwei grundsätzlich unterschiedliche Formen wissenschaftlichen Schließens handelt.

Während Peirce die Abduktion sowohl auf alltägliche Ereignisse als auch auf wissenschaftliche Prozesse unterschiedlicher Domänen bezieht, konkretisiert Pólya diese Phase des Erkenntnisgewinns (bei ihm: suggestive Beobachtung) für mathematisches Arbeiten. Als „Quellen“ (Pólya, 1962, p. 33) einer Entdeckung beschreibt Pólya verschiedene Vorgehensweisen beim induktiven Schließen: Verallgemeinerung, Spezialisierung und Analogie. Mit diesen Vorgehensweisen führt Pólya im Gegensatz zu Peirce die Art und Weise, wie eine Vermutung zustande kommt, näher aus. Auch mit Blick auf die Analyse von Vorgehensweisen von Schülerinnen und Schülern, wie sie in dieser Arbeit vorgenommen werden sollen, sind diese *Quellen der Entdeckung* von besonderem Interesse. Pólya verdeutlicht die Vorgehensweisen am Beispiel der Goldbachschen Vermutung. Ausgangspunkt sind die drei Gleichungen wie in Tabelle 1 (Pólya, 1962, p. 33):

$3+7=10$, $3+17=20$, $13+17=30$

Analogie: Zunächst fällt eine Ähnlichkeit zwischen den Beispielen auf. Die Zahlen 3,7,13 und 17 sind Primzahlen. Jeweils wurden zwei ungerade Zahlen addiert, das Ergebnis ist immer eine gerade Zahl.

Verallgemeinerung: Vier Primzahlen werden zum Anlass genommen, über Primzahlen generell nachzudenken. In gleicher Weise werden die drei geraden Ergebnisse erweitert auf alle geraden Zahlen.

Spezialisierung: Indem konkrete neue Beispiele (hier die Zahlen 6, 8 und 60) betrachtet werden, werden besondere Zahlen dahingehend geprüft, ob sie sich genauso verhalten.

Anhand von Beispielen werden mathematische Muster und Strukturen gesucht, indem Ähnlichkeiten gesehen werden. Analogien sind nach Pólya eine Form von Ähnlichkeit. Dinge sind sich ähnlich, wenn sie sich in irgendeiner Eigenschaft entsprechen. Eine

Analogie sieht Pólya dann vorliegen, wenn man diese Ähnlichkeit auch begrifflich fassen kann, sie also in klar definierten Beziehungen „zwischen ihren jeweils entsprechenden Teilen übereinstimmen" (Pólya, 1962, p. 35). Verallgemeinern heißt „von der Betrachtung eines gegebenen Aggregats von Objekten zu der eines größeren Aggregats übergehen, welches das gegebene enthält" (Pólya, 1962, p. 33). Beispielsweise, wenn wir von der Betrachtung eines Dreiecks zur Betrachtung von n-Ecken übergehen. Beim Spezialisieren verläuft der Prozess genau umgekehrt, Ziel ist es hier, eine allgemeine Behauptung an einem konkreten Beispiel zu überprüfen.

Vergleicht man seinen Gedanken der Quellen einer Entdeckung mit den Ansätzen von Peirce, so wird Pólya an dieser Stelle spezifischer. Während bei Peirce der genaue Prozess des Entstehens einer abduktiven Entdeckung vage bleibt, stellt Pólya das Zustandekommen von Vermutungen über die Betrachtung von Beispielen präziser dar.

Das Entdecken, Formulieren und Testen von Hypothesen spielt sowohl bei Pólya als auch bei Peirce eine zentrale Rolle. In den Ausführungen Pólyas wird darüber hinaus ein wesentlicher Aspekt hervorgehoben: neben Vermutungen haben Beispiele eine wichtige Funktion beim Erwerb neuen mathematischen Wissens. Hier konkretisiert Pólya die Peirce´schen Kategorien für den Fall der Mathematik: Peirces „Fälle" sind bei Pólya Beispiele, in denen sich mathematische Phänomene zeigen. Damit sind Beispiele Ausdruck einer „empirischen Welt".

2.3.2 Quasi-Empirisches Arbeiten

Die Bedeutung von Beispielen im mathematischen Erkenntnisprozess wird auch in Ansätzen, die die Mathematik als quasi-empirische Wissenschaft verstehen, hervorgehoben (Lakatos, 1982). Der quasi-empirische Charakter von Mathematik wird auch von Heintz herausgearbeitet, die die zugehörigen Prozesse als „Denken und Hantieren mit Beispielen" (Heintz, 2000a, p. 150) umschreibt. Dass dieses Sicht auf Mathematik nicht erst durch die moderne Wissenschaftstheorie und Wissenschaftssoziologie beschrieben wird, sondern in der Mathematik auch historisch verwurzelt ist, lässt sich am Beispiel Leonhard Eulers (1707-1783) illustrieren[6], der in seinen Schriften neben der Beweisführung oft auch seinen gedanklichen Prozess der Erkenntnisgewinnung darstellt (Euler, 1761).

Lolli (2008) bezieht sich in ihrer Abhandlung „Experimental methods in proof" auf solche Darstellungen Eulers und beschreibt sein Vorgehen, wie er über das Notieren von Beobachtungen an Beispielen zu Vermutungen gelangt: „we have come to their knowledge only through observations" (Lolli, 2008, p. 3). Euler selbst betont die Notwendigkeit der Überprüfung einer auf diese Weise gewonnenen Vermutung, weil ein solches Vorgehen zu Fehlern führen kann. Das Überprüfen vollzieht Euler im bei Lolli analysierten Artikel (Euler, 1761) dann aber nicht durch einen Beweis sondern an ei-

6 Vgl. auch Leuders & Philipp (i. Vorb.).

nem weiteren, extremen, Beispiel. Beachtlich ist, dass bereits Euler wörtlich von einem „Quasi-Experiment" spricht, wenn er eine Vermutung an Beispielen prüft (Lolli, 2008). Damit kennzeichnet er sowohl den Charakter als auch den genauen Ort des eigentlichen Experiments im Prozess der mathematischen Erkenntnisgewinnung.

Der ungarische Mathematiker und Philosoph Imre Lakatos (1922-1974) greift die von Euler und Pólya beschriebenen Prozesse in den 60er Jahren wieder auf und verwendet den Begriff des quasi-empirischen Arbeitens zu einer eigenen Charakterisierung des mathematischen Erkenntnisprozesses. In seiner Monographie „Proofs and refutations" beschreibt Lakatos in Form eines fiktiven Dialogs zwischen Lehrperson und Schülern die Auseinandersetzung mit der Eulerschen Polyederformel. Wie der Titel bereits andeutet, legt Lakatos seine wissenschaftstheoretische Position anhand einer konkreten „Geschichte" von Vermutungen und Widerlegungen dar: durch Widerlegungen werden Vermutungen unaufhörlich verbessert und weiterentwickelt (Lakatos, 1976). Zusätzlich hebt er die Bedeutung der sozialen Komponente mathematischer Wissensgenese hervor.

Im Gegensatz zu Pólya beschreibt Lakatos nicht den Prozess, wie man zu einer Vermutung kommt. Schwerpunkt seiner Darstellung ist der Umgang mit einer vorhandenen Vermutung, wie sie im Verlauf der Beweisführung immer wieder angezweifelt und modifiziert wird. Dabei unterscheidet er zwei Arten von Gegenbeispielen: lokale und globale Gegenbeispiele. Lokale Gegenbeispiele stellen nicht die Vermutung an sich in Frage, sondern zeigen die „Lückenhaftigkeit der Beweisführung" (Lakatos, 1979, p. 5) auf, während globale Gegenbeispiele die Vermutung selbst anzweifeln. An dieser Stelle beschreibt Lakatos verschiedene Methoden im Umgang mit einem globalen Gegenbeispiel:

- Kapitulation: Verwerfen der Vermutung
- Monstersperre: Verwerfen des Gegenbeispiels als irregulär
- Ausnahmensperre: Verbesserung der Vermutung durch Einschränkung des Gültigkeitsbereichs
- Monsteranpassung: Umdeutung des Gegenbeispiels
- Hilfssatz-Einverleibung: Akzeptanz des Gegenbeispiels und Spezifizierung der Vermutung

Mit der von ihm gewählten Dialogform unterstreicht Lakatos die Bedeutung der immer wiederkehrenden Zweifel. Deutlich wird hierbei der zirkuläre (oder spiralige) und soziale Charakter des Prozesses (vgl. Abbildung 2). Analog zu Pólya wird die Bedeutung von Beispielen als zentrales Element des Vorgehens hervorgehoben. Am Ende des Prozesses steht bei Lakatos der formale Beweis. Interessanter aber, so betont er, ist der Prozess, der dorthin führt, das Präzisieren der Vermutung und der Argumentation durch deren kritische Prüfung. Die Gegenbeispiele dienen also letztlich dazu, die Vermutung zu prüfen.

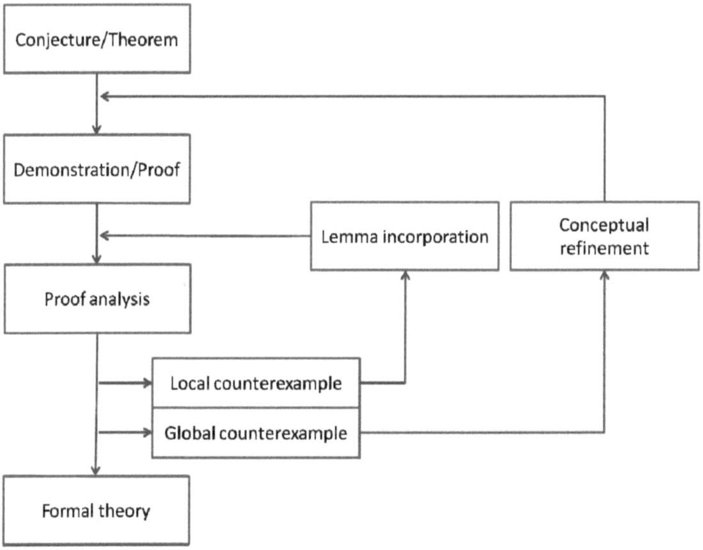

Abbildung 2: Darstellung der Heuristiken von Lakatos (vgl. Kutrovátz, 2002)

Ähnlich wie Pólya zwei Gesichter der Mathematik beschreibt, nimmt auch Lakatos eine Dualität in der Wissenschaft der Mathematik wahr. Er unterscheidet axiomatisch-deduktive und quasi-empirische Theorien in der Mathematik (Heintz, 2000a). Hierbei schreibt Lakatos der Logik unterschiedliche Funktionen zu: einerseits die Beweisfunktion und andererseits die Funktion, Kritik zu üben. Das Zusammenspiel von Vermutung und Kritik charakterisiert Lakatos' Sichtweise auf die organische (Weiter-) Entwicklung von Mathematik. Anders als Pólya nimmt Lakatos hierbei stärker auch Beweisprozesse in den Fokus und beschreibt das Anzweifeln von Vermutungen als wesentlichen Prozess mathematischer Erkenntniserweiterung. Die Ansätze von Lakatos und Pólya greifen jedoch insofern ineinander, als Pólya den Prozess bis hin zu einer (an Beispielen abgesicherten) Vermutung betrachtet, die dann bewiesen werden kann. Bei den kognitiven Prozessen gibt es eine „Schnittmenge". Es werden Beispiele als Prüfinstanz herangezogen, um eine Vermutung im Peirce'schen Sinne induktiv zu prüfen, wenngleich die Zielsetzung eine andere ist: bei Pólya das Finden einer Vermutung, bei Lakatos das Beweisen. Insofern werden bei Pólya abduktive und induktive Prozesse betrachtet, während bei Lakatos induktive und deduktive Prozesse im Vordergrund stehen.

Der Rückgriff auf Beispiele kennzeichnet den quasi-empirischen Charakter des Vorgehens beim Prüfen von Vermutungen, was Heintz als „`experimentelles´ Vorgehen" bezeichnet (Heintz, 2000a, p. 73). Heintz beschäftigt sich mit der Frage, wie mathematisches Wissen konkret entsteht und wodurch es von der Fachgemeinschaft akzeptiert wird. Hierzu führt sie eine Feldstudie am Max-Planck-Institut für Mathematik in Bonn durch. Hintergrund dieser Fragestellung ist die Suche nach einer empirischen Bestätigung dafür, dass sich konstruktivistische Ansätze aus der Soziologie auch auf das Fach Mathematik übertragen lassen. Heintz unterscheidet in Anlehnung an die gängige Trennung von Kontexten in der Wissenschaftstheorie (Hoyningen-Huene, 1991, vgl. Abschnitt 2.2) Kontexte, in denen mathematischer Erkenntnisgewinn stattfindet. Sie ergänzt die Vorstellung von Arbeitsgebieten um einen weiteren Kontext, der die soziale Dimension des Prozesses widerspiegelt und beschreibt damit drei Formen (Heintz, 2000b):

- Entdeckungskontext (context of discovery)
- Rechtfertigungskontext (context of validation)
- Überzeugungskontext (context of persuasion)

Mit dem "context of discovery" zeigt Heintz auf, dass die Gewinnung von mathematischen Ideen experimentellen und induktiven Charakter hat. Mathematikerinnen und Mathematiker formen Vermutungen über mathematische Zusammenhänge in der Regel nicht etwa durch Ableitung aus bestehenden Sätzen (deduktiv), sondern durch „experimentelles Arbeiten" mit Beispielen, oder wie es im Rahmen ihrer Studie ein Mathematiker äußert: „Die Grossen sind auch deshalb so gross [sic], weil sie so viel wissen. Sie kennen viele Beispiele und haben viel mit ihnen experimentiert. Darüber spricht man nicht. Man schreibt auch nicht in seinem Paper, wie man zu einer Vermutung gekommen ist. Was für immense Rechnungen manchmal dahinter stecken oder wie viele spezielle Beispiele." (Heintz, 2000a, p. 150). Heintz nennt dieses Vorgehen „quasi-experimentell".

Im „context of validation" werden experimentell gewonnene Ideen geprüft und bewertet. Mittels Beweisen wird mathematisches Wissen gesichert. Allerdings ist der Validierungsprozess damit noch nicht beendet. Erst durch die Akzeptanz in der mathematischen Gemeinschaft wird neues Wissen auch zu einer wissenschaftlichen Tatsache. Bedeutend sind bei diesem Vorgang nach Heintz wissenschaftliche Kommunikationsformen, die in diesem Sinne Überzeugungsarbeit darstellen (context of persuasion) (Heintz, 2000b).

Heintz nimmt in ihren Analysen eine pragmatische Sichtweise ein, d.h. sie versteht Wissenschaft als Handeln, um so die tatsächliche Praxis des Mathematiktreibens in den Blick zu bekommen: „Damit rückt das Experiment, das praktische Forschungshandeln [...] in den Mittelpunkt, [...]" (Heintz, 2000a, p. 110), es geht also vermehrt um das Tun und nicht ausschließlich um das Wissen. Das mathematische Tun unterscheidet sich von dem in anderen Disziplinen dadurch, dass es sich um ein gedankliches Tun handelt, das im Notieren von Gedanken, Zeichen oder Skizzen sichtbar werden kann (Heintz, 2000a). Heintz sieht den mathematischen Beweis als Endpunkt eines vielschichtigen Suchprozesses und stellt die Frage, was alles geschieht, *bevor* ein Beweis geführt wird, denn Mathematiker sichern die Gültigkeit ihrer Vermutungen ab, ehe sie sie beweisen. Heintz bezieht sich an dieser Stelle auf Pólya, der dieses Vorgehen von Mathematikern dem plausiblen Schließen (vgl. Abschnitt 2.3.1) zuordnet und es als induktiven Prozess versteht. Auf diesem Weg gelangen Mathematiker zu neuen Ideen und bewerten sie anhand „informeller Wahrheitskriterien“ (Heintz, 2000a, p. 145), von denen Heintz als eines von drei Hauptkriterien quasi-empirische Bestätigung nennt. Damit meint sie, dass es, wie ein Mathematiker formuliert, „[...] in zahlreichen Beispielen richtig ist [...]“ (Heintz, 2000a, p. 145).

Am Anfang eines mathematischen Erkenntnisprozesses steht also ein Phänomen, das sich in Beispielen zeigt. Der Moment der Entdeckung ist nach Heintz der, in dem sich (mehr oder weniger plötzlich) eine Form von Ordnung zeigt. Die Phänomene widersprechen Erwartungen und somit gibt es eine Art Hindernis, das mit der Herstellung von Ordnung überwunden werden kann. Das allgemeine Handlungsprinzip in einer solchen Situation sieht Heintz in der Entwicklung einer neuen Idee. Diese neue Idee kann je nach Problem sehr unterschiedlich aussehen. Wie man genau zu dieser Idee kommt, ist unklar, wie an diesem Interviewausschnitt deutlich wird: „[...] Das ist manchmal wirklich unerklärlich. Man weiß nicht, warum einem die Idee einfällt“ (Heintz, 2000a, p. 149). Peirce (vgl. Abschnitt 2.1.3) beschreibt diesen Moment der (abduktiven) Entdeckung in ähnlicher Weise als eine Art Geistesblitz. Das Denken und Umgehen mit Beispielen bezeichnet Heintz in diesem Kontext als quasi-empirisch. Die Funktion der Beispiele ist hier vergleichbar mit der von Fakten in den empirischen Wissenschaften: sie dienen dazu, Vertrauen in eine Vermutung zu gewinnen, sie auf ihre Plausibilität zu prüfen. Wie genau das geschieht, sieht Heintz im Rückgriff auf Pólya in seiner Beschreibung von „Verallgemeinerung“ und „Spezialisierung“ (vgl. Abschnitt 2.3.1). Dieses „Hantieren mit mathematischem Material“ nennt Heintz „quasi-empirische Erfahrung“ (Heintz, 2000a, p. 152) und stellt die Bedeutung von Beispielen als eine Art Werkzeugkasten des Mathematikers heraus.

Anhand der Beschreibung der Arbeitsweise von Mathematikern durch Heintz lässt sich die Nähe zum dargestellten Vorgehen von Euler und Pólya aufzeigen. Das quasi-empirische Vorgehen eines Mathematikers nach Heintz stützt die Theorie von Peirce zum wissenschaftlichen Erkenntnisgewinn insofern, als die Prozesse, die Heintz anhand ihrer empirischen Interview-Daten darstellt, ebenso mit den Peirce´schen Denkkategorien der Abduktion, Induktion und Deduktion beschreibbar sind. Dadurch, dass Heintz die Phase des Beweisens separiert und ans Ende des komplexen Prozesses stellt, verdeutlicht sie ebenso wie Peirce, dass der Prozess *davor* eine nicht minder intensive Betrachtung verlangt. Mit ihrem „context of discovery und „context of validation“ formuliert sie letztlich eine Theorie des mathematischen quasi-empirischen Arbeitens als einen Wechsel von (vorwiegend) abduktiven und induktiven Schritten.

Obwohl die Ansätze von Peirce, Euler, Pólya, Lakatos und Heintz mit ihren Perspektiven auf individuelle Denkprozesse unterschiedliche Ziele verfolgen, finden sich für die Konstruktion eines Theorierahmens für (innermathematisches) Experimentierens vor allem wesentliche gemeinsame Aspekte. Von Bedeutung sind hierbei das Ausdifferenzieren abduktiver und induktiver Prozesse und ihre Identifikation als zentrale Prozesse für mathematischen Erkenntnisgewinn. Deduktiven Prozessen wird hingegen im Entstehungsprozess von Mathematik eine geringere Bedeutung beigemessen. In der Peirce´schen Dreischritt-Theorie wird allerdings die Notwendigkeit deduktiven Schließens als Zwischenschritt im Erkenntnisprozess verdeutlicht. Bei Lakatos spielt die Deduktion eine andere und auch größere Rolle, da er mathematische Beweisprozesse in den Fokus nimmt und diese mit dem Falsifikationsansatz Poppers (1963) in Bezug setzt. Eine zweite wesentliche Verwandtschaft aller Ansätze ist, dass der Umgang mit mathematischen Beispielen als vergleichbar mit empirischem Arbeiten angesehen wird. Dies verdichtet sich in der Bzeichnung des „quasi-empirischen Arbeitens“ in der Mathematik, das den experimentellen Charakter auch mathematischen Erkenntnisgewinns hervorhebt.

Nach diesem Überblick über erkenntnistheoretische und soziologische Sichten auf mathematisches Experimentieren, soll abschießend noch ein Blick auf eine moderne mathematische Teildisziplin geworfen werden, die sich selbst als „experimentelle Mathematik“ bezeichnet.

2.3.3 Experimentelle Mathematik

Unter experimenteller Mathematik verstehen Borwein und Bailey (2004) ganz pragmatisch eine zunächst recht lose anmutende Sammlung von Methoden mathematischen Arbeitens, die bestimmte Ziele verfolgen und sich dabei stark auf den Computer als „Experimentierlabor“ stützen (2004, p. 3):

1. Gaining insight and intuition.
2. Discovering new patterns and relationships.
3. Using graphical displays to suggest underlying mathematical principles.
4. Testing and, especially, falsifying conjectures.
5. Exploring a possible result to see if it is worth formal proof.
6. Suggesting approaches for formal proof.
7. Replacing lengthy hand derivations with computer-based derivations.
8. Confirming analytically derived results.

Das Gewinnen von Einsichten, das Entdecken neuer Muster und Beziehungen sowie das Nutzen grafischer Darstellungen zur Veranschaulichung in den ersten drei Punkten verdeutlichen den Nutzen des Computers als Labor für abduktive Prozesse. Daneben kann der Computer zur induktiven Prüfung von Hypothesen im Peirce´schen Sinne genutzt werden (Punkt 4 und 5). Die letzten drei Funktionen des Computereinsatzes beziehen sich auf deduktive Vorgehensweisen. Mit dieser Übersicht gelingt es den Autoren, den Computer als ein Werkzeug darzustellen, das mathematischen Arbeitsweisen in umfassender Weise gerecht wird (Leuders & Philipp, i. Vorb.). Besonders betonen Borwein und Bailey auch die Nähe zum naturwissenschaftlichen Experimentieren: „Note that the above activities are, for the most part, quite similar to the role of laboratory experimentation in the physical and biological sciences." (Borwein & Bailey, 2004, p. 3).

Die sich mit großem Selbstbewusstsein entwickelnde Teildisziplin der „experimentellen Mathematik" kristallisiert sich in der Gründung der Zeitschrift „Experimental Mathematics" im Jahr 1992. Damit gibt es ein Forum für die Darstellung „unfertiger" Mathematik, auf der Basis von Beispielen begründete Vermutungen ohne formalen Beweis (Epstein & Levy, 1995). Schwerpunkt sind hier innermathematische Konzepte, die durch den Einsatz spezieller Computersoftware systematisch untersucht werden können, wobei der Rechnereinsatz als „Verstärkung des Gehirns" betrachtet werden kann. Zu den zentralen Postulaten der experimentellen Mathematik gehört die Aussage, dass auch Ergebnisse abduktiven und induktiven Vorgehens als publikationswürdig gesehen werden. Mit der Publikation solcher Beiträge zeigt die mathematische Gemeinschaft eine zunehmend größere Offenheit gegenüber nicht-deduktivem mathematischen Arbeiten (Sørenson, 2010).

Experimentieren im Sinne induktiven und abduktiven Arbeitens ist – das wird von der experimentellen Mathematik nicht bestritten – immer schon konstitutiver Bestandteil mathematischen Erkenntnisgewinns: "It is probably the case that most significant advances in mathematics have arisen from experimentation with examples." (Epstein & Levy, 1995, p. 670). Allerdings werden Prozesse, die zu plausiblen (noch unbewiesenen) Vermutungen führen, in der modernen Mathematik seltener überliefert (Euler zeigt, dass das historisch nicht immer so gewesen ist). Sowohl die neuere Mathematikphilosophie, die Wissenschaftssoziologie als auch die Teildisziplin der experimentellen Mathematik haben die Aufmerksamkeit auf solche experimentellen Prozesse gelenkt. Die Wissenschaftsphilosophie von Peirce mit der Trennung der drei Schlussformen Abduktion, Induktion und Deduktion zur Beschreibung wissenschaftlichen Erkenntnisgewinns lässt sich – das zeigen die obigen Analysen und die vielfältigen Publikationen zu Peirce in der heutigen Mathematikdidaktik – auf Prozesse mathematischen Erkenntnisgewinns übertragen. Dennoch muss man feststellen, dass das Bild der Mathematik heute immer noch das einer eher deduktiven Wissenschaft ist. Auch im Bereich der Mathematik, die an Schulen und Hochschulen gelehrt wird, zeigt sich bislang eher die deduktiv orientierte Tradition. Die Betonung der „anderen Seite" der

Mathematik, der induktiven (und nach Peirce auch der abduktiven) konkretisiert sich durch eine systematische Verortung des Experiments im Prozess des mathematischen Erkenntnisgewinns.

Ein anderes Bild bieten hier die Naturwissenschaftsdidaktiken. Experimentieren als Methode ist, im Gegensatz zur Mathematik, in den empirischen Wissenschaften methodischer Kern des Erkenntnisgewinns. Die Naturwissenschaften verfügen daher über verschiedene konzeptuelle und empirische Arbeiten, die Experimentieren erkenntnistheoretisch und mit Bezug auf Lernprozesse modellieren. Nachdem die Bedeutung des Experimentierens auch für die Beschreibung mathematischer Lernprozesse deutlich geworden ist, liegt es nahe, die Theorien aus der Naturwissenschaft und der Naturwissenschaftsdidaktik daraufhin zu beleuchten, ob sich hier Anregungen für die Analyse und Gestaltung experimenteller Lernprozesse in der Mathematik finden.

2.4 Experimentieren in den Naturwissenschaften

2.4.1 Wesen naturwissenschaftlicher Experimente

Dem Experiment kommt in den naturwissenschaftlichen Disziplinen die Bedeutung eines zentralen Erkenntnisinstruments zu (Pietschmann, 1996; Shadish et al., 2002). In weitem Sinne ist das Experiment eine „Frage an die Natur“ und wird als methodisches Vorgehen mit dem Ziel der Erkenntnisgewinnung verstanden. In den Naturwissenschaften hat das Experiment als wissenschaftliche Methode eine lange Tradition. Der Begriff des Experiments wird in den verschiedenen Fachbereichen unterschiedlich verwendet und wird (mehr oder weniger scharf) von einer „Beobachtung“ oder einem „Versuch“ getrennt. Experimente unterscheiden sich ferner in ihrer Zielsetzung, zum einen gibt es Experimente, die dazu dienen, eine Hypothese zu überprüfen, also konfirmatorischen Charakter haben und zum anderen Experimente, die zu neuem Wissen führen und daher als Explorations- oder Erkundungsexperimente zu verstehen sind. Daneben werden auch Gedanken- und Demonstrationsexperimente genannt (vgl. auch die Klassifikation nach Medawar in Abschnitt 2.2). Zu differenzieren sind auch Experimente, die im schulischen Unterricht durchgeführt werden von solchen, die in der jeweiligen Bezugswissenschaft als wissenschaftliche Methode eingesetzt werden, da erstere immer auch an pädagogische Zielsetzungen und an den Entwicklungsstand der jeweiligen Altersgruppe angepasst werden müssen (vgl. beispielsweise Schwengeler, 1998, Pfeifer, Lutz, & Bader, 2004).

Mithilfe von (konfirmatorischen) Experimenten können Aussagen über Zusammenhänge von Größen hinsichtlich ihres Zusammenauftretens als *Korrelation* oder ihrer Ursache-Wirkungs-Beziehung als *Kausalität* gedeutet werden. Das Experiment ist also eine streng angelegte Untersuchungsanordnung, bei der Merkmale und ihre kausalen Zusammenhänge analysiert werden. Welche Merkmale für ein Phänomen von Bedeutung sind und welche nicht, kann im Experiment untersucht werden. Dabei wird die mögliche Ursache variiert und der mögliche Effekt beobachtet. Sämtliche weitere Merkmale einer Situation müssen dabei konstant gehalten werden (z.B. Schulz et al., 2012). Das Ergebnis der Beobachtung wird hinsichtlich der Fragestellung ausgewertet. In jedem Fall ist das Experiment als Eingriff in die Natur zu betrachten, es wird also künstlich erzeugt.

Zum Beschreibung des Experimentierprozesses gibt es in den Naturwissenschaften und ihren Didaktiken recht unterschiedliche Modelle. Ein geeignetes Modell, das nicht nur die ideale wissenschaftliche Methode, sondern auch individuelle kognitive Prozesse beschreiben kann, soll im Folgenden näher beschrieben und anderen Modellen gegenübergestellt werden.

2.4.2 Experimentieren als Suche in Räumen

Modelle zum Experimentieren in den Naturwissenschaften reichen von einfachen (universellen) Phasenmodellen bis hin zu komplexen, auf empirischen Daten beruhenden Modellierungen von Experimentierhandlungen. Diese unterschiedlichen Modelle sind in dieser Arbeit von besonderer Bedeutung, um mögliche Anknüpfungspunkte für (inner-) mathematische Experimentierprozesse zu finden.

Ein in der Literatur häufig beschriebenes Modell zum Experimentieren – sowohl in den Fachdidaktiken als auch in den Bezugswissenschaften – ist die lineare Darstellung des Verlaufs in drei Phasen, der Planungs-, Durchführungs- und Auswertungsphase. Ein Modell aus der Chemiedidaktik (Doran, Lawrenz, & Helgeson, 1994) fasst Experimentieren als einen solchen geplanten, dreischrittigen Prozess auf (vgl. Abbildung 3):

- „pre-experimental“: zunächst wird eine Hypothese aufgestellt und ein Entwurf eines Verfahrens zur Testung gemacht.
- „experimental“: das Experiment wird durchgeführt.
- „post-experimental“: Daten werden ausgewertet und interpretiert.

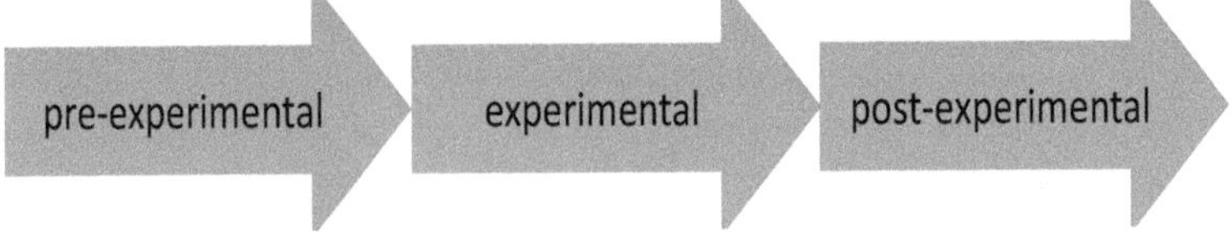

Abbildung 3: Lineares Modell zum Experimentierprozess

Ein gänzlich anderes, umfassendes Konzept zum Experimentieren, welches experimentelles Vorgehen als grundsätzliche Form des Erkenntnisgewinns in naturwissenschaftlichen Phänomenbereichen auffasst, findet sich bei Klahr und Dunbar (1988) unter dem Namen „Scientific Discovery as Dual Search" (SDDS) (Klahr & Dunbar, 1988; Klahr & Dunbar, 2000). Klahr und Dunbar rücken ihren Ansatz der Beschreibung des „scientific reasoning" zunächst in den Kontext des „problem solving". Beim Problemlösen nennen sie in Anlehnung an Newell und Simon (1972) zwei wesentliche Elemente, den Problemraum und eine (Lösungs-) Suche. Der Problemraum ist durch einen Anfangs- und einen Zielzustand sowie durch mögliche Operatoren[7] und Hindernisse gekennzeichnet, während der Problemlöseprozess selbst als Suche nach einem Weg zum Zielzustand charakterisiert wird. Die zweite Perspektive, die nach Ansicht der Autoren neben der Problemlösesicht auf wissenschaftliches Arbeiten gerichtet wird, ist die der „concept-formation". Die Begründung hierfür ist, dass durch wissenschaftliches Arbeiten auch neue Erkenntnisse, neue Konzepte, gewonnen werden können. Dies geschieht induktiv auf der Basis von Experimenten. In beiden Fällen finden Suchprozesse statt und beides sind erkenntniserweiternde Prozesse (Klahr & Dunbar, 2000).

Das Konzept eines „Suchraumes" greifen Klahr und Dunbar in ihrem Modell zum naturwissenschaftlichen Arbeiten wieder auf, als eine Suche in zwei Räumen: einem *Hypothesensuchraum* und einem *Experimentesuchraum.*

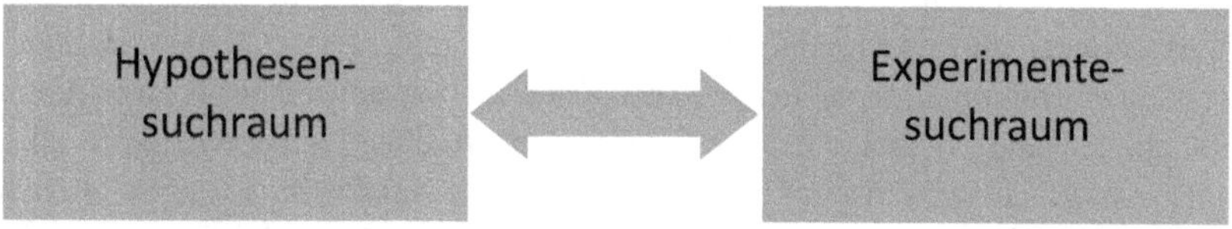

Abbildung 4: Vereinfachtes Modell des Experimentierens als Suche in zwei Räumen nach Klahr & Dunbar

Im Hypothesensuchraum werden unter Rückgriff auf allgemeines sowie domänenspezifisches Wissen Hypothesen generiert. Dieser Prozess ähnelt einem Problemlöseprozess, bei dem die Hypothese den (erwünschten) Zielzustand bildet. Diese Hypothesen müssen ähnlich wie in den Ausführungen von Peirce und Pólya (vgl. Abschnitt 2.3.1) auf ihre Plausibilität hin geprüft werden. Im Experimentesuchraum können Hypothesen durch die Wahl und Durchführung geeigneter Experimente dann überprüft oder das jeweilige Phänomen weiter erkundet werden. Der Prozess des Erkenntnisgewinns kann als ein permanenter Wechsel zwischen den beiden Räumen interpretiert werden. Vermittelnd zwischen den in den unterschiedlichen Räumen ablaufenden Suchprozessen findet nach Klahr und Dunbar begleitend ein Evaluationsprozess statt, in dem die Passung zwischen Theorie und Evidenz bewertet wird. Somit dient der Evaluationsprozess dazu, die weitere Suche zu lenken (Klahr & Dunbar, 2000).

7 Operatoren sind Handlungen, die einen Zustand in einen anderen überführen.

Die oben dargelegte Suche in zwei Räumen nach Klahr und Dunbar wird durch drei Hauptkomponenten strukturiert, die zirkulär ablaufend den Prozess der „scientific discovery" modellieren: *Hypothesenbildung*, *Hypothesenprüfung* und *Evaluation*. Um aber zu einer Hypothese zu gelangen ebenso wie um sie zu prüfen, sind Wechsel zwischen dem Hypothesen- und dem Experimentesuchraum notwendig. Diese Wechsel werden in der Darstellung des Experimentesuchraumes an mehreren Stellen im Modell deutlich. Klahr und Dunbar spezifizieren die Prozesse noch näher, indem sie Subprozesse beschreiben, die beispielsweise das Aufgreifen von Vorwissen und Wissen durch experimentelle Aktivitäten beleuchten. Ebenso wird die Notwendigkeit von Voraussagen („wenn…dann..") betont, um eine Hypothese testen zu können. Und nicht zuletzt muss bei der Evaluation entschieden werden, ob eine Hypothese angenommen, zurückgewiesen oder genauer untersucht werden soll.

Eingesetzt wurde das Modell von Klahr und Dunbar in von ihnen durchgeführten Studien, bei denen erwachsene Probanden eine einem Phänomen zugrundeliegende „Regel" finden sollten. Umgesetzt wurde dies über einen Micro-Roboter namens BigTrak, dessen Funktionen die Probanden untersuchen sollten. Die Autoren konnten dabei zwei verschiedene Typen von Experimentierern unterscheiden, „Theoretiker" und „Experimentatoren", die sich zwar nicht in der Anzahl der Hypothesen, aber in der Anzahl der Experimente (bei Experimentatoren oft ohne explizite Hypothese) und ihrer Verweildauer im Experimenteraum deutlich unterschieden. Außerdem stellten sie entwicklungsbedingte Unterschiede bei der Koordination der Suche in zwei Räumen fest (Klahr & Dunbar, 1988). In der naturwissenschaftlichen Lehr- und Lernforschung wird der Ansatz des wissenschaftlichen Arbeitens als Suche in zwei Räumen in diversen Studien rezipiert und wieder aufgegriffen. Hammann (2007) beispielsweise nutzt die von Klahr und Dunbar beschriebenen drei Hauptkomponenten als Basis zur Entwicklung eines Tests zur Überprüfung von Experimentierkompetenz im Fach Biologie. Wirth et al. (2008) entwickelten eine computerbasierte Experimentierumgebung im Fach Physik, die die beiden Räume aus dem SDDS-Modell repräsentiert. Hier wurde beispielweise untersucht, inwiefern Prompts beim selbstständigen Lernen durch Experimentieren lernförderlich eingesetzt werden können.

Die theoretischen Überlegungen der vorigen Kapitel legen nahe, dass auch bei der Analyse von Experimentierprozessen, die in innermathematischen Situationen stattfinden, eine theoretische Differenzierung dieser beiden Suchräume hilfreich sein könnte. Interessant wäre dann auch, ob sich analoge Expermentiertypen, wie Klahr und Dunbar sie beschreiben, wiederfinden lassen. Das Modell der Suche in zwei Räumen hat gegenüber dem dreischrittigen Modell (Doran et al., 1994) den Vorteil, dass der Prozess des Erkenntnisgewinns beim Experimentieren auch zirkulär (bzw. besser: schraubenlinienförmig) betrachtet werden kann. Während beim dreischrittigen Modell der Eindruck entsteht, dass der Experimentierprozess nach Durchlaufen der drei Phasen abgeschlossen ist, verdeutlicht das Zwei-Räume-Modell durch das Hin- und Herwechseln zwischen den Räumen eher, dass eine Hypothese gegebenenfalls mehrfach modifiziert oder spezifiziert werden muss, ehe man ihre Gültigkeit untermauern kann. Das veranschaulicht darüber hinaus, dass Hypothesen im Experimentierprozess auf Individualebene häufig einen vorläufigen Charakter besitzen. Ein Rahmenmodell zur Betrachtung mathematischer Experimentierprozesse von Lernenden könnte auf der Theorie der „Scientific Discovery als Dual Search" basieren.

2.5 (Inner-)mathematisches vs. naturwissenschaftliches Experimentieren

Vor einer Übernahme von Experimentiermodellen, wie sie in der Naturwissenschaftsdidaktik eingesetzt werden, muss auf grundsätzlicherer Ebene diskutiert werden, inwiefern innermathematisches Experimentieren mit naturwissenschaftlichem Experimentieren vergleichbar ist. Dabei soll verdeutlicht werden, welche strukturellen Parallelen bestehen und in welcher Weise sich das Experimentieren in beiden Domänen unterscheidet. Ziel ist es dabei, den in dieser Arbeit verwendeten Begriff des innermathematischen Experimentierens zu schärfen.

Vor dem Hintergrund der bisherigen theoretischen Überlegungen stellt sich der innermathematische Experimentierprozess als eine Suche nach Gesetzmäßigkeiten, Mustern und Strukturen dar. Typische Tätigkeiten sind dabei das Erzeugen und Untersuchen von Beispielen und Vermutungen wie es beispielsweise Pólya am Beispiel der Goldbachschen Vermutung aufzeigt (vgl. Abschnitt 2). Denkprozesse, die beim Experimentieren ablaufen, lassen sich als abduktive, induktive und deduktive Prozesse im Sinne von Peirce klassifizieren. Die Verwendung der Peirce´schen Terminologie verdeutlicht die klare Trennung der drei Formen des Denkens, wenngleich Pólya dieselbe Unterscheidung trifft, jedoch zwei der Denkformen unter dem Begriff der Induktion zusammenfasst (vgl. Abschnitt 2.3.1).

Die Ergebnisse der mathematiksoziologischen Studien von Heintz (2000a) regen an, Experimentieren in der Mathematik (als Teilprozess mathematischen Erkenntnisgewinns) als „quasi-empirisches" Vorgehen zu betrachten. Gegenstand des innermathematischen Experimentierens sind mathematische Objekte wie beispielsweise Zahlen oder Figuren und ihre Zusammenhänge. Sie entstehen zwar durchaus aus realen Anschauungen, sind aber abstrakter Natur. Der *Umgang* mit ihnen unterscheidet sich dennoch nicht wesentlich vom Umgang mit physischen Objekten der Naturwissenschaften. Wenn man also den unterschiedlichen „Charakter des Seins" vernachlässigt, lässt sich die Sichtweise auf Mathematik als eine empirische Wissenschaft weiter verfolgen, was im Hinblick auf die Analyse von Erkenntnisprozessen gerechtfertigt erscheint.

Ein Vergleich zum Experimentieren in den Naturwissenschaften soll in Tabelle 6 die Analogie der Vorgehensweisen verdeutlichen:

Diese Gegenüberstellung verdeutlicht neben der Ähnlichkeit zwischen naturwissenschaftlich-empirischem und mathematisch-quasi-empirischem Experimentieren auch die analoge Rolle, die Phänomene der Umwelt einerseits und mathematische Beispiele andererseits, in denen sich mathematische Phänomene zeigen. Sowohl in den naturwissenschaftlichen Disziplinen als auch in der Mathematik hat Experimentieren prinzipiell einen zyklischen Charakter: Ergebnisse eines Experimentes können weitere experimentelle Untersuchungen nach sich ziehen, die beispielsweise neu aufkommende Fragen untersuchen. Zielsetzung des Experimentierens ist in beiden Fällen Erkenntnisgewinn.

Tabelle 6: Vergleich naturwissenschaftliches vs. mathematisches Experimentieren

	Experimentieren in den Naturwissenschaften	Innermathematisches Experimentieren
1	Phänomenbereich explorieren, Auffinden entscheidender Variablen durch Beobachtung	Beispiele untersuchen, Strukturen beschreiben, entscheidende Merkmale identifizieren
2	Hypothesen über Naturgesetze aufstellen	Vermutungen über mathematische Zusammenhänge aufstellen
3	Experiment zur Überprüfung der Hypothese planen (Variablenkontrolle und Variation)	Beispiele oder Gegenbeispiele zur Überprüfung der Vermutung auswählen
4	Experiment durchführen, beobachten, Daten erfassen	Überprüfen der Vermutung an den gewählten Beispielen
5	Daten auswerten und Interpretieren, Messfehler berücksichtigen	Deutung der gefundenen Aussagen (Passung, Widerspruch)
6	Konsequenzen ziehen: ggf. zurück zu Schritt 1, 2 oder 3	Konsequenzen ziehen: Zurück zu Schritt 1, 2 oder 3

Solche strukturellen Ähnlichkeiten sieht auch der amerikanische Mathematiker und Philosoph Norbert Wiener (1894-1964): "Mathematics is an experimental science[8]. The formulation and testing of hypothesis play in mathematics a part not other than in chemistry, physics, astronomy, or botany. […] It matters little […] that the mathematician experiments with pencil and paper while the chemist uses test-tube and retort, or the biologist stains and the microscope." (Wiener, 1923, p. 237). Wiener betont also die Analogie des Experimentierens in der Mathematik und in den Naturwissenschaften. Beim Experimentieren in allen Disziplinen geht es nach Wiener um das Formulieren und Testen von Hypothesen. Auch die mentalen Prozesse, die dabei ablaufen, kennzeichnet er als ähnlich. Für Wiener ist das Stellen von geeigneten Fragen zentraler Aspekt des Mathematiktreibens. Dazu gehören Vorstellungskraft und Kreativität als Motor für mathematisches Arbeiten. Ist dann eine Frage gestellt, so kann eine vorläufige Antwort gefunden werden, die experimentell zu prüfen ist. Im Experiment wird

8 Mit dem Verständnis von Mathematik als experimentelle Wissenschaft vertritt Wiener eine zu seiner Zeit eher unübliche Sichtweise auf die Mathematik.

die Antwort auf ihre Gültigkeit hin getestet, sie wird der Kritik der Logik ausgesetzt und somit mit „harten Fakten“ konfrontiert (Wiener, 1923). Seine Beschreibung eines mathematischen Experiments fokussiert stark den hypothesenprüfenden Charakter. Zieht man die Überlegungen Pólyas (vgl. Abschnitt 2.3.1) hinzu, so lässt sich dieses Bild eines mathematischen Experiments insofern erweitern, als das Finden einer Vermutung durch suggestive Beobachtung dem Experimentierprozess ebenso zugeordnet werden kann. Damit kann einem mathematischen Experiment auch ein hypothesengenerierender Charakter zugeschrieben werden (vgl. auch die Typisierung von Medawar in Abschnitt 2.2).

Anhand der in Tabelle 6 dargestellten Schritte im zyklisch gedachten Experimentierprozess lassen sich die beiden oben angesprochenen Funktionen von Experimenten konkretisieren. Bei einem *hypothesengenerierenden* Experiment (exploratives Experiment) steht das Gewinnen neuer Erkenntnisse über einen Phänomenbereich im Vordergrund. Ausgehend von einem mathematischen Phänomen (beispielsweise durch eine Aufgabenstellung repräsentiert) wird dieses zunächst erkundet, indem Beispiele generiert werden. So findet eine erste Annäherung statt. Über das Betrachten der Beispiele werden im nächsten Schritt Muster und Strukturen deutlich (Abduktion nach Peirce bzw. suggestive Beobachtung nach Pólya), die durch mentales oder tatsächlich handelndes Sortieren der Beispiele hervortreten. In Form von Vermutungen werden solche Strukturen als tentative Gesetzmäßigkeiten formuliert. Die Ausarbeitung von Konsequenzen unter Annahme der Gültigkeit der Vermutungen lassen nun Voraussagen zu, die überprüft werden können. Nach Peirce würde man hier von einem deduktiven Schritt sprechen. Dieser Schritt ist unabdingbare Voraussetzung für die Überprüfbarkeit von Vermutungen, die dann (induktiv nach Peirce bzw. über stützende Beobachtung nach Pólya) an einem oder mehreren Beispielen getestet wird. Kann eine Vermutung nicht bestätigt werden, so beginnt der Prozess des Experimentierens von Neuem, allerdings mit größerem Vorwissen bezüglich des Phänomens, das die ersten Erfahrungen erbracht haben. Bei einem *hypothesenprüfenden Experiment* (konfirmatorisches Experiment) ist der Ausgangspunkt eine bereits im Raum stehende Vermutung, die experimentell geprüft werden kann. Die Schritte des Experimentierprozesses verlaufen in gleicher Weise, der Prozess beginnt dabei aber in einer anderen Phase (in Schritt 3 in der oben dargestellten Tabelle). Ist eine Vermutung gut an Beispielen abgesichert, so lohnt es sich, sie (deduktiv) zu beweisen. Hierzu werden bestehende Theorien als Argumentationsbasis genutzt.

Greift man an dieser Stelle die Überlegung von Wiener zum wesentlichen Unterschied des Experimentierens in den Naturwissenschaften und der Mathematik auf, so wird deutlich, dass die Antworten auf experimentell untersuchte Fragen unterschiedlichen Quellen entspringen: in den Naturwissenschaften der Erfahrung, in der Mathematik der Logik: „The only great point of divergence between mathematics and the other sciences lies in the […] circumstance that experience only whispers `yes´ or `no´ in reply to our questions, while logic shouts.” (Wiener, 1923, p. 237).

Die Wahrheit von Vermutungen kann sowohl in der Mathematik als auch in den Naturwissenschaften rein experimentell nicht endgültig bewiesen werden, sondern nur angenommen werden. Popper (1994) hat sich intensiv mit dem Problem der Erkenntnislogik und speziell dem Induktionsproblem auseinandergesetzt, das auch das Problem der experimentellen Verifizierung einer Theorie in den Blick nimmt. Popper vertritt die Ansicht, dass sich induktiv gewonnene Theorien so lange bewähren können, bis sie möglicherweise zu einem späteren Zeitpunkt angezweifelt werden. Damit legt Popper Grenzen der empirischen Forschung fest. Theorien können seiner Ansicht nach lediglich mit Sicherheit falsifiziert werden, nicht aber verifiziert. In dem oben zitierten Textausschnitt von Wiener wird deutlich, dass es an dieser Stelle seiner Ansicht nach einen wesentlichen Unterschied des Experimentierverständnisses in den Naturwissenschaften und der Mathematik gibt. Experimentell können Vermutungen in allen genannten Disziplinen auf ihre Gültigkeit hin untersucht werden, die Mathematik verfügt aber darüber hinaus über Methoden, diese Gültigkeit auch zu beweisen (was nicht bedeutet, dass dies in jedem Fall auch gelingt). Deduktive Schlussfolgerungen bilden hierfür die Basis, das bedeutet, letztlich liefert erst die Logik, also die Deduktion, wie Wiener betont, eine deutliche Antwort.

Auf erkenntnistheoretischer Ebene ist damit die Analogie zwischen mathematischem und naturwissenschaftlichem Experiment und ihre Reichweite beschrieben und stellt sich als tragfähig für die Zwecke dieser Arbeit heraus. Das Konzept innermathematischen Experimentierens erfordert aber auch noch eine substanzielle Verortung hinsichtlich eines der zentralen Konzepte der Domäne Mathematik, dem Problemlösen.

2.6 Experimentieren und Problemlösen

Prozesse mathematischen Erkenntnisgewinns werden in der mathematikdidaktischen Forschung üblicherweise nicht unter der Perspektive des Experimentierens betrachtet. Pólyas Schrift zum plausiblen Schließen (1962) bildet hier eine Ausnahme. Die Beschreibung von mathematischen Vorgehensweisen, die eher dem induktiven und abduktiven Denken zuzuordnen sind, werden üblicherweise durch den Theorierahmen des Problemlösens erfasst.

Inwiefern rechtfertigt sich also hier die Verwendung des Experimentierbegriffs und in welchem Zusammenhang steht er zu dem des Problemlösens? Überlegungen hierzu sollen im folgenden Abschnitt dargestellt werden.

Experimentieren wird in verschiedenen Wissenschaftsdisziplinen im Kontext des Problemlösens gesehen (Klahr & Dunbar, 2000, Pólya, 1949), so dass hier die Verknüpfung theoretischer Aspekte des Experimentierens und des Problemlösens insofern als bedeutsam erscheint, als diese Verbindung einen vielversprechenden Theorierahmen zur Beschreibung von experimentellen Denkprozessen bildet. Mit dem oben beschriebenen Modell des Experimentierens als Suche in zwei Räumen (vgl. Abschnitt 2.4.2) nehmen Klahr und Dunbar (2000) ausdrücklich Bezug auf den Bereich des Problemlösens. Pólya bezeichnet die Mathematik *in statu nascendi* als „experimentelle induktive Wissenschaft" (1962, p. 9) und akzentuiert damit eine experimentelle Komponente im mathematischen Erkenntnisprozess. In seinem Phasenmodell des Problemlösens (vgl. Abschnitt 2.6.2) verankert er experimentelle Vorgehensweisen bei der suggestiven Beobachtung wie Verallgemeinerung, Spezialisierung und Analogie (vgl. Abschnitt 2.3.1), so dass Experimentieren als Teilprozess des Problemlösens verstanden werden könnte. Da sich in beiden Bereichen aufgrund dieser Annahme auch ähnliche Prozesse abspielen können, kann eine Auseinandersetzung mit diesen beiden Konzepten bei der Theorieentwicklung innermathematischen Experimentierens von Bedeutung sein.

Zunächst soll in den folgenden Abschnitten ein kurzer Überblick gegeben werden, was unter Problemlösen allgemein verstanden wird, bevor Problemlösen in der Mathematik spezifiziert wird und in einen Zusammenhang zum innermathematischen Experimentieren gebracht wird.

2.6.1 Problembegriff und Problemlösen

Probleme kommen in unterschiedlichen Facetten sowohl im alltäglichen Leben als auch in den Wissenschaften vor. Ein Problem besteht dann, wenn man eine Diskrepanz zwischen dem momentanen Zustand (*Anfangszustand*) und einem erwünschten *Zielzustand* feststellt, die sich durch das Ausführen verschiedener Operationen verringern lässt, dabei jedoch eine *Barriere* überwunden werden muss (Dörner, 1979; Newell & Simon, 1972; Zimbardo, 1999). Ein Problem stellt also in jedem Fall ein Hindernis dar, zu dessen Überwindung eine Lösung gesucht wird. Nach Funke (2003) ist die *Suche* der zentrale Begriff, der den meisten, oft auch unterschiedlichen, Definitionen eines Problems gemeinsam ist. Diese Suche kann in ganz verschiedene Richtungen gehen und ist dann beendet, sobald eine Lösung gefunden wird. So kann nach Funke beispielsweise nach einem geeigneten Zielzustand, nach Mitteln zum Erreichen des Zielstands oder weiteren den Problemraum absteckenden Bedingungen gesucht werden. Ein Teilbereich der Kognitionspsychologie beschäftigt sich mit kognitiven Prozessen beim Lösen von Problemen. Problemlösen kann hierbei als Facette des Denkens neben urteilendem, schlussfolgerndem (deduktivem), induktivem und kreativem Denken gesehen werden, durch das „Menschen Hindernisse auf dem Weg zu einem Ziel beseitigen" (Funke, 2003, p. 22). Hierbei handelt es sich nach Ansicht des Autors um ein produktives Vorgehen, da keine Routinen zur Lösung vorhanden sind. An dieser Stelle wird deutlich, dass ein Problem nicht objektiv als Problem gesehen werden kann, sondern subjektiv vom Wissen und von Vorerfahrungen der Person abhängt, die damit konfrontiert wird.

In der psychologischen Literatur findet sich eine Vielzahl von *Klassifikationen von Problemen*, denen unterschiedliche Kriterien zugrunde liegen. Gemeinsam ist ihnen der Versuch, die große Anzahl unterschiedlicher Probleme zu ordnen. Nach Funke (2011) unterscheiden sich Probleme im Grad ihrer Definiertheit (wohl-definiert vs. schlecht-definiert), in der Zeit, die sie zu ihrer Lösung beanspruchen (kurzfristig vs. langfristig), in ihrer Komplexität, in der Art der erforderlichen kognitiven Aktivitäten bei ihrer Lösung und in ihrer Domänenzugehörigkeit (Funke, 2011, p. 152). Mit der Zielsetzung der Aufklärung des theoretischen Zusammenhangs zwischen innermathematischem Experimentieren und Problemlösen im Fach Mathematik ist es sinnvoll, eine Klassifikation von Problemen im fachspezifischen Bereich vorzunehmen.

In ähnlich vielfältiger Weise lassen sich verschiedene Modelle des Problemlösens unterscheiden, die jeweils unterschiedliche Schwerpunkte setzen (Funke, 2011). Newell und Simon (1972) heben in ihrem klassischen Modell zwei wesentliche Aspekte des Problemlösens hervor: den *Problemraum* (problem space) und den *Suchprozess*. Der Problemraum ergibt sich aus der Wahrnehmung der Problemsituation aus Anfangs- und Zielzustand, Hindernissen sowie den möglichen Operatoren. Der Prozess der Suche dient der Lösungsfindung. Weiterhin unterscheiden die Autoren mehrere Schritte im Problemlöseprozess. Simon und Leah (1974) entwickeln diesen Ansatz zu einer Zwei-Räume-Theorie weiter, indem sie den Problemraum in einen Regel- und einen Instanzenraum aufspalten, die alle möglichen Regeln bzw. Zustände einer Aufgabe umfassen. Auf dieser Basis bauen Klahr und Dunbar (1988; 2000) ihre Theorie der „Scientific Discovery as Dual Search" als Suche in zwei Räumen auf und transferierten somit das Modell auf den Bereich der wissenschaftlichen Entdeckung (vgl. Abschnitt 2.4.2).

Grob lassen sich mehrere *Phasen des Problemlöseprozesses* beschreiben, die den Prozess zeitlich strukturieren: Identifikation des Problem, Ziel- und Situationsanalyse, Planerstellung, Planausführung und Ergebnisbewertung (Funke, 2011, p. 146), wobei auch hier diverse Phasenmodelle existieren, die sich jedoch weitgehend ähneln. Weit weniger Einigkeit herrscht bei der Beschreibung der inneren Prozesse, die beim Problemlösen ablaufen. An dieser Stelle ist es aufgrund des großen Spektrums an unterschiedlichen Problemen sinnvoll, eine Beschränkung auf domänenspezifische Strategien und Heuristiken vorzunehmen und auf mathematisches Problemlösen im Besonderen einzugehen.

2.6.2 Problemlösen in der Mathematik

Auch in der Mathematik kann ein Problem allgemein als eine zu überwindende Diskrepanz zwischen einem Anfangs- und einem Zielzustand verstanden werden (z.B. Schoenfeld, 1985). Das Auseinandersetzen und Lösen von mathematischen Problemen stellt einen wichtigen Aspekt der Mathematik dar. So beschreibt Halmos (1980) Axiome, Theoreme, Beweise, Konzepte, Theorien, Formeln und Methoden als grundlegende Bestandteile der Mathematik, das Problemlösen aber als Herzstück der Mathematik: „the mathematician's main reason for existence is to solve problems, and that, therefore, mathematics *really* consists of its problems and solutions“ (Halmos, 1980, p. 519). Bei solchen Problemlösungen spielt Kreativität eine zentrale Rolle, wobei der Problemlöser einen unbekannten Lösungsweg gehen muss (Heinze, 2007). Das bedeutet, dass beim Problemlösen nicht einfach ein passender Algorithmus ausgewählt werden kann, wie dies beim Lösen einer Routineaufgabe der Fall wäre. Das Spezifische eines Problems ist genau der Umstand, dass vorhandenes „Handwerkszeug“ in oben zitierter Weise immer wieder auf das jeweilige Problem angepasst werden muss. Die problemorientierte Anwendung dieses Handwerkszeugs ist nach Winter (1991) Voraussetzung für Problemlösen und besteht aus zwei kognitiven Teilstrukturen: einer epistemischen und einer heuristischen Struktur. Die beiden Teilstrukturen führen das vorhandene Wissen (epistemische Struktur) und die (Neu-) Organisation dieses Wissens (heuristische Struktur) in einer Problemsituation zusammen. Welche Heuristiken[9] genau für mathematisches Problemlösen bedeutsam sind, lässt sich anhand verschiedener Modelle des Problemlösens aufzeigen. Analog zur Beschreibung des komplexen Problemlöseprozesses aus kognitionspsychologischer Sicht, lassen sich Phasen des äußeren und Strategien bzw. Heuristiken des inneren Verlaufs unterscheiden.

Zur Beschreibung der *äußeren Struktur* von Problemlöseprozessen werden oft mehrere Phasen unterschieden. Ein häufig rezipiertes Modell stammt von Pólya (1949). Er gliedert den Problemlöseprozess in vier Phasen: Verstehen der Aufgabe, Ausdenken eines Planes, Ausführen des Planes und Rückschau. Zu jeder von ihm identifizierten Phase formuliert er Hilfsfragen, die dabei unterstützen, die Problemsituation auszuloten. So soll in der ersten Phase genau beleuchtet werden, was gegeben ist und was gesucht wird, der Problemlöser macht sich mit der Situation vertraut und soll gleichzeitig die „Lösung herbeisehnen“ (Pólya, 1949, p. 20). Dann soll ein Lösungsplan erstellt werden, indem Zusammenhänge gesucht werden oder Hilfsaufgaben betrachtet, die die Lösung des Problems vereinfachen oder es in Teilprobleme aufteilen Die Leistung in dieser Phase besteht nach Pólya darin, eine Idee zur Lösung zu entwickeln. Der Plan wird im nächsten Schritt ausgeführt und abschließend im Hinblick auf die Lösung des Problems bewertet. Auf diese letzte Phase legt Pólya in zweierlei Hinsicht Wert: zum einen soll die Richtigkeit der Lösung überprüft werden und zum anderen sollen durch die Rückschau Problemlösungen für künftige Probleme nutzbar werden (Pólya, 1949). Das Phasenmodell von Pólya ist nicht im Sinne eines starr ablaufenden Schemas zu verstehen, liefert aber Hinweise darauf, welche Kompetenzen beim Problemlösen erforderlich sind. Weitere Modelle variieren in der Anzahl ihrer Phasen, setzen aber ähnliche Akzente. Eine gute Übersicht bietet Heinrich (2004).

9 Heuristiken sind nicht als Wege zur sicheren Lösung zu verstehen, sondern als strategische Möglichkeiten, eine Lösung zu finden.

Auch mit der *inneren Struktur* von mathematischen Problemlöseprozessen hat sich Pólya (1949) intensiv auseinandergesetzt und schreibt Teilprozessen dabei wie oben bereits erwähnt einen experimentellen Charakter zu. Die Formulierung der Hilfsfragen in seinem Phasenmodell zielt auf die Anwendung bestimmter Strategien wie etwa Vorwärtsarbeiten, Rückwärtsarbeiten, Analogien bilden, Hilfsaufgaben verwenden, Spezialisierung, Verallgemeinerung[10], Wechsel der Repräsentationen und Zerlegung und Zusammensetzung ab. Es zeigt sich, dass Pólya hier Ordnungs-, Kontroll- und Lösungsstrategien beschreibt, deren Verwendung er an zahlreichen Beispielen illustriert und in seinem „Kleinen Wörterbuch der Heuristik“ (Pólya, 1949) zusammenfasst. Bei Pólya ebenso wie allgemein bei Heuristiken können „schwache“ und „starke“ Methoden differenziert werden. Schwache Methoden sind im Vergleich zu starken Methoden allgemeiner formuliert, dafür aber universeller anwendbar (Funke, 2011).

Auch Schoenfeld (1985) beschreibt Strategien, die bei bestimmten Problemen angewendet werden können, indem er Probanden einige Strategien Pólyas zur Problembearbeitung an die Hand gibt. Die Strategien Pólyas versteht er als übergeordnete Heuristiken, die mehrere Mikrostrategien vereinen. Sein Ziel ist es, eine präzisere und damit nützlichere Beschreibung von heuristischen Strategien zu entwickeln. Die Strategien, die er in seinen Studien identifizieren kann, sind allerdings sehr problemspezifisch und lassen sich nur oberflächlich in einen Zusammenhang bringen. Darüber hinaus stellt Schoenfeld fest, dass das bloße Formulieren einer Strategie noch nicht dazu führt, dass sie auch angewendet werden kann (Schoenfeld, 1985).

Welche Möglichkeiten sich vor diesem Hintergrund nun ergeben, Experimentieren und Problemlösen im Fach Mathematik zueinander in Beziehung zu setzen, soll im folgenden Abschnitt diskutiert werden. Hierbei werden sowohl integrierende als auch separierende Aspekte einander gegenüber gestellt.

2.6.3 Innermathematisches Experimentieren und Problemlösen

In den letzten Abschnitten wurde Konzepte des Experimentierens und des Problemlösens betrachtet. Sowohl in den Naturwissenschaften (Klahr & Dunbar, 1988, vgl. Abschnitt 2.4.2) als auch in der Mathematik (Pólya, 1962, vgl. Abschnitt 2.3.1) werden experimentelle Vorgehensweisen im Kontext des Problemlösens gesehen. Inwiefern diese Sichtweise tragfähig sein kann, muss noch erläutert werden. In welcher Weise also innermathematisches Experimentieren und mathematisches Problemlösen zusammenhängen, soll im folgenden Abschnitt herausgearbeitet werden.

Aus integrierender Sicht wäre eine Möglichkeit, innermathematisches Experimentieren als eine spezielle Heuristik des Problemlösens aufzufassen. Eine eher separierende Perspektive bestünde in der Akzentuierung der besonderen Merkmale des Experimentierens gegenüber dem Problemlösen. Pólya (1949) räumt der Möglichkeit einer Ent-

[10] Zu Analogie, Verallgemeinerung und Spezialisierung siehe auch Abschnitt 2.3.1.

deckung im Problemlöseprozess eine besondere Bedeutung ein. Werden beim Problemlösen bekannte Methoden miteinander verknüpft, um zu einer Lösung zu gelangen, so liegt in dieser neuartigen Kombination etwas „Neues“, eine Lösungsidee wird gefunden. Das Neue bezieht sich hier also in erster Linie darauf, *wie* ein Problem gelöst werden kann, welche Kombination von Verfahren sich günstig auf die Problemlösung auswirkt. Dabei ist es möglich, dass diese neue Idee dadurch entsteht, dass in einem Problem für den Problemlöser neue Strukturen über den mathematischen Gegenstand erfasst werden, die dazu führen, dass er erkennt, welche bekannten Verfahren hier zulässig oder nützlich sein können. In diesem Fall würde der Problemlöser etwas über den mathematischen Gegenstand erfahren, seine Kenntnisse erweitern. Das muss aber nicht zwingend der Fall sein. Andernfalls hat der Problemlöser ein Problem gelöst und seine Problemlösekompetenz erweitert, ohne neues mathematisches Wissen zu erwerben. Beim Problemlösen steht also zuvorderst die Suche nach einer geeigneten Verbindung von Operationen, mit denen das jeweilige Problem gelöst werden kann. Beim innermathematischen Experimentieren hingegen steht das Untersuchen von mathematischen Mustern und Strukturen im Vordergrund. Ziel ist also Erkenntnisgewinn über mathematische Objekte. Damit unterscheidet sich das mathematische Experimentieren vom Problemlösen in seiner Zielsetzung.

Verfolgt man den Gedanken der Entdeckung beim Problemlösen als Möglichkeit der Integration der Konzepte des Problemlösens und des Experimentierens weiter, bietet das *Phasenmodell der Entdeckung* von Hadamard (1954) dazu einen möglichen Rahmen. Stellt man das Phasenmodell von Pólya zum Problemlösen (vgl. Abschnitt 2.6.2) daneben, so lassen sich einige Parallelen aufzeigen. Hadamard bezieht sich mit seinem Modell auf Poincaré (1914) und gliedert den mathematischen Entdeckungsprozess in vier Phasen: *Präparation, Inkubation, Illumination* und *Verifikation*. In der ersten Phase identifiziert der Problemlöser das Problem erst einmal als solches, indem er keine Routineverfahren zu dessen Lösung anwenden kann. In dieser Phase werden verschiedene Lösungsansätze ausprobiert, man setzt sich bewusst mit dem Problem auseinander. Lösungsversuche schlagen fehl und dann setzen unbewusste Prozesse ein, die in der Inkubationsphase eine Lösung ausbrüten (diese Phase kann durchaus mehrere Tage in Anspruch nehmen und erfordert mitunter das Beiseitelegen des Problems). Die erleuchtende Idee zur Überwindung der Schwierigkeit kommt plötzlich und unerwartet: „the solution of the difficulty suddenly appeared“ (Hadamard, 1954, p. 45). Hadamard spricht hier in Übereinstimmung mit Poincaré von der Phase der Illumination. Die anschließende vierte Phase der Verifikation hat zwei Funktionen, einerseits muss die intuitiv gewonnene Idee kritisch geprüft werden und andererseits ausgearbeitet und präzisiert werden. Ein wesentlicher Unterschied der Modelle scheint der zu sein, dass Pólyas Phasen eher normativ zu verstehen sind, während Hadamard und Poincaré eigene Bearbeitungsprozesse beschreiben und somit zu einem deskriptiven Modell gelangen.

Die Modelle von Hadamard und Pólya gleichen sich besonders in der ersten Phase, nach Pólya geht es hier um das Verstehen des Problems, bei Hadamard um eine bewusste Auseinandersetzung mit dem Problem. Doch in der zweiten Phase trennen sich die Wege: Pólya versucht durch detaillierte heuristische Fragestellungen eine Lösungsidee zu provozieren, während Hadamard in dieser Phase dem unbewussten Beschäftigen mit dem Problem Raum gibt. Ist die Lösungsidee dann gefunden (bei Pólya noch in der zweiten Phase, bei Hadamard in der dritten), gleicht sich der nächste Schritt der beiden Modelle wieder: der Plan wird umgesetzt bzw. die Idee ausgearbeitet. Bei Hadamard gehört die kritische Prüfung der Lösung noch zur gleichen Phase, während Pólya einen Schwerpunkt bei der letzen Phase, der Rückschau, setzt. Somit akzentuiert Hadamard das kreative Element, die Entdeckung im Rahmen des Problemlösens und nimmt somit eher den Erkenntnisgewinn als den Gewinn durch eine erfolgreiche Problemlösung in den Blick.

Das Modell von Hadamard bietet mit dieser Akzentuierung eher eine Möglichkeit innermathematisches Experimentieren zu verankern als Problemlöse-Prozessmodelle wie das von Pólya. Betrachtet man die für innermathematisches Experimentieren charakteristischen Schlussformen der Abduktion, Induktion und Deduktion (vgl. Peirce und Pólya), so lassen sich diese, insbesondere durch die Hervorhebung der Abduktion, also der Schlussform, die als einzige tatsächlich erkenntniserweiternd ist, eher in das Modell zur Entdeckung von Hadamard einordnen. Das bedeutet, das hier dargestellte Modell könnte mathematisches Experimentieren und Problemlösen integrieren.

Eine weitere Möglichkeit der Integration der beiden Formen mathematischen Arbeitens ermöglicht die Erweiterung der von Pólya beschriebenen beiden Aufgabentypen[11] des Problemlösens. Pólya (1949) unterscheidet in seiner Abhandlung Bestimmungs- und Beweisaufgaben. *Bestimmungsaufgaben* (im alltäglichen Sinn auch Rätselaufgaben) haben zum Ziel, eine Unbekannte zu finden. Das kann beispielsweise eine Zahl oder eine geometrische Figur sein. Bei *Beweisaufgaben* soll man zeigen, „daß die Behauptung wahr, oder daß sie falsch ist" (Pólya, 1949, p. 66). Ergänzt man nun diese beiden Aufgabentypen um einen dritten Typ der *Entdeckungsaufgaben* nach Kratz (Kratz, 1988), kann man auch das Finden von Problemstellungen und Gesetzmäßigkeiten wie beim Experimentieren in den Fokus nehmen. Kratz hat somit einen wichtigen Aspekt des Mathematiktreibens über seinen Aufgabentyp hinzugefügt, der hier allerdings nicht einfach unter den Begriff des Problemlösens subsumiert werden sollte, sondern eine spezielle Betrachtung erfordert. Diese gesonderte Betrachtung ist deshalb von Bedeutung, da sich bei Entdeckungsaufgaben eine neue Zielperspektive ergibt, die weitreichende Folgen im Hinblick auf die Qualität des Prozesses und auch auf unterrichtliche Umsetzungsmöglichkeiten hat.

Man könnte hier kritisch anmerken, dass sowohl das Modell von Hadamard als auch der Aufgabentyp von Kratz den Bereich des Problemlösens erweitern, wie dies etwa

[11] Sowohl Pólya als auch Kratz verwenden hier den Begriff der Aufgaben für Probleme.

Heinrich (2004) sieht, ohne einen neuen Begriff dafür zu benötigen. Tatsächlich aber bietet diese Erweiterung eine gute Möglichkeit, das Experimentieren organisch in ein Problemlösekonzept zu integrieren. Dies funktioniert aber nur dann, wenn die Unterscheidung durch die Hervorhebung des Besonderen am Experimentieren gelingt. Möglicherweise könnte man so Experimentieren auch als *exploratives Problemlösen* auffassen. Dann spielt es letztlich keine Rolle, ob Experimentieren im Kontext des Problemlösens gesehen wird oder nicht, denn dann werden die besonderen Möglichkeiten, die eben nur im Experimentieren liegen, deutlich. Allgemeine Zielsetzungen, Phasenmodelle und Aufgabentypen werden, wie hier gezeigt werden konnte, der Bedeutung des Experimentierens nicht gerecht. Trotzdem kann es sinnvoll sein, gerade im Hinblick auf didaktische Konzepte, die beiden Formen mathematischen Arbeitens zusammenzuführen, wenn man sich verdeutlicht, dass Denkprozesse in beiden ähnlich oder teilweise auch identisch sein können. Dennoch unterscheiden sich die theoretischen Modelle zur Beschreibung epistemologischer Prozesse prinzipiell in ihrer Zielsetzung und damit auch graduell in ihrer Struktur.

Einen Rahmen zur Verortung dieser strukturellen Unterschiede bieten die oben beschriebenen Problemtypen. Bei Bestimmungsaufgaben steht am Ende des Problemlöseprozesses ein Produkt, ein mathematisches Objekt wie beispielweise ein Wert. Die Suche im Prozess ist hier eine *Suche nach Operationen*, die Transformationen in weitere Zustände bis hin zum Zielzustand erlauben. Bei Beweisaufgaben ist das Ergebnis eine schlüssige Kette von Deduktionen. Gesucht wird hier also nach *Aussagen*, die miteinander verknüpft werden können. Bei beiden Aufgabentypen gibt es ein natürliches Ende des Problemlöseprozesses. Beim dritten Aufgabentyp, den Entdeckungsaufgaben, kann die Suche als *Suche nach Mustern und Strukturen* aufgefasst werden. Das erfordert eine sehr offene Problemstellung, bei der kein Ziel vorgegeben ist. Das Ziel legt der Problemlöser hier selbst fest, indem er eigene Fragen stellt („problem posing" statt „problem solving"). Typische Tätigkeiten sind hier das Erzeugen und Untersuchen von Beispielen und Vermutungen, Tätigkeiten also, die als experimentell charakterisiert werden können, wenn sie dazu beitragen den Problemraum zu explorieren. Der Problemlöser legt hier das Ende des Problemlöseprozesses fest und kann sich bei der Problemlösung in unterschiedliche Richtungen entwickeln. Das bedeutet umgekehrt aber auch, dass Erkundungsaufgaben nur dann experimentell bearbeitet werden können, wenn sie diese experimentellen Tätigkeiten ermöglichen.

Es spricht also Einiges dafür, den Begriff des innermathematischen Experimentierens als exploratives Problemlösen explizit für die Art des mathematischen Arbeitens zu verwenden, bei der innermathematische Strukturen und Beziehungen durch systematisches Untersuchen von Beispielen und Vermutungen entdeckt und überprüft werden. Um diesen Standpunkt zu stützen und um eine umfassende theoretische Beschreibung innermathematischen Experimentierens zu gewinnen, ist es wichtig, solche Experimentierprozesse empirisch zu untersuchen.

3 Forschungsfokus und Einordnung

Ein zentrales Anliegen der Arbeit ist es, *Prozesse* und *Kompetenzen* beim Experimentieren mit mathematischen Objekten aufzuklären. Basis eines tragfähigen theoretischen Konzepts bilden neben theoretischen Grundlagen auch empirische Befunde: Theoretische Konzepte des Experimentierens, wie sie im vorangegangenen Kapitel dargelegt wurden, liefern die Grundlage für den Experimentierbegriff im Fach Mathematik; empirische Untersuchungen geben Aufschluss über tatsächlich ablaufende Prozesse bei Experimentierern. Experimentieren soll dabei im Kontext mathematischen Problemlösens als Zusammenspiel abduktiver und induktiver Prozesse verstanden und als *innermathematisches Experimentieren* konzeptualisiert werden. Grundannahme ist, dass die Analyse von Experimentierprozessen zum Verständnis von Lernprozessen beitragen kann und sich grundsätzlich Ähnlichkeiten über verschiedene Altersstufen hinweg zeigen. Damit kann die Arbeit möglicherweise auch eine in der Mathematikdidaktik häufig formulierte These des prinzipiell wesensgleichen mathematischen Tuns vom Kindesalter bis hin zur professionellen Forschung untermauern (National Council of Teachers of Mathematics, 2000).

Ferner soll der Nutzen, den ein solches theoretisches Modell innermathematischen Experimentierens für Mathematikunterricht haben kann, im Rahmen dieser Arbeit beleuchtet werden. Hierbei wird der Frage nachgegangen, inwiefern und unter welchen Bedingungen der Erwerb von Kompetenzen des Experimentierens gefördert werden kann. Damit verbunden stellt sich die Frage nach der psychometrischen Modellierung solcher Kompetenzen. Ziel wäre hier, sowohl domänen- als auch bereichsspezifisch auf der Basis des zuvor gewonnenen theoretischen Modells experimentelle Teilkompetenzen erfassen zu können.

Ein wichtiges Ziel von Mathematikunterricht ist die Förderung der Fähigkeit, mathematische Probleme zu lösen. Dieses Ziel wird vor allem auch im Zusammenhang mit Large-Scale-Studien wie TIMSS oder PISA verstärkt diskutiert (z.B. National Council of Teachers of Mathematics, 2000). Um eine erfolgreiche Förderung von Problemlösekompetenz zu erreichen, werden immer wieder verschiedene Teilaspekte des Problemlöseprozesses empirisch untersucht. Ziel ist hierbei ein tiefes Verständnis solcher Teilprozesse, das im Hinblick auf die Förderung von Problemlösefähigkeit (oder Teilen von ihr) von Bedeutung ist. Heinrich (2004) beispielsweise beschäftigt sich in diesem Kontext mit dem Wechseln von Lösungsansätzen. In der hier vorliegenden Arbeit werden Prozesse beim Lösen spezieller Probleme untersucht. Damit akzentuiert sich auch die Zielsetzung beim Bearbeiten solcher Probleme: Ziel ist hier Erkenntnisgewinn. Untersucht werden also Prozesse, die beim Entstehen mathematischer Erkenntnisse bedeutsam sind. Auch Freudenthal (1973) fordert, dass Lernende Mathematik im Entstehungsprozess „erleben“ sollen. Sie sollen also selbst aktiv Mathematiktreiben. Für die Konzeption von Lehr-Lernsituationen ist aber auch von Interesse, wie solche Lernprozesse angeregt werden können. Dazu ist es notwendig, zu verstehen, wie Entstehungsprozesse bei Lernenden aussehen: konkret als mathematischer Prozess und abstrakter als mathematische Kompetenz. Diese Perspektive vertritt auch Hembree (1992) in seiner Meta-Analyse von nahezu 500 Studien zum Problemlösen: Problemlösen wird als fundamentale Kompetenz einerseits und als komplexe mentale Tätigkeit andererseits gesehen. Überträgt man diese Unterscheidung auf innermathematisches Experimentieren, lassen sich zentrale Perspektiven dieser Arbeit kennzeichnen.

Zusammenfassend lassen sich also zwei wesentliche Forschungsschwerpunkte dieser Arbeit formulieren: Die *Konzeptualisierung experimenteller Prozesse als innermathematisches Experimentieren* einerseits und die *Anregung experimenteller Lernprozesse* andererseits. Mit Blick auf diese beiden Forschungsschwerpunkte soll im Folgenden der Stand der Forschung skizziert werden.

Grob kann man zwei Forschungsrichtungen bezüglich Problemlöse-Strategien unterscheiden: Untersuchungen zur Wirksamkeit von Heuristiken (oder Strategien) beim Problemlösen und Untersuchungen, die sich mit der Umsetzung von Problemlöse-Unterricht beschäftigen (Schoenfeld, 1992). Neben der Frage, *was* denn genau gefördert werden soll, stehen also auch Überlegungen dazu an, *wie* man die Förderung von – in diesem Fall Experimentierkompetenz – unterstützen kann.

Zur Entwicklung einer Theorie des innermathematischen Experimentierens kann man auf Vorarbeiten zurückgreifen, die mathematische Denkprozesse beim Problemlösen in den Blick nehmen (Pólya, 1949; Schoenfeld, 1985; Engel, 1998; Gürtler, Perels, & Schmitz, 2002; Heinrich, 2004; Komorek, Bruder, Collet, & Schmitz, 2006). Häufig werden fundamentale heuristische Strategien zum erfolgreichen Problemlösen wie beispielsweise „Rückwärtsarbeiten“ formuliert. Allerdings werden solche Problemlösestrategien für recht umfassende Prozesse beschrieben, die manchmal auch das Beweisen eines Satzes beinhalten oder aber ausschließlich Problemstellungen mit klarer Zielvorgabe betrachten. Pólyas Analysen sind zwar konkreter, beruhen aber auf Introspektion, so dass man nicht von einem empirisch fundierten Prozessmodell sprechen kann. Bislang fehlen also empirische Untersuchungen – und diese Lücke soll mit dieser Arbeit geschlossen werden – die den spezifischen Bereich des „explorativen Problemlösens“ (vgl. Abschnitt 2.6.3) ganz bestimmter Problemtypen als innermathematisches Experimentieren konzeptualisieren und konkretisieren.

Schoenfeld (1992) differenziert zwischen unterschiedlichen Tätigkeiten beim Problemlösen (Read, Analyze, Explore, Plan, Implement und Verify) und untersucht dabei die zeitliche Verweildauer Lernender. Innermathematisches Experimentieren könnte man in diesem Zusammenhang als eine Ausdifferenzierung des Bereichs „Explore“

verstanden werden. Vorgehensweisen, die sich beim innermathematischen Experimentieren zeigen, konkretisieren dann diesen Teilprozess des Problemlösens, das Explorieren einer mathematischen Situation. Polya (1962) spricht bei seinen suggestiven Beobachtungen von Tätigkeiten des Verallgemeinerns, Spezifizierens und Analogienbildens. Das ist der Bereich, der beim innermathematischen Experimentieren zu einer Vermutung führt. Inwiefern sich diese Tätigkeiten empirisch wiederfinden lassen, sollen Analysen von Vorgehensweisen Lernender beim innermathematischen Experimentieren zeigen.

Studien zu verschiedenen Methoden des Unterrichtens von Problemlöseprozessen lassen sich nach Hembree (1992) in drei Kategorien einteilen: Unterrichten einer Methode des Problemlösens als Bündel mehrerer Vorgehensweisen, Unterrichten von Teilfähigkeiten des Problemlösens und Unterrichten verwandter Bereiche wie beispielsweise Programmieren. Das Unterrichten bestimmter Methoden (meist Heuristiken) erzielte die größten Erfolge beim Problemlösen und war in den Jahrgangsstufen 6-8 am effektivsten (Hembree, 1992). Allerdings sind Heuristiken eher allgemeiner Natur. Häufig werden beispielweise Pólyas Phasen als heuristische Methode herangezogen: Problem verstehen, Lösungsplan entwerfen, Plan durchführen und Lösung prüfen (Pólya, 1949). Engel (1998) weist darauf hin, dass Problemlösen nur durch das Lösen von Problemen selbst erlernt werden kann und dieser Lernprozess durch die Lehrkraft unterstützt werden muss, indem sie Strategien zur Verfügung stellt. Im Rahmen dieser Arbeit sollen spezifische Strategien als „Experimentiermethode“ gefördert werden.

Beim Fördern von Problemlösekompetenz können durch das Trainieren von induktivem Denken nach Klauer (1993) Erfolge verbucht werden (Klauer & Phye, 2008). Beim induktiven Denken werden gewissermaßen wie Pólya es mit seiner „Analogie“ beschreibt, Ähnlichkeiten oder Unterschiede zwischen Objekten gesucht. Beim innermathematischen Experimentieren ist induktives Denken beim Finden von Vermutungen bedeutend (vgl. auch Abschnitt 5.3.1). Klauer und Phye weisen in ihrer Metaanalyse, in der sie über 70 Trainingsstudien zu induktivem Denken analysieren, Transfereffekte auf Problemlösen in wissenschaftlichen Fächern nach (Klauer & Phye, 2008). Als mögliche Erklärung nennen die Autoren die direkte Anwendungsmöglichkeit der trainierten Strategien auf andere Bereiche. Außerdem werde in vielen Bereichen die zentrale Strategie des Vergleichens benötigt. Dies trifft auch auf einen Teilbereich des innermathematischen Experimentierens zu.

Uneinigkeit herrscht nach Frederiksen (1984) in der Frage, ob Prozesse (bzw. Strategien) entdeckt werden sollen oder explizit vorgegeben werden sollen. Nachteil des Entdeckens ist, dass nicht alle Schülerinnen und Schüler gleichermaßen von dieser Methode profitieren, dafür aber besser auf andere Problemtypen transferieren können. Auch Doyle (1983) kommt in seinem Review zu einem ähnlichen Ergebnis und unterscheidet zwischen direkten und indirekten Instruktionen. Gleichzeitig postuliert er die unterschiedliche Eignung der beiden Methoden in Abhängigkeit vom Alter der Schülerinnen und Schüler: je älter die Lernenden, desto mehr können sie selbst entdecken. Hier gilt es also, ein ausgewogenes Konzept zu entwickeln, um experimentelle Vorgehensweisen zu fördern.

Klauer und Phye (2008) heben das Unterrichten in kleinen Gruppen als besonders effektiv hervor, da die Schülerinnen und Schüler auf diesem Weg lernen, Techniken oder Strategien anzuwenden, die sie zuvor nicht kannten, sie lernen also voneinander. Trotzdem halten die Autoren Trainings in ganzen Klassen für sinnvoll und praxistauglich. Um solchen Unterricht möglichst optimal zu gestalten, wäre es günstig, speziell geschulte Lehrkräfte einzusetzen, wie Untersuchungsergebnisse zeigen (Hembree, 1992). Allerdings wäre für die Umsetzung in die schulische Praxis eher ein Unterrichtskonzept von Vorteil, das ohne vorherige Fortbildung der Lehrkraft eingesetzt werden kann.

Ein hilfreiches Instrument könnte das Verschriftlichen von Prozessen sein, das gerade für das Erlernen von Strategien geeignet ist (z.B. Weinstein & Mayer, 1986). Wichtig ist in diesem Zusammenhang das Anleiten von Verschriftlichungen. Als besonders effektiv hat sich hierbei die Verwendung von Prompts gezeigt (Hübner, Nückles, & Renkl, 2007). Im Rahmen der Interventionsstudie zur Förderung mathematischer Experimentierkompetenz wird ein „Forscherheft" eingesetzt, in dem die Schülerinnen und Schüler ihr gesamtes Vorgehen dokumentieren. Diese Dokumentationen dienen als Gesprächsgrundlage zur Reflexion eigenen Vorgehens. Als Prompts werden hier Impulse eingesetzt, die die Verschriftlichung von Prozessen im Forscherheft strukturieren. Prozessreflexionen beziehen sich im Rahmen dieser Arbeit auf strategisches Vorgehen beim Bearbeiten von „Experimentieraufgaben".

Hinsichtlich der oben genannten beiden Forschungsschwerpunkte lassen sich für die Arbeit zwei zentrale, aufeinander aufbauende Forschungsfragen präzisieren:

1. Wie sehen experimentelle Prozesse bei Mathematiklernenden aus?
2. Wie lassen sich experimentelle Kompetenzen im Fach Mathematik fördern?

Im Sinne von Forschungsfrage 1 werden in einer ersten empirischen Studie Prozesse Lernender untersucht und mit theoretischen Vorüberlegungen zum Wesen des Experimentierens zu einem theoretischen Modell innermathematischen Experimentierens verknüpft. Dies mündet in eine Konzeptualisierung solcher Prozesse als experimentelle Kompetenzen. Forschungsfrage 2 beinhaltet die Förderung experimenteller Kompetenzen in einer geeignet gestalteten Lernumgebung. Hier lassen sich Bedingungen für Wirksamkeit, Nachhaltigkeit und Transfer beim Erwerb experimenteller Kompetenzen untersuchen. Mit der Überprüfbarkeit der Förderung hängt eng eine zweite Frage zusammen, und zwar die nach der Messbarkeit experimenteller Kompetenzen. Daher werden im Rahmen der Arbeit sowohl eine geeignete Lernumgebung zur Förderung experimenteller Kompetenzen sowie ein Testinstrument zur Erfassung experimenteller Kompetenzen entwickelt und im Rahmen einer Interventionsstudie eingesetzt.

Die beiden empirischen Studien im Rahmen dieser Arbeit fokussieren also zum einen auf das *Verstehen kognitiver Prozesse beim innermathematischen Experimentieren* und deren Konzeptualisierung sowie andererseits auf die *Förderung zentraler experimenteller Vorgehensweisen.*

4 Untersuchung von Experimentierprozessen

Wie in Kapitel 2 dargelegt, spielen experimentelle Prozesse bei der Entstehung mathematischen Wissens bei Mathematikern eine bedeutende Rolle. (Euler, 1761; Pólya, 1962; Lakatos, 1979; Heintz, 2000a). Mit Blick auf Mathematikunterricht wirft diese Grundannahme eine Reihe von Fragen auf: Inwiefern experimentieren auch Lernende, wenn sie mathematisches Wissen nacherfinden? Wie sehen solche Prozesse bei Lernenden konkret aus? Und wie können Einsichten darüber gewinnbringend bei der Konstruktion von Lehr-Lernprozessen genutzt werden? Eine erste Annäherung an die Beantwortung solcher und ähnlicher Fragestellungen kann die empirische Untersuchung von Experimentierprozessen Lernender darstellen. Ergebnisse dieser Analysen sollen im Rahmen dieser Arbeit zu einer Theorie innermathematischen Experimentierens beitragen und in einer Weiterentwicklung mit theoretischen Erkenntnissen verknüpft werden. Die Theorie innermathematischen Experimentierens wiederum bildet die Basis für die Entwicklung eines Förderkonzepts experimenteller Prozesse im Rahmen von Unterricht. Zunächst geht es aber in der hier dargestellten Studie darum, über die Analyse von Experimentierprozessen zu einem besseren Verständnis mathematischen Erkenntnisgewinns beizutragen.

Innermathematisches Experimentieren wird in dieser Arbeit zunächst als mathematischer Prozess verstanden. Konkret ist damit das Hypothesenbilden und Hypothesenprüfen, welches sich in einem konkreten Phänomenbereich an Beispielen vollzieht – nach Peirce also das abduktive und induktive Vorgehen – gemeint. Mit dem Fokus auf abduktive und induktive Prozesse soll keineswegs die Bedeutung von deduktiven Prozessen, auch im Rahmen schulischen Lernens, in Abrede gestellt werden. Vielmehr finden sich – im Sinne eines stimmigen Gesamtbildes von Mathematik – immer wieder Lernsituationen, in denen der eine oder der andere Aspekt stärker betont ist. In dieser Analyse werden solche Lerngelegenheiten in den Blick genommen, in denen Lernende unbekannte Situationen explorieren und neues Wissen generieren. Die dabei stattfindenden deduktiven Prozesse sind eher lokal und eingebettet in ein Wechselspiel von Abduktion und Induktion – im Sinne des Peirce'schen deduktiven Zwischenschrittes (vgl. Abschnitt 2.1.4).

Ausgangspunkt der Studie[12] ist folglich die Annahme, dass die fokussierte Untersuchung abduktiver und induktiver Prozesse (durchaus unter Berücksichtigung dedukti-

---

[12] Dieses Kapitel besteht in wesentlichen Teilen aus Auszügen einer bereits publizierten Fassung Leuders, Naccarella, and Philipp (2011) und dient als Basis weiterführender Auswertungen (vgl. Abschnitt 4.4.2) und einer weiteren im Rahmen dieser Arbeit beschriebenen Studie (vgl. Kapitel 6).

ver Zwischenschritte) gewinnbringend für das Verständnis von Lernprozessen ist. Die Analyse des „innermathematischen Experimentierens“ könnte zudem die Brücke zwischen kindlichem mathematischen Denken und dem universitären mathematischen Forschen schlagen und damit die oft formulierte These der prinzipiellen Wesensgleichheit mathematischen Tuns vom Kindesalter bis zur professionellen Forschung, stützen (vgl. National Council of Teachers of Mathematics, 2000; Wittmann, 2005).

4.1 Forschungsfrage

In der hier dargestellten Studie werden vor dem Hintergrund der idealtypisch umrissenen Prozessverläufe beim innermathematischen Experimentieren (vgl. Abschnitt 2.5) konkrete Experimentierhandlungen von Lernenden unterschiedlicher Altersstufen empirisch erfasst und theoretisch beschrieben. Die zentrale empirisch bearbeitete Forschungsfrage lautet somit:

> Welche Vorgehensweisen lassen sich beim innermathematischen Experimentieren beschreiben und ggf. typisieren?

Die durch Beschreibungen erfassbaren Handlungen werden dabei als kognitive Prozesse interpretiert.

Da im Rahmen der Untersuchung verschiedene Aufgaben und Erhebungsmethoden zum Einsatz kommen, sind auf einer untergeordneten Ebene auch folgende Fragen damit verbunden: Welche Methoden eignen sich zur Erfassung und Untersuchung von Prozessen bei der Aufgabenbearbeitung? Welche Aufgaben eignen sich zum innermathematischen Experimentieren? Die beiden Fragen nach den Aufgaben und Erfassungsmethoden zielen auf eine methodologische Optimierung, einerseits auf die Entwicklung von Kriterien für Aufgaben zum innermathematischen Experimentieren (vgl. Abschnitt 4.2.2) und andererseits auf einen systematischen Vergleich verschiedener Untersuchungsmethoden (vgl. Abschnitt 4.2.3). Dabei ist die Frage nach geeigneten Aufgaben mit Blick auf die Gestaltung von Lernumgebungen auch von fachdidaktisch-pragmatischem Interesse. Der inhaltliche Schwerpunkt der hier dargestellten Untersuchung liegt allerdings auf der Hauptfrage nach den typischen Vorgehensweisen.

4.2 Methodisches Vorgehen

Die Anlage der hier berichteten Studie zielt zum einen auf die empiriegestützte Generierung von Elementen für eine Theorie zum innermathematischen Experimentieren, zum anderen auf die formative Evaluation der in der Studie verwendeten Aufgaben und Untersuchungsmethoden. Für beide Ziele eignet sich in besonderem Maße ein qualitatives Forschungsdesign.

An dieser Stelle bieten sich Videoaufzeichnungen an, um einerseits reale Handlungen und andererseits verbale Äußerungen erfassen zu können, deren Wechselspiel in der Analyse eine bedeutende Rolle spielt. Die Teilnehmerinnen und Teilnehmer der Studie wurden mit zwei Kameras während der Bearbeitung von ausgewählten Aufgaben mit experimentellem Charakter gefilmt. Um möglichst viele der zugrunde liegenden Handlungen (Mimik, Gestik etc.) festzuhalten, filmte eine Kamera die Versuchsperson frontal, während die andere von der Seite das Aufgabenblatt aufnahm.

4.2.1 Auswahl der Stichprobe

Der hohe Aufwand der Auswertung erfordert intensive Vorüberlegungen zur geeigneten Auswahl der Teilnehmenden. Ziel der Auswahl war es, eine möglichst große Vielfalt an Vorgehensweisen beobachten zu können (Prinzip der Varianzmaximierung; vgl. Patton, 2002). Als entscheidendes Kriterium wurde der Grad der mathematischen Ausbildung für die Gewinnung eines deduktiven Sampling[13] ausgewählt. Um die Diversität des Fähigkeitsspektrums in Bezug auf Erfahrungen, Flexibilität und Sicherheit im Umgang mit Mathematik möglichst gut auszuschöpfen, wurden auf der einen Seite Studierende und auf der anderen Seite Grundschülerinnen und Grundschüler ausgewählt[14]. Diese Entscheidung hatte wiederum Konsequenzen für die Auswahl der Aufgaben.

Zunächst wurden insgesamt neun Studierende der Lehrämter Grund-, Haupt- und Realschule untersucht, wobei innerhalb dieser Gruppe nach Affinität zum Fach Mathematik differenziert wurde. Hierzu wurden drei Gruppen unterschieden: Mathematik nicht als Fach gewählt (n=4), Mathematik als Fach (n=4) und Tutorentätigkeit im Fach Mathematik (n=1).

Im nächsten Schritt wurde die Stichprobe erweitert und Schülerinnen und Schüler untersucht, um zu sehen, ob sich das Spektrum an vorhandenen Strategien wiederfinden bzw. ergänzen ließ. Bei den Schülerinnen und Schülern nahmen je sechs aus den Klassenstufen 3 und 4 an der Studie teil. Die Auswahl der einzelnen Kinder erfolgte durch die Klassenlehrerinnen, die aufgefordert wurden, Schülerinnen und Schüler zu ermitteln, die ihrer Meinung nach Interesse an einer Teilnahme haben und keine grundlegende Abneigung gegen das Fach Mathematik empfinden[15].

---

13 In der Terminologie der Grounded Theory würde man an dieser Stelle von „theoretical sampling" sprechen, da die Entscheidung zum einen auf grundsätzlichen theoretischen Vorüberlegungen basierte, sich zum anderen aber auch aus den gewonnenen Daten und den daraus abgeleiteten Überlegungen ergab.

14 Die Teilnahme an der Studie war grundsätzlich freiwillig.

15 Da alle Probanden zwei Aufgaben bearbeiteten, was teilweise dyadisch erfolgte, sind insgesamt 15 Aufgabenbearbeitungen von Studierenden sowie acht Aufgabenbearbeitungen von Schülerinnen und Schülern vorhanden.

4.2.2 Auswahl der Aufgaben

Um Vorgehensweisen vergleichen zu können, bearbeiteten alle Probanden *dieselben* Aufgaben. Mit dieser Entscheidung und aufgrund der theoretischen Vorannahmen über den Charakter des innermathematischen Experimentierens unterliegt die Aufgabenauswahl in einem solchen Design einigen Kriterien:

- Offenheit in der Fragestellung,
- Zulassen einer Vielzahl von Vermutungen
- problemloses Generieren von Beispielen
- minimale curriculare Wissensvoraussetzungen (elementare Arithmetik)

Die Aufgaben sollten möglichst offen sein, um den Bearbeitungsprozess nicht von vornherein in eine bestimmte Richtung zu lenken, weshalb die zu bearbeitende Frage meist folgendermaßen formuliert war: „Was kannst du alles über … herausfinden?" Eine klare, auf ein Ziel hinweisende Fragestellung würde das freie Explorieren eines mathematischen Feldes einengen (vgl. die Überlegungen zu Aufgabenformaten in der diskreten Mathematik bei Goldin, 2004).

Das Kriterium der Offenheit hängt eng mit dem zweiten Kriterium zusammen. Eine klar auf ein bestimmtes Ergebnis fokussierende Aufgabe schränkt die Anzahl der möglichen Vermutungen bereits beträchtlich ein.

Wie bereits im theoretischen Überblick erwähnt, bezieht sich ein zentrales Element des innermathematischen Experimentierens auf den Umgang mit Beispielen, was bei der Aufgabenauswahl ebenfalls Beachtung fand. Hierbei waren zwei Aspekte von besonderer Bedeutung: Erstens sollte das Aufstellen von einzelnen Beispielen innerhalb des mathematischen Phänomenbereichs ohne besonders große Anstrengung, bzw. hohen Rechenaufwand oder komplizierte Algorithmen, möglich sein. Zweitens sollten die Aufgaben so gewählt werden, dass bereits aus wenigen oder sogar einzelnen Beispielen, Vermutungen abgeleitet werden konnten.

Da die Aufgaben sowohl bei Studierenden als auch bei Grundschülern eingesetzt werden sollten, kam nur eine begrenzte Anzahl an mathematischen Themenbereichen in Frage. Die Aufgaben durften somit nur basale mathematische Fähigkeiten fordern, hierzu gehören beispielsweise ein rudimentäres Zahlenverständnis, Addieren, Subtrahieren und Multiplizieren sowie einfache geometrische Vorstellungen.

Bei den gewählten Aufgabenformaten wurde auf in der schulischen Praxis bekannte und bewährte Formen zurückgegriffen. Einige davon wurden bereits unter anderen didaktischen Fragestellungen untersucht. Insgesamt wurden folgende Aufgaben eingesetzt:

- *Treppenzahlen*: Summen von aufeinanderfolgenden natürlichen Zahlen werden untersucht (vgl. Schwätzer & Selter, 1998).

- *IRI-Zahlen*: Beim Subtrahieren von dreistelligen Palindromen ergeben sich Muster und Strukturen, die erkundet werden (vgl. Schütte, 2002).
- *Verrückt Rechnen*: N-Ecke werden auf unterschiedliche Arten „zerschnitten" oder zusammengefügt. Dazu werden „verrückte" Rechnungen notiert (Büchter & Leuders, 2005).
- *Zahlenbäume*: Zahlen werden so oft wie möglich multiplikativ in jeweils zwei Zahlen zerlegt. Bildlich dargestellt, entstehen so Bäume, deren Eigenschaften erforscht werden (Leuders, 2008).
- *Minusmauern:* Zahlenmauern mit Zielstein 0 werden auf Strukturen und Besonderheiten untersucht (Krauthausen, 2006).

Weitere Aufgaben ähnlichen Typs finden sich beispielsweise aus dem Bereich des Problemlösens bei Mason et al. (2006), aus der Arithmetik bei Leuders (2010) oder aus der diskreten Mathematik bei Hußmann u. Lutz-Westphal (2007) oder Hart et al. (2008) und DeBellis et al. (2009).

Zu jeder der Aufgaben wurden verbale Impulse formuliert, die nach dem Prinzip der minimalen Hilfe verwendet wurden. Die Impulse dienten darüber hinaus als Leitfaden und zur (Eigen-)Kontrolle bei der Interviewführung. Die beiden Aufgaben Minusmauern und IRI-Zahlen wurden im zweiten Teil der Studie (in der Schule) nicht weiter verwendet, da sie sich aufgrund einer großen Anzahl zu generierender Beispiele als Voraussetzung zur Hypothesenbildung nicht zum Einsatz in der Interviewsituation eigneten. Die Verwendung der beiden Aufgaben im Klassenverband zum innermathematischen Experimentieren ist daher besser geeignet.

Exemplarisch wird an dieser Stelle die Aufgabe „Treppenzahlen" vorgestellt. Wie am Beispiel (vgl. Abbildung 5) deutlich wird, erleichtert der bildliche Impuls zum einen den Einstieg in die jeweilige Aufgabe, zum anderen werden darüber aber auch meist erste Bearbeitungsansätze und eine Fokussierung auf bestimmte Darstellungsarten mitgeliefert. Dieser Aspekt ist forschungsmethodisch problematisch und wirft die Frage auf, inwiefern die jeweilige Aufgabenstellung bereits die weitergehende Bearbeitung beeinflusst. Dieser Herausforderung wurde auf unterschiedliche Arten begegnet. Zunächst einmal sollte der bildliche Impuls so gestaltet werden, dass möglichst keine Fragestellungen explizit formuliert werden.

Die ersten Probanden bearbeiteten die Aufgabe ohne den Hinweis, dass Treppenzahlen auch als Summe von aufeinanderfolgenden natürlichen Zahlen geschrieben werden können (4+3+2 = 9). Die ursprüngliche Annahme war, dass die in der Aufgabe angebotene Darstellung über Münzen oder Kringel ausreichend ist und dann an irgendeiner Stelle des Bearbeitungsprozesses zu einer anderen Darstellungsform (z. B. symbolische Darstellung) gewechselt wird.

Treppenzahlen / Reihenfolgezahlen

Die drei Zahlenforscher (Till, Ole und Maria) untersuchen Treppenzahlen.

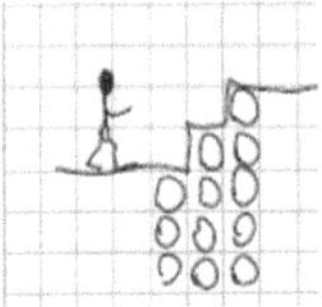

Was kannst du alles über Treppenzahlen herausfinden?

Beim Unterrichtseinsatz bewegen sich vor allem jüngere Lernende auf der Ebene von Beispielen und Vermutungen. Einige Lernende betrachten ausschließlich Treppen, die bei 1 beginnen (Dreieckszahlen), andere betrachten Treppen mit bestimmter Stufenanzahl. Zu den ersten Vermutungen zählen typischerweise: „man kann mit allen Zahlen eine Treppe bauen", „man kann mit allen ungeraden Zahlen eine Treppe bauen", „man kann mit geraden Zahlen keine Treppe bauen" etc. Korrekte Vermutungen lauten: „Man kann alle ungeraden Zahlen als zweistufige Treppe darstellen", „die 2, die 4, die 8, die 16 ... kann man nicht als Treppe bauen" etc.

Die Frage nach der konkreten Treppe zu einer vorgegebenen Zahl, führt bei älteren Schülern auf konstruktive Begründungen, beispielsweise „Wenn ich die Zahl durch 5 teilen kann, kann ich eine Fünfertreppe bauen", die allerdings noch auf ihre Allgemeinheit geprüft werden müssen.

Die umfassende Lösung dieser Aufgabe (die von Schülern nicht erwartet wird) formuliert der Satz von Sylvester (Sylvester, 1882): Jede natürliche Zahl $n > 2$ hat genau so viele Darstellungen als Summe aufeinanderfolgender natürlicher Zahlen, wie sie ungerade Teiler hat. Dabei wird die Zahl 1 nicht als Teiler gezählt, wohl aber die Zahl n selbst.

Abbildung 5: Beispielaufgabe „Treppenzahlen" und ihr Potenzial

Da das aber nicht zu beobachten war, kann davon ausgegangen werden, dass die Nutzung nur einer Darstellungsart zu dominant (oder vielleicht auch zu überzeugend) war, um nach Alternativen zu suchen, weshalb der Impuls um eine zusätzliche Darstellung erweitert wurde. Ziel war hier, die Probanden in der Wahl der Darstellung durch die Art der Aufgabenstellung nicht einzuschränken.

Ebenfalls haben die zur Verfügung gestellten Materialien Auswirkung auf die Bearbeitungsprozesse. In einer ersten Phase hatten die Probanden eine größere Menge an 1-Cent-Münzen zur Verfügung, um Treppenzahlen zu konstruieren. Problematisch war dabei die „Vergänglichkeit" der Beispiele, da dieselben Münzen immer wieder zur Generierung neuer Beispiele genutzt wurden, die Probanden aber keinen Überblick hatten, welche Beispiele sie bereits betrachtet hatten. Daher war das Aufzeichnen der Beispiele in diesem Fall günstiger.

Der Impuls des Männchens, das eine Treppe besteigt, wurde in einer späteren Phase der Untersuchung hervorgehoben, um einerseits zu verdeutlichen, dass die Treppen um jeweils nur eine Stufe ansteigen sollten. Andererseits diente dieser Impuls dazu, nicht ausschließlich Treppen zu betrachten, die bei der Zahl 1 beginnen.

Insgesamt konnten die Aufgabenstellungen im Verlauf der empirischen Untersuchung auf diese Weise optimiert werden.

4.2.3 Auswahl der Methoden

Im Folgenden wird die Auswahl der Untersuchungsmethoden beschrieben. Der hier dargestellte Prozess und dessen Ergebnisse liefern unter anderem erste Ansätze zur Beantwortung der Frage: Welche Methoden eignen sich zur Untersuchung von Prozessen bei der Aufgabenbearbeitung? Aufgrund von theoretischen Vorüberlegungen wurden die vier Methoden „lautes Denken“, „Prozessintervention“, „stimulated recall“ und „Dyade“ ausgewählt, die im Verlauf der Studie systematisch getestet wurden.

4.2.3.1 Lautes Denken

Bei der Methode „lautes Denken“ wird die Versuchsperson aufgefordert, während der Aufgabenbearbeitung alle Gedanken, Überlegungen und Schwierigkeiten zu verbalisieren (vgl. Hussy, 1998; Weidle & Wagner, 1982). Hierbei wird davon ausgegangen, dass die entscheidenden Prozesse soweit bewusst ablaufen, dass diese von der Versuchsperson wahrgenommen und mitgeteilt werden können. Damit soll ein Einblick in innere Strukturen und Vorgänge ermöglicht werden. Während der Untersuchung findet keine direkte Unterbrechung der Prozesse durch den Interviewer statt, weshalb die Methode den Eindruck erweckt, innere Vorgänge möglichst unverzerrt abbilden zu können. Allerdings ist das laute Denken bereits an sich eine äußerst unnatürliche Kommunikationssituation und benötigt von Seiten des Probanden Aufmerksamkeit und Konzentration. Dabei besteht bereits die Gefahr, die „Natürlichkeit“ des Bearbeitungsprozesses zu verfälschen. Eine große Rolle beim erfolgreichen Einsatz des lauten Denkens spielen die jeweiligen Fähigkeiten der Versuchsperson. Gerade bei Grundschulkindern ist der Einsatz dieser Methode äußerst schwierig. Selbst nach einer ausführlichen Einführung in die Methode gelingt es diesen meist nicht, sich von der Dialogsituation mit dem Interviewer zu lösen.

4.2.3.2 Prozessintervention

Die Methode der „Prozessintervention“ verbindet, ähnlich wie ein teilstrukturiertes Interview, standardisierte mit offenen Elementen (Bortz & Döring, 2006) und zeichnet sich dadurch aus, dass der Proband in dem Bearbeitungsprozess vom Interviewer regelmäßig unterbrochen wird. Diese Unterbrechung kann sowohl systematisch, z. B. an bestimmten Stellen oder in bestimmten zeitlichen Abständen, als auch unsystematisch erfolgen. Die Versuchsperson wird in diesen Situationen aufgefordert, die Aufgabenbearbeitung zu unterbrechen und zu kommentieren. Hierdurch wird dem Interviewer die Möglichkeit gegeben, während des Prozesses Fragen auf unterschiedlichen Ebenen zu stellen, beispielsweise: Was geht Ihnen gerade durch den Kopf? Was erhoffen Sie sich von diesem Ansatz? Wie wollen Sie weiter arbeiten? Gibt es noch andere Möglichkeiten? Warum haben Sie diesen Weg gewählt?

Der Vorteil dieser Methode liegt darin, dass die Versuchsperson sich im Moment der Unterbrechung mitten im Bearbeitungsprozess befindet und somit – zumindest in der Theorie – unmittelbar Zugriff auf zugrundeliegende Überlegungen bzw. Motivationen hat, und damit eine sofortige Reflexion der Prozesse möglich wird. Allerdings wirkt sich die Unterbrechung des Bearbeitungsprozesses auf den Fortgang und somit auf die weitere Vorgehensweise aus, so dass der natürliche Bearbeitungsprozess gestört ist.

4.2.3.3 Stimulated Recall

Bei der Methode stimulated recall bearbeitet der Proband zunächst ohne weitere (methodische) Vorgaben die Aufgabe, während der Bearbeitungsprozess aufgezeichnet wird. Anschließend wird der Proband aufgefordert, die Aufzeichnung oder einzelne ausgewählte Sequenzen anzusehen und zu kommentieren. Auf diese Weise soll gewährleistet werden, dass so wenig wie möglich in den Prozess der Aufgabenbearbeitung eingegriffen wird. Darüber hinaus ermöglicht diese Herangehensweise dem Interviewer, mittels einer vorherigen Durchsicht des Materials besonders vielversprechende Stellen zu identifizieren und gegebenenfalls geeignete Fragen zu formulieren. Zu beachten ist, dass die beiden Interviews zeitnah stattfinden.

4.2.3.4 Dyade

Bei der Dyade bearbeiten jeweils zwei Teilnehmer eine Aufgabe gemeinsam. Auf diese Weise soll eine natürliche Kommunikationssituation geschaffen werden, indem sich beide Probanden während der Aufgabenbearbeitung über die einzelnen Schritte und Strategien unterhalten. Darüber hinaus können sich die Teilnehmer mit ihren Ideen gegenseitig befruchten und gelangen so zu möglichen Sichtweisen, die der jeweils einzelne vielleicht nicht gesehen hätte. Allerdings stellt sich damit die Frage, inwiefern sich mit dieser Methode individuelle Prozesse aufzeigen lassen. Allein die kommunikative Situation zwischen den Personen könnte bereits den Zugriff auf individuelle Strategien verschleiern.

4.2.3.5 Analyse des Methodeneinsatzes

Während sich die Kommunikation bei der Prozessintervention und beim lauten Denken gerade auch auf eine Metaebene des Denkens bezieht, ist die Kommunikation der Probanden bei der Dyade meist streng am Prozess des Aufgabenlösens orientiert (oder es wird über etwas ganz anderes gesprochen). Ein wichtiges Kriterium für das Gelingen dieser Methode ist die Fähigkeit der Probanden zur Kooperation. Gerade jüngeren Schülerinnen und Schülern fällt es schwer, sich gemeinsam mit einer Aufgabe zu beschäftigen und miteinander zu arbeiten. In der Grundschule ergab sich häufig die Situation, dass beide Schüler nebeneinander die Aufgabe bearbeiteten und nur hin und wieder auf Zwischenergebnisse des anderen Bezug nahmen. Dieses Problem kann zum Teil umgangen werden, indem die Lehrperson (die die Schülerinnen und Schüler gut kennt) diese bereits in Paare einteilt, die gewohnt sind, miteinander zu arbeiten.

Die nachstehende Tabelle 7 soll einen kurzen Überblick über die Vor- und Nachteile der einzelnen Methoden im Zusammenhang mit der hier dargestellten Studie geben. Die Aspekte, die hierbei genannt werden, sollen Erfahrungen mit den einzelnen Untersuchungsmethoden innerhalb der Studie wiederspiegeln:

Tabelle 7: Überblick Methodenanalyse

Methode	Vorteile	Nachteile
lautes Denken	- Sichtbarmachen von Denkprozessen - kein Unterbrechen durch den Interviewer	- Eingriff in Prozess verschleiert - unnatürliche Kommunikationssituation - Fähigkeiten ganz unterschiedlich ausgeprägt
Prozess-intervention	- gezieltes Nachfragen - sofortige Reflexion	- Unterbrechung des Prozesses - Frage der Systematik
stimulated recall	- Metaanalyse - Beseitigung von Unklarheiten	- hohe Anforderungen an die Probanden (teilw. Überforderung) - hoher Aufwand
Dyade	- natürliche Kommunikationssituation - gegenseitige Anregung	- Frage der Individualität von Prozessen - Kooperationsvermögen

Die beiden ergiebigsten Methoden zur Beantwortung der Fragestellung waren lautes Denken und die Dyade. Die Methode der Prozessintervention erwies sich als eher ungünstiger Eingriff und die Methode des stimulated recall stellte gerade für die Schülerinnen und Schüler eine Überforderung dar, während sie bei der Untersuchung der Studierenden nicht notwendig war, da die Methode des lauten Denkens sehr vielversprechende Informationen lieferte.

Für den Einsatz in der Schule wurden die Methoden lautes Denken und Prozessintervention miteinander kombiniert. Die Schülerinnen und Schüler wurden dazu angehalten, ihre Gedanken laut zu äußern, sowie ihren Arbeitsprozess zu kommentieren und zu erläutern. Darüber hinaus wurden Impulse aus der Prozessintervention (Was geht dir gerade durch den Kopf? Wie möchtest du weitermachen? etc.) genutzt, um diesen Prozess für die Schülerinnen und Schüler zu erleichtern und zusätzlich konkrete Informationen über spezifische Bearbeitungsprozesse zu erhalten. Um eine möglichst natürliche Kommunikationssituation zu schaffen, arbeiteten die Schülerinnen und Schüler dyadisch.

4.3 Auswertung

4.3.1 Grundlagen und Überblick

Die Auswertung der Daten basierte auf dem Modell der „Grounded Theory“ nach Glaser und Strauss (1998). Ziel einer solchen Analyse ist eine „gegenstandsverankerte Theoriebildung“ (vgl. Strauss, 1998; Mayring, 2002; Böhm, 2005). Datenerhebung und Auswertung werden nicht streng voneinander getrennt, sondern greifen ineinander und bedingen sich gegenseitig. So kann eine Theorie auf der Basis der Vernetzung empirischer Untersuchungen und theoretischer Konzepte gebildet werden. Dabei wird die Theorie schrittweise konzeptualisiert, modifiziert und vervollständigt: In einer ersten Phase des *offenen Kodierens* werden zunächst Kodes vergeben. Diese Kodes werden gleichzeitig näher definiert. Anschließend werden beim *axialen Kodieren* so genannte Achsenkategorien identifiziert, die sich dadurch ergeben, dass mehrere Kodes auf ein gemeinsames „Konstrukt“ hinweisen. Gleichzeitig werden dabei Beziehungen zwischen einzelnen Kodes und zwischen Achsenkategorien aus dem Datenmaterial abgeleitet. So entsteht ein Begriffsnetz, das im letzten Schritt der Theorieformulierung dient (*selektives Kodieren*) (Böhm, 2005; Glaser & Strauss, 1998; Bortz & Döring, 2006). Diese drei Phasen der Kodierung bilden das Grundgerüst des Auswertungsprozesses, der in den folgenden Abschnitten konkretisiert wird.

Durch den Einsatz *verschiedener Erhebungsmethoden* im Verlauf der Untersuchung wurde in dieser Studie ein weiteres Merkmal der Methode der Grounded Theory gewinnbringend eingesetzt. So war es beispielsweise möglich, die Passung von Fragestellung und Methoden zu optimieren.

Angelehnt an das Prinzip der *Varianzmaximierung* sollten möglichst vielfältige Vorgehensweisen beim innermathematischen Erkunden beschrieben werden. Für die Datenerhebung bedeutete dies, dass die Stichprobe sukzessiv entsprechend erweitert wurde.

Über eine Analyse von Grobtranskripten der Videoaufnahmen der Studierendengruppe (n=15) wurden im Forscherteam hinsichtlich der Arbeitsprodukte und der Kommunikation reichhaltige Textstellen in Bezug auf die Fragestellung identifiziert. Auf diese Weise konnte ein Überblick über die gesamte Breite des Datenmaterials erlangt werden, was einen Einblick in die Vielfalt der experimentellen Vorgehensweisen ermöglichte. Die so identifizierten Vorgehensweisen besaßen zunächst vorläufigen Status, da es in erster Linie darum ging, den Prozess der Datenauswertung zu öffnen und eine Sensibilisierung für experimentelle Prozesse zu erreichen.

Für die anschließende Feinanalyse wurden sukzessive sechs Aufgabenbearbeitungen (vier Studierende, zwei Schüler) ausgewählt, bis keine neuen Kodes mehr benötigt wurden (*theoretische Sättigung*). Zentrales Ziel dieser Phase war, experimentelle Prozesse möglichst erschöpfend zu analysieren und die Vorgehensweisen im Datenmaterial zu verankern.

Anschließend wurden mithilfe des axialen Kodierens zentrale Zusammenhänge der Vorgehensweisen aufgezeigt, die dann in die Formulierung von Theorieelementen mündeten (vgl. Abschnitt 4.4.2).

4.3.2 Exemplarische Analyse

Das Vorgehen des offenen Kodierens wird im folgenden Transkriptionsausschnitt exemplarisch skizziert. Aufgrund der großen Zahl der möglichen Interpretationen beschränkt sich die Darstellung auf die für diese Untersuchung zentralen Aspekte. Verschiedene Interpretationsmöglichkeiten konnten unter Zuhilfenahme des Kontextes (gesamtes Transkript, Videoaufnahmen) und in der Diskussion im Forscherteam gegeneinander abgewogen werden. Die Zuweisung der Textstellen zu den einzelnen Kodes ist, aufgrund des interpretativen Charakters der Analyse, nicht immer eindeutig, und es können sich Überschneidungen ergeben.

Tabelle 8: Transkriptausschnitt

Kodes	Transkript	Beispiele
Nutzen des Aufgabenimpulses $\{\}_x$ Reihenfolgebeispiele$\{\}_1$ Gruppenbildung $\{\}_2$ Beispielorientierte Hypothese $\{\}_3$	… 24:14 P1: $\{_x$(P1 liest Aufgabenstellung nochmal.) „Was könnt ihr alles über Treppenzahlen herausfinden?“$\}_x$ $\{_1$Ich meine, wir können es jetzt nach oben durchprobieren$\}_1$, $\{_{2;3}$aber es ist klar dass es jetzt mit 11 würde das nicht gehen.$\}_{2;3}$	Vor den Probanden liegt die Zahl 10 als Treppen- mit Münzen dargestellt. 
Reihenfolgebeispiele$\{\}_4$ Folgehypothese $\{\}_5$	24:21 P2: $\{_4$Mit 11 geht es nicht, $\{_5$ mit 12…$\}_4$ P1: geht es nicht,$\}_5$ erst wenn wir wieder…	
Gegenbeispiel $\{\}_6$ Hypothese verwerfen $\{\}_7$ Spezifizierungshypothese Gruppenbildung $\{\}_9$ und	24:27 $\{_6$(P2 verschiebt die 11 Münzen in einen 2er Turm) P1: $\{_7$Ach so, das wäre so die 2er Treppe bauen.$\}_{6;7}$ P2: $\{_8$11- 2er Treppe, also bei $\{_9$ungeraden$\}_9$ geht ja prinzipiell die $\{_{10}$2er Treppe$\}_{10}$.$\}_8$	
Folgehypothese $\{\}_{11}$ Gruppenbildung $\{\}_{12}$ und Wiederholung $\{\}_{14}$ Bestätigungsbeispiel $\{\}_{15}$	24:45 P1: $\{_{11}$Und die $\{_{12}$3er-Treppe oder größere Treppen$\}_{12}$ gehen bei $\{_{13}$ungerade und gerade$\}_{13}$.$\}_{11}$ So viel können wir ja schon mal festhalten. P2: Nochmal. P1: $\{_{14}$Die 3er, die 4er oder 5er die geht bei geraden und bei nicht geraden.$\}_{14}$ $\{_{15}$Weil sonst hätten wir mit 10 ja keine 3er Treppe bauen können.$\}_{15}$…	

In dem ausgewählten Beispiel bearbeiteten zwei Nicht–Mathematik–Studierende dyadisch die in Abbildung 5 dargestellte Aufgabe „Treppenzahlen“.

In der Spalte „Kodes“ sind die identifizierten Vorgehensweisen benannt und zur Veranschaulichung nummeriert. In der mittleren Spalte ist die zugehörige Textstelle markiert (Anfang und Ende durch entsprechend nummerierte Klammern). Wie bereits bei Kode 2 und 3 zu sehen ist, sind die einzelnen Vorgehensweisen nicht disjunkt, sondern überlappen und durchdringen sich auf vielfältige Weise. Die rechte Spalte illustriert die Lage der Münzen innerhalb der Sequenz bei der Aufgabenbearbeitung.

Die Probanden hatten 1-Cent-Stücke zur Verfügung, um Treppen zu legen. Zu Beginn des Transkriptionsausschnitts lag eine selbst generierte Treppe mit 10 Münzen (1-2-3-4) vor ihnen. In der Aussage „Ich meine, wir können es jetzt mal nach oben durchprobieren“ wird eine Strategie explizit formuliert: zu einem vorhandenen Beispiel (hier die 10) die nachfolgenden Zahlen hintereinander, also in einer *systematischen Reihenfolge*, auszuprobieren/zu testen.

Die Aussage „aber es ist klar dass es jetzt mit 11 würde das nicht gehen“, besitzt mehrere Ebenen. Zunächst wird eine Vermutung über die Zahl 11 formuliert: Die 11 geht nicht als Treppenzahl. Die Frage, wie der Proband zu dieser Vermutung kommt, ist nicht mit völliger Sicherheit zu beantworten. Wahrscheinlich versucht der Proband, gedanklich an die vor ihm liegende Treppe eine einzelne Münze anzulegen und erkennt, dass dies nicht möglich ist. Die Aussage entsteht somit aus der Auseinandersetzung mit einem konkreten Beispiel und bleibt in ihrer Reichweite auch auf dieses beschränkt – die *Hypothese* ist also *beispielorientiert*. Darüber hinaus ist die Struktur des vorliegenden Beispiels dominant, die 10 ist als vierstufige Treppe (1-2-3-4) gelegt, an die der Proband nun keine 11. Münze mehr anlegen kann. Die Frage „Welche Zahlen können als Treppenzahlen gelegt werden?“ wird reduziert auf die Frage, welche Zahlen als vierstufige Treppe gelegt werden können[16]. Es wird somit eine (unbewusste) *Gruppenbildung* durchgeführt.

Die Strategie *Reihenfolgebeispiele* zu bilden, wird von P2 aufgegriffen: er wiederholt zunächst die eben formulierte Vermutung und benennt das nächste zu behandelnde Beispiel „Mit 11 geht es nicht, mit 12…“. P1 greift die Äußerung von P2 auf und überträgt die bereits bestehende Hypothese über elfsteinige Treppen auf die Zahl zwölf: mit zwölf „geht es nicht“. Ein Hinweis darauf, dass P2 an dieser Stelle nicht einfach eine gänzlich unabhängige, neue Vermutung über die 12 aufstellt, liefert die Aussage „erst wenn wir wieder …“. Obwohl der Proband diesen Gedanken nicht abschließend verbalisiert, wird deutlich, dass er hier eine weitergehende Vermutung hat, die sowohl die Zahl 11 als auch die Zahl 12 miteinschließt[17].

---

16 Es wäre an dieser Stelle auch möglich, dass P1 nicht vierstufige Treppen, sondern Treppen, die mit einem Stein beginnen, betrachtet. Auch in diesem Fall läge eine Gruppenbildung zugrunde.

17 Die wahrscheinlichste Interpretation wäre, dass P1 entweder erst wieder bei 14 eine neue Vierertreppe bilden würde oder dass erst mit 15 wieder eine Treppe entsteht, die bei der 1 beginnt.

P2 verschiebt nun die 10 Münzen auf dem Tisch mit einer zusätzlichen so, dass eine Treppe mit zwei Stufen (5-6) entsteht. Es wird somit ein *Beispiel generiert*, welches als *Gegenbeispiel* zur Hypothese ‚die 11 geht nicht als Treppenzahl' gedeutet wird. P1 greift das Beispiel auf und *verwirft die Hypothese* „Ach so, das wäre so die 2er Treppe bauen."

4.4 Ergebnisse

4.4.1 Experimentelle Vorgehensweisen

Zentrales Ergebnis der Auswertung bildet ein umfangreiches Kategoriensystem zur Beschreibung der Vorgehensweisen beim innermathematischen Experimentieren. Dieses wurde auf der Basis von Grobtranskripten aller Aufgabenbearbeitungen erstellt und in einem zweiten Schritt, der Feinanalyse von detaillierten Transkripten, bestätigt und ausdifferenziert[18]. In der Tabelle wird zunächst der jeweilige Kode benannt, der in Form einer Kodenotiz genauer beschrieben wird. Ein Beispiel zu jedem Kode soll die empirische Verankerung illustrieren.

Tabelle 9: Kodeliste

Vorgehensweise / Kode	Kodenotiz / Beispiel
Antwort-hypothese	Eine Hypothese wird als Antwort auf einen Impuls/eine Frage formuliert. Bezieht sich auf die äußere Form der Generierung und kann mit anderen hypothesenspezifischen Kodes zusammen auftreten.
	I: „Gibt's denn noch andere Zahlen die man nicht „gießen"[19] kann?" P: „Ja, alle Ungeraden."
Hypothese formulieren	Eine Vermutung wird formuliert. Dieser Kode ist dann zu vergeben, wenn keiner der spezifischeren hypothesenorientierten Kodes zugeordnet werden kann.
	„Ich denke, es werden immer Vielfache von einundneunzig sein"
Folgehypothese	Bereits bestehende Hypothese wird übertragen (Transferleistung - bis hin zur Verallgemeinerung) bzw. abgeleitet.
	Überlegungen über 3-Ecke werden auf 4-Ecke übertragen.
Spezifizierungs-hypothese	Bereits bestehende Hypothese wird genauer / schärfer formuliert.
	Hyp. 1: „Wenn unten nicht 0 stehen müsste haben wir unendlich viele Möglichkeiten. für Zahlen in der mittleren Ebene."

18 Kodes, die durch die Feinanalyse nicht abgesichert werden konnten, werden hier nicht aufgeführt. Kodes, die nicht unmittelbar experimentelles Denken charakterisieren, beispielsweise Kodes, die kommunikative Elemente beschreiben, werden hier ebenfalls nicht aufgeführt.

19 Ein Bäumchen „gießen" bedeutet hier, dass bei einer multiplikativen Zerlegung einer Zahl zwei neue Zahlen aus ihr „wachsen".

		Hyp. 2: „Ja, aber es müssen zwei verschiedene Zahlen sein."
Beispiel-orientierte Hypothese	Hypothese wird direkt in Anknüpfung an ein Beispiel gebildet.	„Weils ein Dreieck ist, da kann man nicht so einen Strich rein machen. Es muss mindestens ein Viereck sein."
Adhoc-Hypothese	Hypothese wird intuitiv formuliert und als Grundlage/Anker für weitere Überlegungen genutzt.	„Geht nur bei geraden Zahlen"; „spontan: 9"
Hypothese verwerfen	Eine Vermutung wird verworfen. Das Verwerfen der Vermutung wird häufig nicht explizit formuliert, wird aber daran deutlich, dass nicht wieder auf die Vermutung zurückgegriffen wird.	„Nein stimmt, also stimmt nicht, was ich mir gerade überlegt habe."
Bestätigungs-beispiel	Beispiel wird genutzt, um Vertrauen in eine Vermutung zu gewinnen.	„Die Quadratzahlen gehen nicht (als Treppenzahl)." Probiert die 16.
Gegenbeispiel	Beispiel wird genutzt, um eine Vermutung zu verwerfen oder genauer zu spezifizieren.	„die 10 geht auch als Treppenzahl – also gehen auch gerade Zahlen als Treppenzahlen"
Begründung	Versuch einer Begründung – oft beispielorientiert. Im Begründungsversuch kann (muss aber nicht zwingend) eine latente Beweisidee vorhanden sein. Begründung können auch Überlegungen sein, die zu Hypothesen führen.	„Ich habe nie zwei Ecken oder eine Ecke. Also, es kann keine Gleichung geben mir "zwei" oder "eins"... „
Beispiel generieren	Ein Beispiel wird generiert ohne dass eine der anderen Beispielgenerierungsstrategien zugeordnet werden kann, quasi "irgendein Beispiel" (ad-hoc).	„Kann man jetzt nicht z.B. 12 nehmen oder so?"
Besonderes Beispiel	Beispiel wird unter bestimmten Gesichtspunkten betrachtet und ist subjektiv besonders. Beispielsweise unter ästhetischen Gesichtspunkten (Schönheit), Grenzfälle, "einfaches" Beispiel, typisches Beispiel etc.	„53 ist ne schön ungerade Zahl"
Allgemeines Beispiel	Es wird versucht, ein Beispiel so verallgemeinert darzustellen, dass Strukturen deutlich hervortreten.	beliebiges n-Eck
Großes Beispiel	Ein Beispiel mit einer großen Zahl soll generiert werden. "groß" ist sehr subjektiv.	„mach mir mal eine hoch, 80"

Kleinstes Beispiel	Proband wählt ein kleinstes mögliches Beispiel als Ausgangspunkt für Überlegungen. Bedeutend ist hier die Betrachtung des Grenzfalls.	„1,2,3, die kleinste 3er Treppe“
Reihenfolge-beispiel	Beispiele werden in systematischer Reihenfolge ausprobiert.	Die Zahlen von 1 bis 20 als Zahlenbäume darstellen.
Umgebungs-beispiel	Die Nachbarelemente eines Beispiels werden betrachtet. Nachbarelemente liegen in der näheren Umgebung eines Beispiels (müssen nicht direkt benachbart sein). (Im Gegensatz zum Reihenfolgebeispiel liegt hier ein Beispiel stärker im Fokus.)	(Hyp.: größere Zahlen kann man häufiger „gießen“) Zahlenbaum 50 => 51/49
Vollständigkeits-suche	Es werden alle Möglichkeiten in einem Beispielbereich gesucht.	„Auf wie viele verschiedene Weisen kann ich ein 4-Eck mit einem Schnitt in zwei Teile schneiden?“
Eigenschaften identifizieren	Einem Beispiel wird eine bestimmte (mathematische) Eigenschaft zugewiesen.	„ 8 ist eine (…) gerade Zahl“
Struktursuche	Motor der Suche sind vermutete Strukturen, die in der Betrachtung von einem oder mehreren Beispielen gesucht werden.	„Aber also, wenn ich mich auf zwei begrenze, ist es halt eigentlich am einfachsten, dass eine Struktur zu finden.“
Beispiele sortieren	Beispiele werden geordnet / sortiert. Sortieren kann auch mental sein. Beispiele, die bereits generiert wurden, werden noch einmal betrachtet.	Rechnungen nach Ergebnissen geordnet (IRI-RIR)
Gruppenbildung	Strukturierung des Beispielbereichs.	„kleine – mittlere – große Zahlen haben unterschiedlich viele Teiler“
Stellvertreter-beispiel	Einzelnes Beispiel wird exemplarisch für eine ganze Gruppe verwendet. Zuvor muss eine Gruppenbildung erfolgt sein.	6 als Stellvertreter für gerade Zahlen.

Die große Anzahl der gewonnenen Kodes verdeutlicht zunächst die Vielfalt und Komplexität der Bearbeitungsprozesse beim innermathematischen Experimentieren. Um diese in einem Theoriemodell zusammenzuführen, ist es notwendig, die einzelnen Vorgehensweisen zu strukturieren und zu abstrahieren. Mittels axialer Kodierung werden zentrale Zusammenhänge der Vorgehensweisen identifiziert, um den Begriff des „experimentellen Denkens“ genauer zu fassen. Die an dieser Stelle dargelegte Strukturierung der Kodes beruht auf der Feinanalyse von Transkripten. Diese Feinanalyse liefert Erkenntnisse über Beziehungen zwischen den einzelnen Kodes und über zentrale Tendenzen.

4.4.2 Theoriebausteine innermathematischen Experimentierens

Grob lassen sich die gefundenen Vorgehensweisen in vier Bereiche gliedern, die jedoch nicht überschneidungsfrei sind, sondern zahlreiche Verknüpfungen haben. Mehrere Kodes beziehen sich beispielsweise auf „Beispiele" – was sich in diesem Fall schon sehr deutlich in der Benennung der Kodes zeigt – so dass sich aus dieser Gemeinsamkeit eine Achsenkategorie bilden lässt. Auf diese Weise entstehen vier Bereiche, die so zu verstehen sind, dass die Kodes nach Gemeinsamkeiten gruppiert werden und dafür übergeordnete Kategorien benannt werden. Diese sind:

- Beispiele generieren,
- Strukturierung,
- Hypothesen aufstellen[20] und
- Überprüfung.

Mitbestimmt ist die Identifizierung der vier Bereiche durch das Modell zum Experimentieren als Suche in zwei Räumen (vgl. Klahr & Dunbar, 1988, s. Abschnitt 2.4), da sich Beispiele und Hypothesen durch das tatsächlich schriftliche Vorhandensein leicht unterscheiden lassen. Das aber, was „zwischen" der Beispielgenerierung und dem Hypothesenbilden geschieht, was die beiden Bereiche also miteinander verknüpft, ist hier in zwei weiteren Bereichen festgehalten.

Sind diese *Achsenkategorien* identifiziert, wird im nächsten Schritt hin zu einem Theoriekonzept ein *Begriffsnetz* gebildet, das durch vertiefte Analyse von Beziehungen zwischen einzelnen Vorgehensweisen (Kodes) sowie Beziehungen zwischen den Achsenkategorien entsteht. Datengrundlage dieser Analyse bilden neben Kodes und Achsenkategorien so genannte Memos, die bei der Interpretation während des Auswertungsprozesses der Daten schriftlich fixiert werden (Glaser & Strauss, 1998; Böhm, 2005). Diese Memos haben in dieser Arbeit zweierlei Funktionen: zum einen helfen sie dabei Kodes zu spezifizieren und zum anderen werden auf ihrer Grundlage Zusammenhänge zwischen Kodes interpretiert. Böhm (2005) schreibt Memos noch weitere Funktionen zu, die sich auf die Planung und methodische Überlegungen im Rahmen einer Studie beziehen. Bei der Theorieentwicklung sind jedoch die Memos von Belang, die sich mit Relationen der Kodes und der Achsenkategorien befassen und dadurch zu einem theoretischen Begriffsnetz führen. Dieses Begriffsnetz dient dann im letzten Schritt dazu, die empirisch gewonnen Erkenntnisse (hier über experimentelle

[20] Die Begriffe Hypothese und Vermutung werden in diesem Zusammenhang synonym verwendet.

Prozesse) zu einem in den Daten verankerten Theoriekonstrukt zu entwickeln (Strauss, 1998; Glaser & Strauss, 1998; Böhm, 2005).

Die im Folgenden aufgeführte Ausdifferenzierung der vier zentralen Bereiche innermathematischen Experimentierens geschieht zunächst auf zusammenfassender interpretativer Ebene und ist stark in den Daten verankert. Gleichzeitig erhält die Darstellung der Bereiche damit einen verallgemeinernden theoretischen Charakter. Damit bildet dieser Schritt die *Schnittstelle zwischen Empirieverankerung und Theoriebildung*. Alle vier oben genannten Bereiche des innermathematischen Experimentierens werden zunächst, auch anhand der herausgearbeiteten grafischen Veranschaulichung[21] der Konzepte, gesondert dargestellt, um die Beziehungen zwischen den Vorgehensweisen innerhalb eines Bereichs zu verdeutlichen. Eine Gesamtdarstellung erfolgt im Anschluss, wobei hier der Fokus auf den Beziehungen zwischen den Bereichen liegt. Vorgehensweisen aus dem Kategoriensystem werden kursiv hervorgehoben.

4.4.2.1 Beispiele generieren

Den Kern des innermathematischen Experimentierens stellt der Umgang mit selbst generierten Beispielen dar. Einige der Vorgehensweisen beziehen sich auf ein einzelnes Beispiel, andere auf die Abfolge mehrerer Beispiele. Der Bereich des Beispielegenerierens vereint Vorgehensweisen, die zweierlei Aspekte abdecken. Die Vorgehensweisen geben zum einen Hinweise auf die Art der Genese von Beispielen, also auf welche unterschiedlichen Arten Beispiele überhaupt gebildet werden (Frage nach dem WIE). Zum anderen dienen Beispiele einem bestimmten Zweck (Frage nach dem WOZU). Dabei lassen sich zwei zentrale Funktionen von Beispielen identifizieren, die bereits Hinweise auf die Verbindung zu anderen Bereichen des innermathematischen Experimentierens enthalten.

Eine Funktion von Beispielen ist es, einen Phänomenbereich zu explorieren. Dies kann auf verschiedene Arten geschehen. Ein einzelnes Beispiel kann auf seine Strukturen untersucht werden. Hier wird eine vertiefte Betrachtung von Eigenschaften vorgenommen. Häufig werden diese Beispiele spontan ausgewählt: „ Ich mal[e] mal 9.“[22] Ebenso können auch mehrere Beispiele spontan gebildet und untersucht werden. Die Annäherung an einen Phänomenbereich kann aber auch systematisch geschehen, indem Beispiele bewusst gewählt werden. Ein solches Vorgehen zeigt sich beispielsweise, wenn Beispiele in systematischer Abfolge (*Reihenfolgebeispiele*) generiert werden: „Mit 11 geht es nicht, mit 12…“[23]. Ebenso systematisch kann der Beispielbereich um ein bestimmtes Beispiel herum abgeklopft werden (*Umgebungsbeispiele*). Oder es wird nach eigenen Kriterien ein *besonderes Beispiel* ausgewählt, dieses kann subjektiv „groß“ oder „schön“ sein oder kleinstes Element des Beispielbereiches. Je nach Frage-

[21] Die Grafiken wurden mit der Software MAXQDA für qualitative Datenanalyse erstellt.
[22] Interview EZ_Minusmauern
[23] Interview MH_PN_Treppenzahlen

stellung steckt hinter so einem systematischen Vorgehen eine *Vollständigkeitssuche*, wenn ein Beispielbereich erschöpfend untersucht wird (beispielsweise alle Subtraktionsaufgaben mit einem bestimmten Ergebnis bei IRI-Zahlen oder alle möglichen Treppen zu einer bestimmten Zahl). Wird ein Beispiel in allgemeiner Form dargestellt oder als Stellvertreter für eine Gruppe gewählt (z.B. die Zahl 9 als Stellvertreter für ungerade Zahlen), so wird deutlich, dass Beispiele dazu dienen, Strukturen zu erkennen. An dieser Stelle wird die Verknüpfung zum Bereich Ordnung/Struktur bereits erkennbar.

Die zweite Funktion von Beispielen ist, Vermutungen über Phänomene zu prüfen. Hierbei können zwei Arten von Beispielen unterschieden werden: *Gegenbeispiele*, die eine Vermutung teilweise oder gänzlich wiederlegen sowie *Bestätigungsbeispiele*, die dazu dienen, die Glaubwürdigkeit einer Vermutung zu erhöhen. Solche Gegen- und Bestätigungsbeispiele können bewusst gesucht werden, in vielen Fällen aber werden auch bereits betrachtete Beispiele im Nachhinein als solche gedeutet, so kann beispielsweise aus einem besonderen Beispiel unter neuem Blickwinkel ein Gegenbeispiel werden. Ebenso können Bestätigungsbeispiele nach bestimmten Kriterien generiert werden, beispielsweise bewusst unterschiedliche Beispiele (große/kleine, gerade/ungerade Zahlen etc.), um eine Vermutung abzusichern.

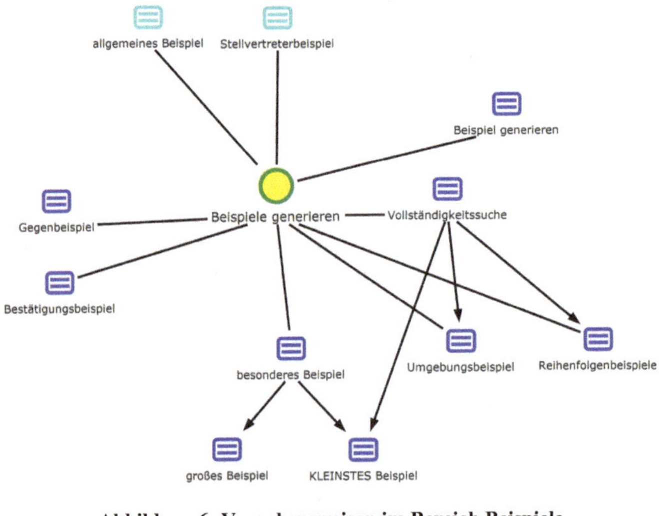

Abbildung 6: Vorgehensweisen im Bereich Beispiele

Abbildung 6 verdeutlicht neben Beziehungen zwischen den einzelnen Vorgehensweisen durch die unterschiedlich dargestellten Richtungen auch die Schnittstellen zu anderen Bereichen des innermathematischen Experimentierens. Beispiele, die zur Überprüfung einer Hypothese dienen, vereinigen die Bereiche Beispiele und Hypothesenprüfung (Beispiele linke Seite). In gleicher Weise bilden Beispiele, die dem Erkennen von Strukturen dienen, Anknüpfungspunkte zum Bereich Strukturierung (Beispiele oben).

Beispiele beim Experimentieren lassen sich zusammenfassend wie bereits angesprochen hinsichtlich zweier Kriterien unterscheiden: wie sie generiert werden (spontan – systematisch) und welche Funktion sie erfüllen (Strukturen erkennen – Hypothesen prüfen). Damit spielen sie im Experimentierprozess eine zentrale Rolle und sind in besonderer Weise mit den drei anderen oben genannten Bereichen verbunden.

4.4.2.2 Strukturierung

Ein weiterer wichtiger Aspekt des Experimentierens lässt sich als Strukturierung beschreiben. In diesem Bereich kommt der *Struktursuche* eine besondere Bedeutung zu. Diese zeigt sich häufig in Äußerungen wie beispielsweise „[...] Vielleicht noch eine Zeile malen und gucken, ob sich irgendwie eine Struktur jetzt ergibt, wenn ich einfach weitermale.“[24] oder „Ob das Sinn macht... (räuspert sich) Also, ob das irgendwann zu einem Muster führen würde.“[25] Die Suche wird häufig auch dann ersichtlich, wenn der Phänomenbereich unter Berücksichtigung verschiedener Kriterien gegliedert und auf Eigenschaften hin untersucht wird. Ziel ist hierbei das Begreifen des Wesens des Phänomens, das sich in Strukturen zeigt. Eine wichtige Vorgehensweise in diesem Bereich ist daher die *Gruppenbildung*, bei der der Phänomenbereich gegliedert wird (beispielsweise in gerade und ungerade Zahlen). Bei dieser Vorgehensweise wird die Nähe zu einem entscheidenden Element naturwissenschaftlichen Experimentierens, der Variablenkontrolle, deutlich. Eine Gruppenbildung legt beispielweise fest, dass ungerade Zahlen nicht weiter betrachtet werden, während gerade Zahlen untersucht werden sollen. Gerade Zahlen werden dann variiert und deren Auswirkungen (beispielweise auf die Endzahlen bei Zahlenbäumen oder auf die Darstellbarkeit der Zahl als Treppenzahl) betrachtet. Durch die Gruppenbildung wird der Phänomenbereich eingeschränkt, so dass beim innermathematischen Experimentieren durch diese Einschränkung bereits die Variable „ungerade Zahl“ kontrolliert wird bzw. keiner besonderen Kontrolle bedarf.

Um zu einer Gruppenbildung zu kommen, werden meist mehrere Beispiele betrachtet und mental oder tatsächlich handelnd in eine Ordnung gebracht (*Beispiele sortieren*). Hierbei werden die Beispiele hinsichtlich Gemeinsamkeiten und Unterschieden untersucht. Es ist aber auch möglich über das Benennen von Eigenschaften eines einzelnen Beispiels ein Kriterium für eine Gruppenbildung zu finden. Ebenso können Eigenschaften über das Sortieren der Beispiele erst deutlich werden: „Ungerade sind hier keine“[26] (*Eigenschaften identifizieren*).

---

24 Interview EZ_Minusmauern
25 Interview CG_IRI-Zahlen
26 Interview H&N_Zahlenbäume

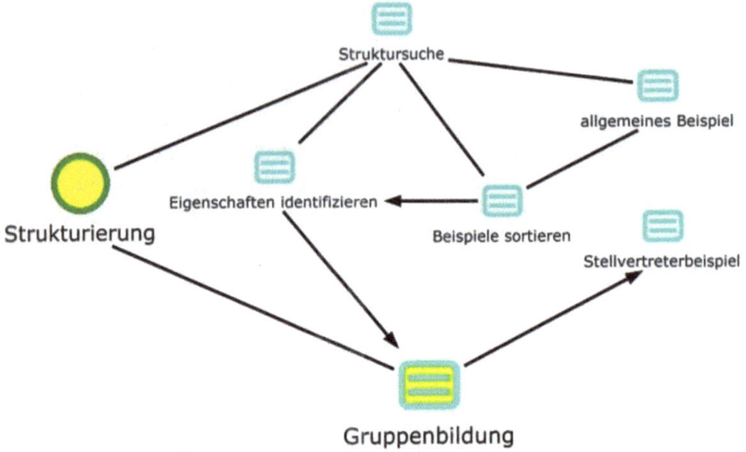

Abbildung 7: Vorgehensweisen im Bereich Strukturierung

Zwei Arten von Beispielen verdeutlichen die Suche nach Strukturen (vgl. Abbildung 7, rechts). Zum einen werden häufig *Stellvertreterbeispiele* generiert, wenn zuvor eine Gruppenbildung erfolgt ist. Diese Beispiele werden dann gezielt unter Berücksichtigung der jeweiligen Eigenschaft, die als Gruppenbildungskriterium dient, gebildet. Eine andere Möglichkeit, sich über Strukturen klar zu werden, ist die Darstellung eines *allgemeinen Beispiels*: „[…] hundert a plus zehn b plus ein c […]“[27]. Diese beiden Vorgehensweisen verbinden den Bereich der Strukturierung mit dem Beispielbereich. Gleichzeitig ist der Bereich der Strukturierung eine Art Bindeglied zum Bereich der Hypothesen, indem Strukturen eine wesentliche Grundlage zur Hypothesenfindung bilden.

4.4.2.3 Hypothesen aufstellen

Hypothesen werden hier als Aussagen verstanden, deren Wahrheit noch ungeklärt ist. Sie müssen also noch einer näheren Prüfung unterzogen werden.

27 Interview CG_IRI-Zahlen

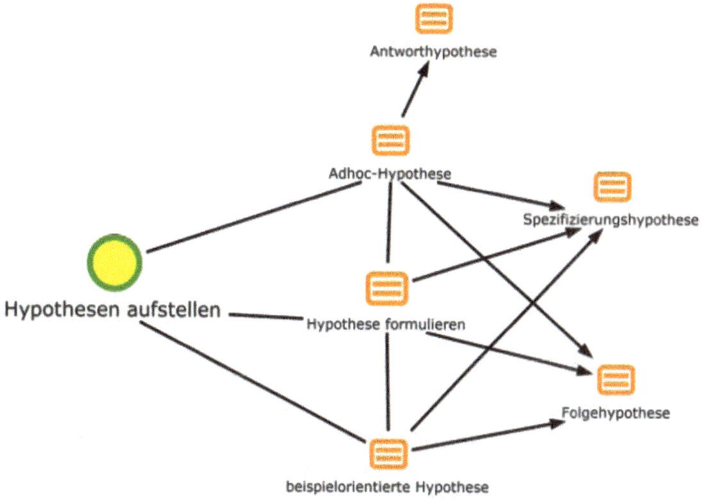

Abbildung 8: Vorgehensweisen im Bereich Hypothesen

Dabei können verschiedene Arten der Hypothesengenerierung beschrieben werden: Hypothesen werden intuitiv formuliert (*Adhoc-Hypothese*). Dies kann als Beantwortung einer Frage (*Antworthypothese*) geschehen, wenn ein Aufgabenimpuls als Frage interpretiert wird oder eine eigene Frage zum Phänomen gestellt wird (dies kann sowohl verbal als auch mental erfolgen). Der Zweck einer solchen Hypothese ist in beiden Fällen der gleiche, die Hypothese wird als Anker für weitere Überlegungen genutzt, als eine Art Basis, auf der man argumentativ aufbauen kann. Eine zentrale Bedeutung kommt der *beispielorientierten Hypothese* zu, wenn eine Aussage unmittelbar über die Betrachtung von einem oder mehreren Beispielen gewonnen wird: „Ah ich probiere es mal noch, wenn ich hier die Null, die Null und die Null habe (schreibt Bsp. 12 auf). Eigentlich kann ich Nullmauern, doch auch nur aus Nullern darstellen-- Das würde eigentlich zu dem Wort am besten passen. (lacht)[28]". An dieser Stelle wird sowohl die Verknüpfung zum Beispielbereich als auch zum Bereich der Strukturierung deutlich und zeigt auf, wie eng die Bereiche miteinander verflochten sind. Hypothesen können auch formuliert werden, nachdem längere Überlegungen angestellt wurden, so dass sie im Moment der Formulierung nicht mehr auf ein spezielles Beispiel bezogen werden oder sie werden zwar auf der Grundlage eines Beispiels gebildet, aber so verallgemeinert, dass der Beispielbezug keine zentrale Bedeutung mehr hat oder nicht deutlich wird (*Hypothese formulieren*).

Aus allen hier aufgeführten Arten von Hypothesen können weitere Hypothesen entstehen. Hierbei kann man zwischen *Folgehypothesen* und *Spezifizierungshypothesen* un-

[28] Interview EZ_Minusmauern

terscheiden. Folgehypothesen werden aus einer zuvor bestehenden Hypothese abgeleitet, indem die Hypothese beispielsweise auf andere Gültigkeitsbereiche übertragen wird (beispielsweise indem eine Aussage über Dreiecke auf Vierecke übertragen wird). Spezifizierungshypothesen sind Modifikationen einer zuvor aufgestellten Hypothese und werden dann notwendig, wenn durch die Betrachtung eines Beispiels die Gültigkeit der ursprünglichen Hypothese in Frage gestellt wird. In diesem Fall wird also der Gültigkeitsbereich genauer gefasst. Damit knüpft die Spezifizierungshypothese gleichzeitig an den Bereich des Hypothesenprüfens an.

4.4.2.4 Überprüfung

Hypothesen werden anhand von Beispielen getestet. In diesem Zusammenhang lassen sich zwei Arten von Beispielen unterscheiden. *Gegenbeispiele* führen dazu, eine Vermutung zu abzulehnen (*Hypothese verwerfen*) oder aber genauer zu formulieren (vgl. Spezifizierungshypothese). *Bestätigungsbeispiele* werden dazu genutzt, die Gültigkeit einer Hypothese zu bestärken, sich ihrer sicherer zu werden. An dieser Stelle werden Beispiele zur *Begründung* herangezogen. Eine Begründung kann bereits eine Beweisidee enthalten, indem gefundene Strukturen dargelegt werden. Sie kann aber auch darauf bezogen sein, dass die Nichtauffindbarkeit eines Gegenbeispiels und das Überprüfen an verschiedenen Beispielen als Begründung für die Richtigkeit einer Hypothese angeführt werden, ohne eine inhaltliche Idee, warum das so sein könnte.

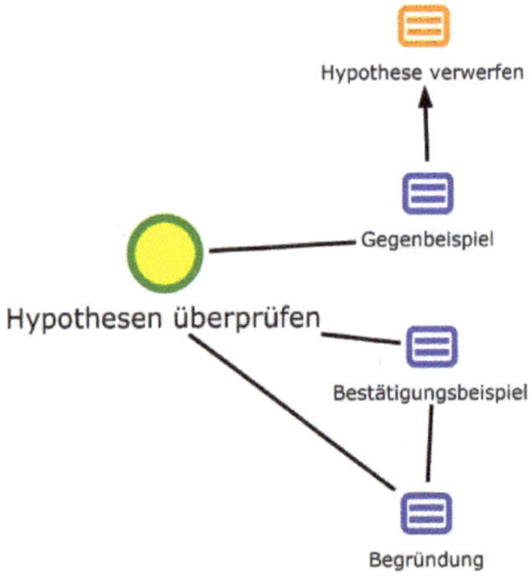

Abbildung 9: Vorgehensweisen im Bereich Hypothesenprüfung

Die Bezugnahme auf Beispiele zur Überprüfung von Hypothesen verdeutlicht die Verbindung der Bereiche Hypothesenprüfung mit den Bereichen der Beispiele und der Hypothesen. An dieser Stelle werden letztlich alle vier Bereiche miteinander verknüpft, da Strukturen (wie sie bei Begründungen herangezogen werden) bei der Entscheidung für oder gegen die Gültigkeit einer Hypothese eine bedeutende Rolle spielen.

4.4.2.5 Zusammenspiel der vier Bereiche

In den letzten Abschnitten wurden die Strukturen und Verbindungen der Vorgehensweisen *innerhalb* der jeweiligen Bereiche präzisiert. Wie hier bereits deutlich wurde, gibt es einige Vorgehensweisen, die nicht eindeutig einem Bereich zuzuordnen sind, sondern Schnittstellen zwischen zwei Bereichen bilden. Für das Verständnis der Komplexität des innermathematischen Experimentierens ist diese Zuordnung der einzelnen Vorgehensweisen zu den vier Bereichen hilfreich, trotzdem soll an dieser Stelle darauf hingewiesen werden, dass die Vorgehensweisen erst in ihrem Zusammenspiel innermathematisches Experimentieren charakterisieren. Die Beziehungen *zwischen* den vier Bereichen sollen im folgenden Abschnitt beleuchtet werden. Hierzu werden die zuvor getrennt betrachteten Bereiche gemeinsam grafisch dargestellt. Die Beziehungen der Vorgehensweisen innerhalb der jeweiligen Bereiche können aufgrund der vorangehenden Darstellungen in der folgenden Betrachtung ausgespart werden.

Besonders deutlich werden in dieser Darstellung noch einmal die zentrale Stellung der *selbst generierten Beispiele* und deren Potenzial beim Experimentieren. Die Verbindung (gestrichelt) zur beispielorientierten Hypothese verdeutlicht einerseits die direkte Verknüpfung von Beispielen und Hypothesen, die Bereiche sind aber auch auf andere Weise verbunden. Strukturen werden anhand von Beispielen erkannt und erleichtern so das Vermuten von Zusammenhängen. Darüber hinaus werden Beispiele dazu genutzt, Hypothesen zu testen. Dies geschieht wiederum mit Hilfe von Beispielen, die zur Begründung herangezogen werden. Die vielfältigen Möglichkeiten der Verwendung von Beispielen und die verschiedenen Intentionen, die dahinter stecken können, verdeutlichen, dass die identifizierten Vorgehensweisen von strategischer Natur sein können. Der Bereich der *Strukturierung* bildet die Basis dafür, dass überhaupt neue mathematische Erkenntnisse gewonnen werden können. An dieser Stelle können bereits bekannte mathematische Eigenschaften gefunden sowie neue entdeckt werden. Neu kann auch der Zusammenhang sein, in den sich Eigenschaften bringen lassen. Das Auffinden von möglichen Zusammenhängen mündet in der *Formulierung von Hypothesen*, die also sehr stark beispielbezogen sind. Aber nur dann, wenn auch der Schritt der *Überprüfung einer Hypothese* gelingt, kann Wissen entstehen. Natürlich ist es bedeutsam, dass auf diese Weise neu entstandene Wissensfragmente mit anderem mathematischen Wissen vernetzt und damit gesichert werden.

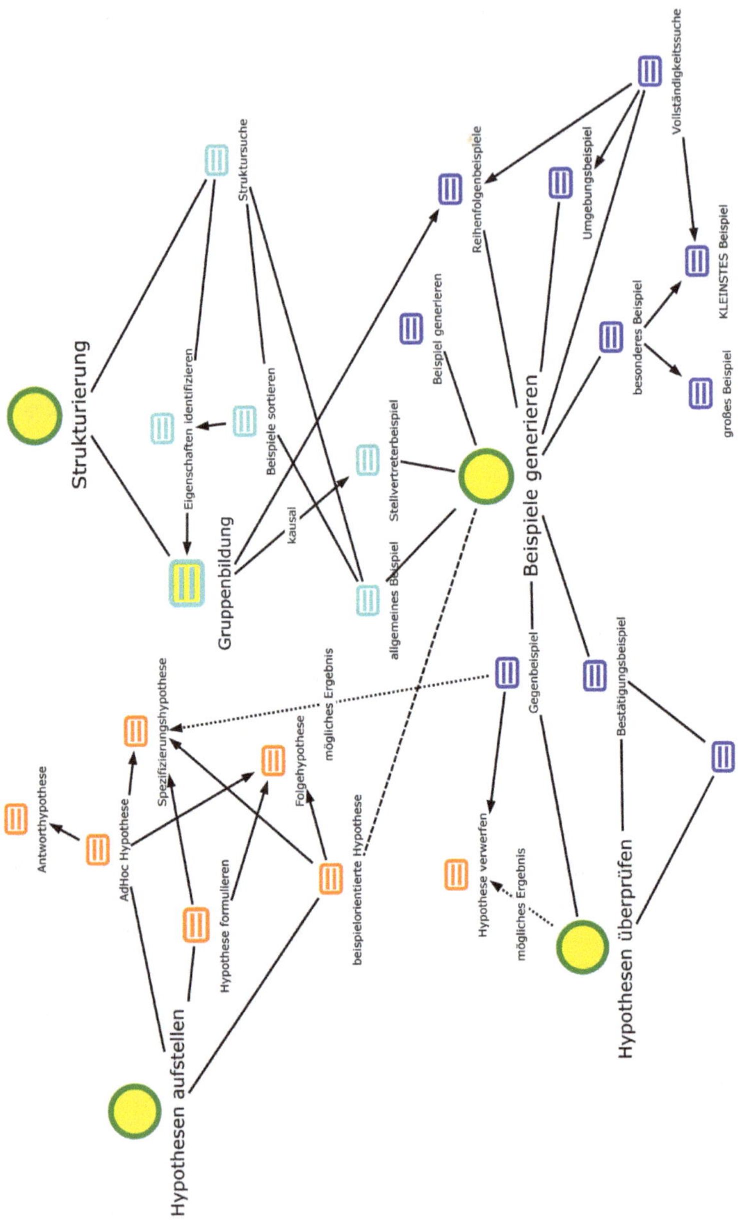

Abbildung 10: Vorgehensweisen und ihre Beziehungen

4.4.3 Deutung im Rahmen eines Drei-Räume-Modells

Die identifizierten zentralen Vorgehensweisen des innermathematischen Experimentierens sind der Umgang mit Beispielen und das Aufstellen und Überprüfen von Hypothesen.

Zur Strukturierung dieser Vorgehensweisen kann für innermathematisches Experimentieren das folgende theoretische Modell vorgeschlagen werden: Das Arbeiten mit Beispielen im Prozess des mathematischen Erkenntnisgewinns kann man als quasi-empirisches, experimentelles Tun charakterisieren. Daher kann man das Modell des naturwissenschaftlichen Forschens als Suche in zwei Räumen (Klahr & Dunbar, 1988; Klahr & Dunbar, 2000) gewinnbringend nutzen und ebenfalls zwei Räume unterscheiden, den *Beispielraum* (der alle möglichen Beispiele eines Phänomenbereichs enthält) und den *Hypothesenraum* (vermutete Zusammenhänge). Diese beiden Räume entsprechen zwei der Hauptkategorien aus der Phase des axialen Kodierens. Die Gliederung der identifizierten Vorgehensweisen in insgesamt vier Bereiche, die durch Kodes eng miteinander verbunden sind, verdeutlicht die Notwendigkeit der Erweiterung des Modells von Klahr und Dunbar.

Der typische Charakter der Vorgehensweisen beim innermathematischen Experimentieren manifestiert sich in der Art des Wechsels zwischen den beiden Räumen. Die Beschreibung von Vorgehensweisen durch einen spezifischen Übergang zwischen den beiden Räumen kann somit dazu dienen, experimentelle Prozesse zu analysieren. Solche typisierten, experimentellen Vorgehensweisen werden im Folgenden als „Strategien“ bezeichnet und in einem dritten Raum, dem *Strategieraum,* verortet. Dieser Raum vermittelt zwischen den beiden anderen, in dem er die Intentionalität des Wechsels präzisiert. Auf diese Weise können hier die beiden Bereiche „Strukturierung“ und „Überprüfung“ eingeordnet werden. „Strukturierung“ beschreibt die Intention, über das Strukturieren von Beispielen zu einer Vermutung zu kommen und „Überprüfung“ verfolgt die Absicht, eine gefundene Vermutung (an weiteren Beispielen) abzusichern.

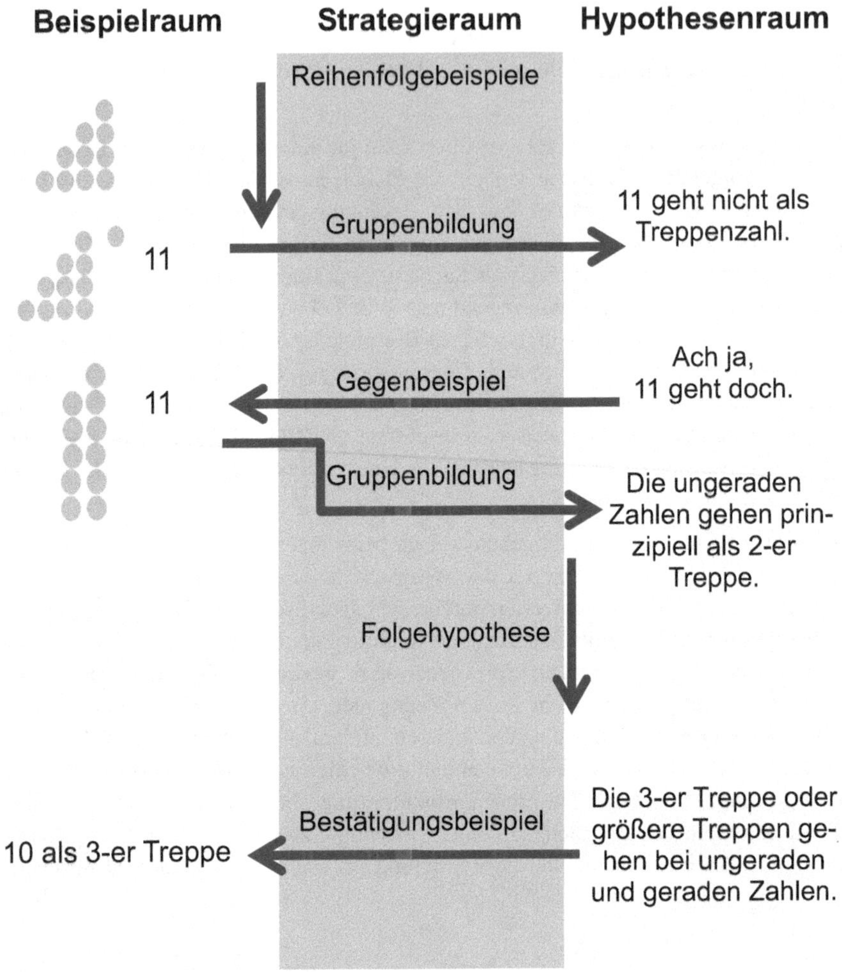

Abbildung 11: Analyse im Drei-Räume-Modell

In Abbildung 11 wurden exemplarisch Beispiele, Hypothesen und Vorgehensweisen aus dem hier vorgestellten Beispieltranskript (vgl. Abschnitt 4.3.2) in das Drei-Räume-Modell eingeordnet. Deutlich wird hier die Bedeutung des Modells als Instrument zur Analyse von Bearbeitungsprozessen. Diese Sichtweise bietet die Möglichkeit, reale Bearbeitungsprozesse in ihrer Komplexität zu strukturieren, sie auf dieser Basis genauer zu beschreiben und damit ein tieferes Verständnis für ablaufende Prozesse zu entwickeln.

4.5 Zusammenfassung und Diskussion

Ziel der hier berichteten Studie war es, abduktive und induktive Prozesse bei der Exploration innermathematischer Situationen und der Generierung mathematischen Wissens durch ein theoretisches Modell zu beschreiben und dieses empirisch zu fundieren bzw. auszudifferenzieren. Dabei hat sich die Beschreibung der Vorgehensweisen von Schülerinnen und Schülern als „innermathematisches Experimentieren" theoretisch wie empirisch bewährt.

Auf theoretischer Ebene wurde dargelegt, wie sich die Peirce'schen Kategorien zur Beschreibung wissenschaftlicher Erkenntnisprozesse, und das Modell der "Scientific Discovery As Dual Search" nach Klahr und Dunbar zu einem theoretischen Rahmen für innermathematisches Experimentieren eignen. Die Verbindung dieser Konzepte wird im folgenden Kapitel näher beleuchtet. Gestützt von der ausführlichen empirischen Analyse konkreter Prozesse wurde ein Drei-Räume-Modell formuliert, das sich aus einem *Beispielraum*, einem *Hypothesenraum* und einem die Art der zwischen diesen Räumen vermittelnden Prozesse beschreibenden *Strategieraum* konstituiert.

Hinsichtlich der zentralen Forschungsfrage nach einer Typologie von Vorgehensweisen beim innermathematischen Experimentieren ist es gelungen, eine Vielzahl von Vorgehensweisen zu identifizieren und voneinander abzugrenzen. Über eine weitergehende Prozessanalyse der Beziehungsstrukturen dieser Vorgehensweisen konnte innermathematisches Experimentieren anhand von vier zentralen Bereichen und ihrem Zusammenspiel konzeptualisiert werden: *Beispiele generieren*, *Strukturierung*, *Hypothesen aufstellen* und *Überprüfung*.

Die vorliegenden Kategorien sind besonders dann anwendbar, wenn die Probleme, die bearbeitet werden, auf die Exploration unbekannter Situationen und die Generierung neuen Wissens über mathematische Zusammenhänge fokussieren. Die hier berichtete Studie liefert schließlich auch Hinweise zu methodischen Fragen nach einer geeigneten empirischen Erfassung der beschriebenen Prozesse des Experimentierens. Bezüglich der Untersuchungsmethoden und der Aufgabenauswahl konnten Vor- und Nachteile der Methoden bzw. die Stärken und Schwächen der Aufgaben herausgearbeitet werden.

Die weitere Verwendung des Kategoriensystems auch im Rahmen von experimentellen Designs, erfordert eine forschungsfragenbezogene Ausdifferenzierung oder auch Zuspitzung. Von entscheidender Bedeutung ist dabei auch, inwieweit es gelingt, die so weiterentwickelten Kategorien für eine quantifizierende Analyse einzusetzen. Diese Fragen werden im Rahmen dieser Arbeit in einer Interventionsstudie angegangen, in der geklärt werden soll, inwiefern experimentelle Prozesse gefördert werden können (vgl. Kapitel 6).

Als Basis dafür soll im folgenden Kapitel aber zunächst das hier entwickelte empiriegestützte theoretische Konzept innermathematischen Experimentierens unter zwei Perspektiven näher betrachtet werden: unter der Prozess-Perspektive, aber auch unter der Kompetenz-Perspektive. Die Integration des Konzepts in bestehende Theorien stellt in diesem Sinne eine Weiterentwicklung der Theorie innermathematischen Experimentierens dar.

5 Weiterentwicklung einer Theorie innermathematischen Experimentierens

Ein wesentliches Ziel dieser Arbeit ist es, innermathematisches Experimentieren empiriegestützt theoretisch zu konzeptualisieren. Dabei soll herausgearbeitet werden, inwiefern sich das Experimentieren als nützliche theoretische „Brille“ auf mathematische Erkenntnisprozesse erweist. Basis für ein theoretisches Konzept bilden die in Kapitel 2 dargelegten und vernetzten theoretischen Aspekte, die mathematische Erkenntnisprozesse aus unterschiedlichen Perspektiven betrachten: aus der Perspektive der Wissenschaftsphilosophie und -soziologie, aus der des ausübenden Mathematikers und aus der naturwissenschaftlichen Erkenntnisgewinns. Die in Kapitel 4 ausgeführte Studie lenkt den Fokus auf die bislang weniger ausgearbeitete Perspektive des schulischen Mathematiklernens und trägt empirische Befunde zu konkreten Prozessen sowie Theoriebausteine innermathematischen Experimentierens bei. Ziel dieses Kapitel ist es nun, die Theorie innermathematischen Experimentierens weiterzuentwickeln, indem sie in den Kontext bestehender Theorien gestellt wird. Gleichzeitig werden dabei zwei Sichtweisen auf innermathematisches Experimentieren konkretisiert: Experimentieren als mathematischer Prozess und als mathematische Kompetenz.

5.1 Innermathematisches Experimentieren als mathematischer Prozess

Die der Theoriebildung innermathematischen Experimentierens zugrundeliegenden empirischen Daten legen zunächst die Sicht auf Experimentieren als mathematischen Prozess nahe. Dabei geht es einerseits um Denkprozesse, aber auch um daraus resultierende Handlungen im Experimentierprozess. Mithilfe dieser Unterscheidung soll im Folgenden die Prozessperspektive auf die Theorie innermathematischen Experimentierens verdeutlicht werden. Zu diesem Zweck wird auf die Peirce´schen Denkkategorien und die Charakterisierung experimenteller Prozesse durch Pólya zurückgegriffen.

5.1.1 Experimentelles Denken

Zunächst soll die Verwobenheit der bisher noch nicht ausreichend differenziert verwendeten Begriffe des „innermathematischen Experimentierens“ und des „experimentellen Denkens“ aufgeklärt und konkretisiert werden.

Unter innermathematischem Experimentieren wird der in den Vorgehensweisen konkretisierte Umgang mit Beispielen und Vermutungen im Kontext innermathematischer

Phänomene verstanden: also das Hypothesenbilden und Hypothesenprüfen. Tatsächlich vorkommende Experimentierhandlungen sind durch die gefundenen Kategorien beschreibbar und charakterisieren innermathematisches Experimentieren. Kognitive Prozesse beim Experimentieren – welche als „experimentelles Denken" bezeichnet werden können – lassen sich durch die drei Peirce'schen Kategorien erfassen: es sind abduktive und induktive, aber auch deduktive Prozesse[29].

Denk*prozesse* sind von Denk*handlungen* insofern zu unterscheiden, als dass Denkhandlungen als Produkt von Denkprozessen offenbar werden, indem sich die Probanden verbal oder schriftlich äußern, während Denkprozesse selbst zunächst verborgen bleiben (z.B. Eysenck & Keane, 2000). Selbst wenn Probanden Auskunft über ihre Denkprozesse geben, sind diese mit Vorsicht zu behandeln. In der Erforschung des Denkens ist dies aber oft der einzige Weg möglichst nahe an solche Prozesse heranzukommen (Zimbardo, 1999). Denken und Handeln müssen dabei in engem Zusammenhang gesehen werden (Aebli, 1994).

Produkte von Denkhandlungen beim innermathematischen Experimentieren, Beispiele und Vermutungen, werden auf diese Weise greifbar. Denkprozesse, die zu solchen Denkhandlungen führen, sind in der Abfolge der Handlungen zwar interpretierbar, aber nicht in eindeutiger Weise. Interpretiert werden können Aussagen, die im Kontext vollständiger Aufgabenbearbeitungen gesehen werden. Außerdem sind Denkprozesse individuell verschieden und insofern schwierig zu untersuchen, da Probanden über unterschiedliche Fähigkeiten verfügen, ihre Denkprozesse zu verbalisieren oder möglicherweise überhaupt selbst wahrzunehmen. Aber auch wenn man verschiedene Interpretationsmöglichkeiten in Betracht zieht, zeigt sich, dass Denkprozesse beim Experimentieren abduktiver, induktiver und deduktiver Natur sind. Damit sind die genannten Peirce'schen Kategorien zum Verständnis der Prozesse gewinnbringend. Jedoch lassen sich die einzelnen Vorgehensweisen nicht eindeutig diesen drei Denkformen zuordnen, da das Zusammenspiel mehrerer Vorgehensweisen verschiedene Denkwege zulässt. Insofern ist experimentelles Denken zwar mit diesen drei Peirce'schen Schlussformen erfassbar, zeigt aber nicht die Komplexität und Flexibilität der kognitiven Vorgänge beim innermathematischen Experimentieren auf. Dies kann nur durch die Ausdifferenzierung mittels der Kategorien geschehen. Im Besonderen sind die Erkenntniswege beim innermathematischen Experimentieren in der Realität nicht so geradlinig wie der „empirische Erkenntnisweg", den Peirce beim Zusammenspiel seiner drei Schlussformen modellhaft beschreibt (vgl. Abschnitt 2.1), sondern von häufigen Wechseln zwischen Beispiel- und Hypothesenraum (vgl. Abschnitt 4.4.3) charakterisiert. Die identifizierten Vorgehensweisen aber geben Aufschluss darüber, wie beim Experimentieren Vermutungen abduktiv gewonnen werden können bzw. wie Vermutungen induktiv geprüft werden können. Beides geschieht vordergründig über die Arbeit mit Beispie-

---

[29] Abzugrenzen sind die hier gemeinten deduktiven Prozesse von streng deduktiven Beweisführungen (vgl. auch Abschnitt 2.1.4)

len, deren Auswahl deduktiv getroffen werden kann. Ebenso deduktiv werden Vorhersagen aus Hypothesen abgeleitet, die überprüft werden können.

5.1.2 Experimentelles Vorgehen

Bei der empiriegestützten Theoriebildung innermathematischen Experimentierens wurden die vier zentralen Bereiche innermathematischen Experimentierens ausgeführt und zueinander in Beziehung gesetzt. Der Prozess des innermathematischen Experimentierens lässt sich auf der Basis dieser Studie grob als Zusammenspiel von vier Bereichen konkretisieren: Es werden Beispiele generiert, Beispiele werden strukturiert, Vermutungen aufgestellt und an weiteren Beispielen geprüft (vgl. Abschnitt 4.4.2). Herausgearbeitet wurde auch, dass innermathematisches Experimentieren auf der Grundlage selbst generierter Beispiele geschieht, die dabei zwei wesentliche Funktionen einnehmen können: sie dienen der Exploration eines Phänomenbereichs und der Überprüfung von Vermutungen (vgl. Abschnitt 4.4.2.1). Die Unterscheidung dieser beiden Funktionen lässt einen Rückbezug auf die Verwendung von Beispielen bei Pólya (1962) zu.

Pólya (1962) unterscheidet bei seiner Charakterisierung induktiver Prozesse *suggestive* und *stützende Beobachtungen* anhand von Beispielen. Über suggestive Beobachtungen gelangt man zu einer Vermutung, indem man Beispiele erzeugt und mathematische Strukturen beobachtet. Durch stützende Beobachtungen überprüft man Vermutungen an Beispielen und erhöht so deren Plausibilität (vgl. Abschnitt 2.3.1). Pólyas Analysen beziehen sich auf Darstellungen Eulers als aktiven Mathematiker, der sein Vorgehen des Findens und Prüfens von Vermutungen ausführlich reflektiert und hierbei den Begriff des Quasi-Experiments verwendet (Euler, 1761). Daneben stützt Pólya seine Ausführungen durch eigene Erfahrung als „Forscher und Lehrer" (Pólya, 1962, p. 13). Sein Blick ist hierbei auf Tätigkeiten von Mathematikern gerichtet.

Die Theorie innermathematischen Experimentierens hingegen wurde in einem systematischen Verfahren auf der Basis von realen Prozessen gebildet. Die Analyse von Bearbeitungsprozessen Mathematiklernender unterschiedlichen Alters führte so zu einer Beschreibung experimenteller Prozesse, die deutliche Parallelen zu Pólyas Sichtweise aufweist. Versteht man die vier zentralen Bereiche innermathematischen Experimentierens als Schritte im Experimentierprozess, so vereint jeder dieser Schritte mehrere Vorgehensweisen. Das bedeutet, mit den vier Schritten *Beispiele generieren*, *Strukturierung*, *Vermutung aufstellen* und *Überprüfung* lässt sich innermathematisches Experimentieren idealtypisch beschreiben. Mit den einzelnen (untergeordneten) Vorgehensweisen lassen sich dennoch bei gleicher Abfolge von Schritten individuelle Experimentierprozesse nachzeichnen. Beispielsweise können Beispiele spontan oder aber einer Systematik folgend erzeugt werden, so dass der Schritt des Beispielgenerierens derselbe ist, das Vorgehen auf Individualebene aber durchaus sehr unterschiedlich.

Vergleicht man die vier Schritte innermathematischen Experimentierens mit den beiden Beobachtungsformen Pólyas, so zeigen sich bemerkenswerte Analogien. Dies ist vor allem vor dem Hintergrund beachtlich, dass zwischen den beiden Ansätzen zur Beschreibung mathematischen Erkenntnisgewinns eine enorme Zeitspanne liegt und dass die Kohorten hinsichtlich ihrer Expertise sehr unterschiedlichen sind. Dennoch zeigt sich: die Arbeitsweisen beim Entstehen von mathematischem Wissen Mathematiklernender ähneln denen von Mathematikern. Sie betrachten Beispiele, um zu einer Vermutung zu kommen. Dabei sehen sie laut Pólya Analogien, erkennen so mathematische Muster und verallgemeinern diese. Das, was mit *Analogien* in diesem Zusammenhang gemeint ist, lässt sich auch durch Kategorien innermathematischen Experimentierens fassen. Das Erkennen von Gemeinsamem zeigt sich, wenn *Beispiele sortiert* und/oder *Eigenschaften identifiziert* werden (z.B. 3, 7, 13: das sind alles Primzahlen). Das kann zu einer *Gruppenbildung* führen, wenn im weiteren Verlauf ausschließlich mathematische Objekte mit dieser Eigenschaft betrachtet werden. Bei Pólya entspricht dies einer *Verallgemeinerung,* wenn beispielweise Primzahlen generell betrachtet werden. Irreführend ist hier auf den ersten Blick die Verwendung der Begriffe. Während der Begriff der Gruppenbildung eine Einschränkung impliziert, enthält der Begriff der Verallgemeinerung eher eine Ausweitung. Das klingt zunächst paradox, letztlich ist aber beides möglich: eine Einschränkung des Phänomenbereichs bei gleichzeitiger Ausweitung des Geltungsbereichs. In diesem Sinne gleicht der Bereich der Strukturierung beim innermathematischen Experimentieren dem der suggestiven Beobachtungen bei Pólya. Auch bei Pólya steht am Ende dieses Prozesses eine Vermutung, das Aufstellen dieser Vermutung wird aber nicht explizit als eigene Phase benannt. Beim innermathematischen Experimentieren werden differenziert mehrere Arten der Generierung von Vermutungen unterschieden. Deutlich wird aber auch bei Pólya die Beispielbezogenheit von Vermutungen. Der Bereich des Beispielegenerierens an sich wird in seiner Beschreibung nicht als eigenständiger Bereich gedeutet, die zentrale Bedeutung von Beispielen wird aber trotzdem deutlich. Parallelen zeigen sich auch im Bereich Überprüfung von Vermutungen bzw. stützenden Beobachtungen. Pólya sieht hier in der *Spezialisierung* den Vorgang, bei dem Vermutungen an konkreten Beispielen geprüft werden, dies geschieht ebenso beim innermathematischen Experimentieren, wenn *Bestätigungsbeispiele* oder ein *Gegenbeispiel* erzeugt werden.

Der Schwerpunkt in Pólyas Charakterisierung experimenteller Prozesse als Beobachtung liegt auf Prozessen, die vorderhand nicht sichtbar sind. Das Notieren von Beispielen und Äußern von Vermutungen machen diese explizit, während Prozesse im Umgang mit Beispielen und Vermutungen von Pólya aufgeklärt werden. Trotzdem gehören die Prozesse des Beispiele- und Vermutung-Generierens auch bei Pólya zum Experimentierprozess dazu. Selbst erzeugte Beispiele spielen in beiden Modellen eine bedeutende Rolle. Damit weist innermathematisches Experimentieren deutliche Kohärenzen mit Prozessbeschreibungen experimentellen Vorgehens bei Pólya auf. Auch die Zielsetzung ist die gleiche: es geht um den Erwerb neuen mathematischen Wissens, auch wenn im Hinblick auf Schülerinnen und Schüler dieses Wissen nacherfunden wird.

Illustrieren lassen sich diese Parallelitäten am bereits eingangs angeführten Beispiel der Goldbachschen Vermutung (vgl. Tabelle 1). In der folgenden Tabelle wird das Beispiel um Kategorien innermathematischen Experimentierens erweitert.

Tabelle 10: Vergleichende Kategorisierung von Experimentierprozessen

Schritt	Gleichungen	Prozess nach Pólya	Innermathematisches Experimentieren
(1)	3+ 7=10 3+17=20 13+17=30	**Suggestive Beobachtungen** Durch einen Zufall stößt man auf diese Gleichungen und bemerkt folgendes: • Die Zahlen 3, 7, 13 und 17 sind (ungerade) Primzahlen. *Analogie* • Die Summe ist immer gerade. Wie ist es mit anderen Zahlen? *Verallgemeinerung*	**Beispiele generieren** *Beispiele generieren* **Strukturierung** *Beispiele sortieren* *Eigenschaften identifizieren* **Hypothese aufstellen** *Hypothese formulieren*
(2)	6=3+3	Betrachtung der ersten geraden Zahl, die als Summe von zwei ungeraden Primzahlen darstellbar ist. *Spezialisierung*	**Strukturierung** *Gruppenbildung* *Kleinstes Beispiel* **Überprüfung** *Bestätigungsbeispiel*
(3)	8=3+5 10=3+7=5+5 12=5+7 14=3+11=7+7 16=3+13=5+11	Ausnahmen sind die Zahlen 2 und 4 (im Folgenden muss also das Attribut „ungerade" nicht mehr explizit verwendet werden). *Spezialisierung* Geht es immer so weiter? Versuchsweise Vermutung: Jede gerade Zahl größer als 2 kann als Summe von zwei Primzahlen dargestellt werden.	**Beispiele generieren** *Reihenfolgebeispiele* **Hypothese aufstellen** *Spezifizierungshypothese*
(4)	60=3+Primzahl? nein 60=5+Primzahl? nein 60=7+53	**Stützende Beobachtungen** Prüfen der Vermutung an einer neuen Zahl (Quasi-Experiment). *Spezialisierung* Die Vermutung lässt sich bestätigen. Im Fall einer Widerlegung wäre die Vermutung „erledigt", eine Verifizie-	**Vermutung prüfen** *Reihenfolgebeispiele* *Bestätigungsbeispiel*

		rung ist kein eindeutiger Schluss, aber die Vermutung wird glaubhafter. *Spezialisierung*	
(5)	18=5+13=7+11 20=3+17=7+13 22=3+19=5+17=11+11 etc.	Überprüfung an weiteren Beispielen. *Spezialisierung* Die Vermutung lässt sich bestätigen. Verifizierung kann eine Vermutung aber niemals beweisen.	**Beispiele generieren** *Reihenfolgebeispiele* **Überprüfung** *Bestätigungsbeispiele*

An diesem Beispiel lässt sich nochmals ein wesentlicher Aspekt verdeutlichen: die Kategorien innermathematischen Experimentierens lassen sich nutzen, um Prozesse sowohl von Lernenden als auch von professionellen Mathematikern zu erfassen. Und umgekehrt: bei Lernenden zeigen sich die gleichen Prozesse, die Pólya bei Mathematikern offen gelegt hat.

Auf der Basis der Prozessperspektive auf innermathematisches Experimentieren wäre es interessant zu überlegen, ob es verschiedene Typen von Experimentierern gibt und wie sich das in unterschiedlichen Prozessen manifestiert. Ein bei dieser Arbeit mehr im Vordergrund stehendes Anliegen ist es, die Theorie des innermathematischen Experimentierens hier zunächst durch Einbettung in bestehende Theorie zu argumentativ, aber auch im Rahmen einer Studie empirisch zu validieren. Zu diesem Zweck sollen in einem ersten Schritt die oben anklingenden vier Prozess-Schritte innermathematischen Experimentierens als idealtypischer Experimentierprozess modelliert werden. Mit der Frage der Förderung experimenteller Prozesse ist hierbei allerdings nicht nur die Sicht auf Prozesse, sondern vor allem auch die Sicht auf die Person gefragt. Mit diesem Perspektivenwechsel kann nun die Sicht auf innermathematisches Experimentieren als Kompetenz eingenommen werden. Ein Modell soll also die Beziehungen von Experimentierprozessen widerspiegeln und idealisierend eine Deutung als chronologische und logische Prozesse ermöglicht. Daneben soll das Modell eine zweite Deutung zulassen: die vier Schritte als bedeutende Teilfähigkeiten innermathematischen Experimentierens. Ziel ist dabei, die Vorgehensweisen auch zur Charakterisierung experimenteller Kompetenz zu nutzen. Die Tragfähigkeit eines solchen Modells kann dann im Rahmen der Interventionsstudie geprüft werden.

5.2 Innermathematisches Experimentieren als experimentelle Kompetenz

Bei der Entwicklung eines theoretischen Konzepts innermathematischen Experimentierens geht es neben der Beschreibung des mathematischen Prozesses auch um die Bestimmung einer Kompetenz des Individuums als Voraussetzung für Experimentieren. Unter Experimentierkompetenz im Fach Mathematik kann man vor dem Hintergrund der dargestellten empirischen Studie Fähigkeiten verstehen, die dazu führen, in offenen innermathematischen Situationen Phänomene zu explorieren und Wissen über Zusammenhänge zu generieren, indem Vermutungen geprüft (aber noch nicht bewiesen) werden. Explizit wird „Experimentierkompetenz" in den Bildungsstandards für das Fach Mathematik nicht angeführt. Es werden aber beispielsweise Tätigkeiten wie etwa „Fragenstellen" oder „Äußern von Vermutungen" benannt. Problemlösekompetenz wird auch erworben, wenn „Beziehungen und Regelmäßigkeiten entdeckt" werden und innermathematisch gearbeitet wird (Ministerium für Kultus, Jugend und Sport Baden-Württemberg, 2004, p. 60).

Innermathematisches Experimentieren wird unter der Kompetenzperspektive dann auch als förderbare Fähigkeit verstanden. Dazu ist ein Modell, das verschiedene Facetten von Experimentierkompetenz abbildet, notwendig. Es muss also geklärt werden, welche (Teil-) Fähigkeiten Experimentierkompetenz konstituieren. Die Analyse von Experimentierprozessen leistet hierzu einen entscheidenden Beitrag, indem Abfolgen bestimmter Vorgehensweisen als Ausdruck von Experimentierkompetenz verstanden werden können. Auf dieser Grundlage kann Experimentierkompetenz konkretisiert werden.

Allgemein ist bei empirischen Studien, die sich mit Bildungsprozessen befassen, der Kompetenzbegriff insofern zentral, als er dazu verwendet wird, Anforderungen in spezifischen Kontexten zu beschreiben. Problematisch ist dabei allerdings die unterschiedliche Verwendung des Kompetenzbegriffs in verschiedenen Disziplinen, die sich mit Bildungsforschung beschäftigen (Klieme & Hartig, 2008; Weinert, 2001b; Rychen & Salganik, 2001). Dies bedarf zunächst einer klärenden Fokussierung auf ein nachfolgend zu verwendendes Kompetenzkonzept.

5.2.1 Zum Kompetenzbegriff

Weinert (2001a) fasst unterschiedliche Gewichtungen und Bedeutungen des Kompetenzbegriffs in seiner OECD[30]-Expertise in mehreren Bereichen zusammen. An anderer Stelle definiert er den Begriff folgendermaßen als „die bei Individuen verfügbaren oder durch sie erlernbaren kognitiven Fähigkeiten und Fertigkeiten, um bestimmte Probleme zu lösen sowie die damit verbundenen motivationalen, volitionalen und sozialen Bereitschaften und Fähigkeiten, um die Problemlösungen in variablen Situationen erfolgreich und verantwortungsvoll nutzen zu können" (Weinert, 2001b, p. 27). In dieser Begriffsbestimmung wird eine Trennung von kognitiven und motivationalen Fähigkeitsbereichen vorgenommen, die den Kompetenzbegriff prägen. In diesem Zusammenhang betont der Autor eine dritte prägende Komponente, die Kontextabhängigkeit von Kompetenzen. Damit verdeutlicht er, dass Kompetenzen immer mit be-

[30] Organisation für wirtschaftliche Zusammenarbeit und Entwicklung (engl. Organisation for Economic Cooperation and Development)

stimmten bereichsspezifischen Anforderungen verbunden sind. Klieme et al (2007) greifen den Ansatz Weinerts auf und schärfen den Kompetenzbegriff aus. Zum einen trennen sie in Anlehnung an Weinert kognitive von motivationalen Fähigkeiten und betrachten ausschließlich kognitive Fähigkeiten, zum anderen betonen sie die Situations- und Domänenabhängigkeit von Kompetenzen. Die Autoren komprimieren damit den Kompetenzbegriff zu „kontextspezifischen kognitiven Leistungsdispositionen[31]“ (Klieme et al., 2007, p. 7) und verwenden somit den Kompetenzbegriff in gleicher Weise wie er in großen Schulleistungsstudien wie beispielsweise PISA gebraucht wird. Bei diesem Begriffsverständnis sehen Klieme und Leutner (2006) als weiteren zentralen Aspekt, dass Kompetenzen erworben werden, also nicht von Natur aus gegeben sind. Dies beinhaltet gleichzeitig, dass der Erwerb von Kompetenzen durch Interventionen gesteuert werden kann (vgl. beispielsweise Baumert, Stanat, & Demmrich, 2001).

Legt man diesen Kompetenzbegriff hier zugrunde, stellt sich für innermathematisches Experimentieren die Frage, welche Strukturen eine Kompetenz aufweist, die in diesem Kontext gefordert wird und auf der Basis der Vorgehensweisen aufgezeigt werden kann. Die inhaltliche Fokussierung auf kognitive Fähigkeiten verhindert jedoch nicht die Möglichkeit in empirischen Studien, nicht-kognitive Fähigkeiten, wie sowohl Weinert (2001b) als auch Klieme et al. (2007) vorschlagen, unabhängig davon zu erfassen, um eventuelle Wechselwirkungen untersuchen zu können. Im Fokus stehen bei der Förderung von Experimentierkompetenz zunächst aber kognitive Aspekte. Voraussetzung zur Förderung und zur Erfassung solcher Aspekte bilden theoretische Kompetenzmodelle.

5.2.2 Kompetenzmodelle

Theoretische Kompetenzmodelle können verschiedene Funktionen haben. In der Bildungsforschung sind zwei Funktionen von zentraler Bedeutung, zum einen können auf der Basis von Kompetenzmodellen Testverfahren entwickelt werden, indem Bildungsziele operationalisiert werden, zum anderen können Kompetenzmodelle Unterrichtspraxis beeinflussen (Klieme et al., 2007). Die Autoren unterscheiden zwei grundsätzlich verschiedene Formen von Kompetenzmodellen: Kompetenz*struktur*modelle und Kompetenz*niveau*modelle, die sich im Idealfall ergänzen.

Kompetenzstrukturmodelle beschreiben verschiedene Dimensionen, die zur Bewältigung von Anforderungen differenziert werden können, da hierzu sehr unterschiedliche Fähigkeiten notwendig sein können. In diesem Fall kann man von Teilkompetenzen sprechen, die ein Konstrukt gemeinsam abbilden. Somit legen Kompetenzstrukturmodelle Binnenstrukturen offen, indem Teilkompetenzen und ihre Beziehungen untereinander dargestellt werden (Klieme et al., 2007). Bei *Kompetenzniveaumodellen* hinge-

[31] Mit Leistungsdispositionen meinen die Autoren bereichsspezifische Kenntnisse und Fertigkeiten.

gen werden verschiedene Ausprägungen einer Kompetenz konkretisiert. Das bedeutet, dass mit solchen Modellen Aussagen darüber getroffen werden können, welche Anforderungen Personen mit unterschiedlich hoch ausgeprägter Kompetenz bewältigen können. Es kann also beispielsweise von hoher, mittlerer und niedriger Kompetenz in einem bestimmten Inhaltsbereich gesprochen werden (Klieme et al., 2007; Schott & Azizi Ghanbari, 2008).

Kompetenzmodelle beschreiben also einerseits situative Anforderungen, die in der jeweiligen Domäne gefordert sind und andererseits verschiedene Stufen von Kompetenzen und wie sie voneinander abgegrenzt werden können, wann also eine Kompetenz niedrig bzw. hoch ausgeprägt ist. Klieme et al sehen in ihrer Expertise zu Entwicklung nationaler Bildungsstandards Kompetenzen als „Vermittler von Bildungszielen, konkreten Aufgabenstellungen und Anforderungen" (Bundesministerium für Bildung und Forschung (BMBF), 2007, p. 74), so dass der Entwicklung von Kompetenzmodellen im Rahmen der Bildungsforschung eine zentrale Bedeutung zukommt. Abbildung 12 zeigt, welche Aufgaben bei der Konstruktion von Kompetenzmodellen in der Bildungsforschung zu leisten sind.

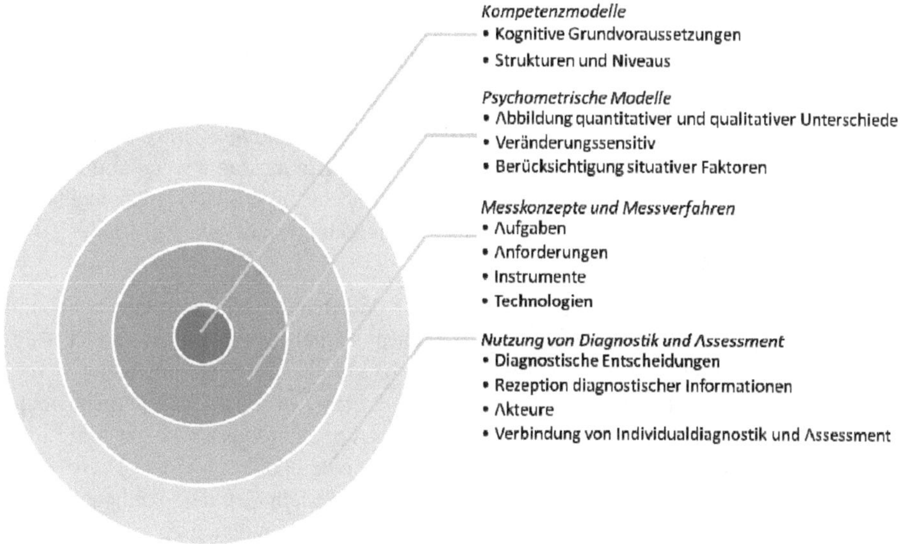

Abbildung 12: Arbeitsbereiche des DFG Schwerpunktprogrammes Kompetenzdiagnostik. (nach: Schott & Azizi Ghanbari, 2008, p. 19)

In einem ersten Schritt werden Kompetenzkonstrukte modelliert. Ausgehend von den Komponenten und/oder den Stufen einer Kompetenz, können im nächsten Schritt

Kompetenzen operationalisiert werden, so dass die Voraussetzung dafür geschaffen ist, anhand eines Messmodells Kompetenzen differenziert zu erfassen (Schott & Azizi Ghanbari, 2008). Erst dann, wenn ein theoretisches Modell psychometrisch modelliert werden kann, sind auch die beiden folgenden Schritte, die Entwicklung empirischer Messverfahren und deren (hier diagnostische) Dateninterpretation realisierbar. Theoretische und empirische Befunde zu innermathematischem Experimentieren werden zunächst dazu genutzt, ein Kompetenzmodell (wie im ersten, dem innersten, Kreis beschrieben) zu entwerfen. Dabei spielen die identifizierten Vorgehensweisen als Verständnisgrundlage der kognitiven Struktur einer mathematischen Experimentierkompetenz eine bedeutende Rolle. Bei der Entwicklung eines Testinstruments zur Erfassung experimenteller Kompetenz im Rahmen einer Interventionsstudie (vgl. Kapitel 6) können auf dieser Basis experimentelle Teilkompetenzen auch psychometrisch modelliert werden (wie im zweiten Kreis dargestellt) und mittels eines Testinstruments erfasst werden, das einen Vergleich zwischen Individuen erlaubt (gewissermaßen ein Vorstoß in den dritten Kreis). Die psychometrische Modellierung experimenteller Kompetenz dient hier der Erfassung und damit der Überprüfung der Förderbarkeit experimenteller Kompetenz. Es geht dabei also nicht um Individualdiagnose von Schülerleistung. Das wäre anhand des Kategoriensystems als Grundlage zur Interpretation von Denkweisen eher denkbar. Dennoch sind für die psychometrische Erfassung empirisch untersuchte Prozesse fundamental. Je nach Zielsetzung sind aber verschiedene Zugangsweisen möglich und unterschiedlich geeignet (vgl. beispielsweise Prediger, 2010).

Bei der Entwicklung von Kompetenzmodellen sind nach Klieme et al. (Bundesministerium für Bildung und Forschung (BMBF), 2007) zwei zentrale Aspekte zu beachten: Kompetenzen können nur in Verbindung mit Leistung gemessen werden und Kompetenzen können nur durch ein bestimmtes Leistungsspektrum erfasst werden, nicht etwa durch einzelne Leistungen, was wiederum Auswirkungen auf die Entwicklung von Testitems bzw. Lernumgebungen hat.

Basis für die Entwicklung eines theoretischen Kompetenzmodells zum innermathematischen Experimentieren bilden die gewonnenen Vorgehensweisen, die zunächst deskriptiven Charakter haben. Das bedeutet, sie beschreiben das experimentelle Vorgehen der Probanden bei den verschiedenen eingesetzten Aufgaben, die innermathematisches Experimentieren ermöglichen. Aus diesen Vorgehensweisen sollen nun durch die Beschreibung von Kompetenzen Strukturmerkmale entfaltet werden. Dieses Vorgehen bedeutet zum einen eine Vergröberung des Modells des innermathematischen Experimentierens, einerseits um eine empirische Messung möglich zu machen, andererseits aber auch um zentrale Aspekte innermathematischen Experimentierens zu gewichten. Zielsetzung ist hierbei, ein didaktisches Konzept zur Förderung von Experimentierkompetenz zu schaffen.

5.2.3 Kompetenzmodell innermathematischen Experimentierens

Auf empirischer Basis der zuvor dargestellten Studie zur Untersuchung von Vorgehensweisen beim innermathematischen Experimentieren und den daraus resultierenden vier Achsenkategorien kann nun zunächst ein theoretisches Prozessmodell entwickelt werden. Hierbei wird es notwendig sein, das gewonnene Kategoriensystem der Vorgehensweisen zu abstrahieren mit dem Ziel ein verallgemeinertes Modell des innermathematischen Experimentierens zu gewinnen, das auch erforderliche Kompetenzen modelliert und somit Aussagen über Kompetenzstrukturen zulässt. Gleichzeitig bietet diese Vereinfachung im Modell die Möglichkeit, experimentelle Kompetenz zu operationalisieren und gegebenenfalls einer Messung zugänglich zu machen. Grundlage hierfür sind, wie bereits angesprochen, gebündelte Vorgehensweisen in den vier zentralen Kategorien, die hier zunächst als Teilkompetenzen des innermathematischen Experimentierens betrachtet werden sollen[32].

Der Teilbereich des Beispielegenerierens nimmt hierbei eine herausgehobene Bedeutung ein, da sich die Vorgehensweisen der Schülerinnen und Schüler und damit das Anwenden von Strategien und Heurismen im Umgang mit selbst generierten Beispielen am prägnantesten zeigen. In der Arbeit mit diesen Beispielen werden die weiteren Teilkompetenzen des innermathematischen Experimentierens sichtbar. Entsprechend kann das Arbeiten mit Beispielen als zentrale Tätigkeit des Experimentierens bei mathematischen Phänomenen verstanden werden. Das *eigenständige Generieren von Beispielen* leitet den Erkundungsprozess von Schülerinnen und Schülern und bildet somit die Basis für alle weiteren experimentellen (Denk-)Handlungen.

Die zu benennenden Teilkompetenzen lassen sich gemäß der bereits herausgearbeiteten Teilprozesse unterscheiden und zudem in ein Prozessmodell einordnen, in dem die Teilkompetenzen nicht nur als trennbare Fähigkeitskonstrukte betrachtet werden, sondern als Schritte in einem idealisierten Kreislauf der Wissensgenerierung. Abbildung 13 soll die logischen Zusammenhänge der Teilkompetenzen innermathematischen Experimentierens als Prozess verdeutlichen.

Selbst erstellte Beispiele zu dem jeweiligen innermathematischen Phänomenbereich stellen häufig den Ausgangspunkt des Experimentierens dar. Das Betrachten (meist) mehrerer Beispiele dient dazu, dem Experimentierer einen Einblick in das Phänomen zu verschaffen, er erkundet das Phänomen. Dabei kann es ebenso vorkommen, dass bereits beim Erfassen des Problems mathematisches Wissen aktiviert wird und gedanklich unmittelbar eine vage Vermutung besteht, die bereits durch die ersten Beispiele geprüft wird, d. h. ein erster assoziativer Gedanke prägt die Auswahl der Beispiele, die generiert werden.

32 Eine empirische Prüfung des Modells wird im Rahmen der in Kapitel 6 und 7 dargestellten Studie vorgenommen.

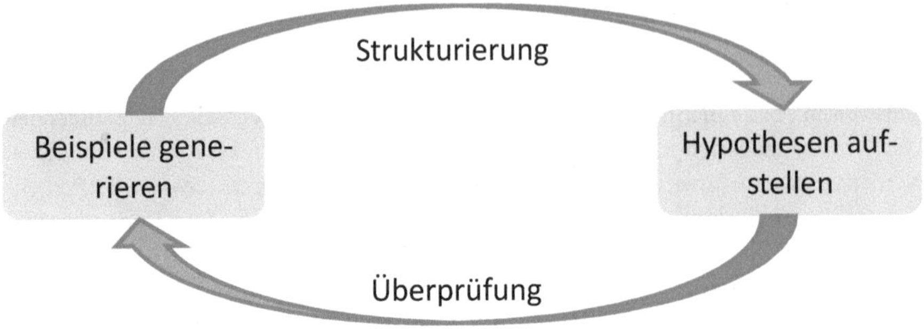

Abbildung 13: Modell innermathematischen Experimentierens

Auch in diesem zweiten Fall also sind selbst generierte Beispiele das erste beobachtbare Vorgehen beim innermathematischen Experimentieren. Im ersten Schritt werden daher Beispiele generiert, die entweder dabei helfen, den Phänomenbereich sehr frei zu erkunden oder aber bereits einen ersten Gedanken zu verfolgen, der durch Beispiele abgesichert oder einer Prüfung unterzogen werden soll. Diese Unterscheidung deckt sich mit der des hypothesengenerierenden bzw. des hypothesenprüfenden Experiments (vgl. Abschnitt 2.2). In beiden Fällen müssen im zweiten Schritt die Beispiele strukturiert werden. Dies kann mental oder tatsächlich handelnd geschehen, indem beispielweise die Beispiele auf Zettel notiert werden, die dann sortiert werden können. Kriterien für diese Sortierung können beispielsweise Ähnlichkeiten oder Analogien sein, aber auch Gegensätze oder Unterschiede zwischen den Beispielen oder ganzen Beispielgruppen. Aber auch mathematische Kriterien können an dieser Stelle leitend sein, beispielsweise werden gerade und ungerade Zahlen bei der Aufgabe „Treppenzahlen" differenziert betrachtet. Dieses Vorgehen erlaubt es nun im nächsten Schritt, eine Hypothese über vermutete Zusammenhänge aufzustellen, die dann im folgenden Schritt an weiteren Beispielen verifiziert, falsifiziert oder modifiziert werden kann. Kann eine Hypothese nicht verifiziert werden, wird der Prozess des Experimentierens fortgesetzt bzw. beginnt von Neuem, allerdings auf einer anderen Ebene. Das Verständnis des Phänomens hat sich verändert. Insofern – wenn man die Prozesse vergleicht – ist ein solcher „spiraliger" Prozess mit dem des Modellierens vergleichbar (Büchter & Leuders, 2005). In ähnlicher Weise wie beim Modellieren ein mathematisches Modell in Zusammenhang zu einer realen Situation gebildet wird, beschreibt eine Hypothese beim innermathematischen Experimentieren einen Zusammenhang zwischen mathematischen Objekten. Wesentlicher Unterschied ist, dass beim innermathematischen Experimentieren keine Übersetzung zwischen Mathematik und Realität stattfindet.

Alle in diesem Prozess beschriebenen Kategorien lassen sich in das Kompetenzmodell einordnen (vgl. Tabelle 11). Dabei ist zu beachten, dass nicht alle Kategorien eindeutig einer der vier Teilkompetenzen zuzuordnen sind (vgl. Abschnitt 4.4.2), es gibt Kategorien, die zwischen zwei Bereichen liegen bzw. zwei Bereiche miteinander verbinden (beispielsweise ist ein Gegenbeispiel zunächst ein Beispiel, wird aber zur Überprüfung einer Hypothese genutzt), was einerseits die Komplexität der ablaufenden Prozesse widerspiegelt und andererseits die Betrachtung des Experimentierens als einen zyklischen Prozess unterstreicht.

Tabelle 11: Zuordnung von Vorgehensweisen zu Teilkompetenzen

Beispiele generieren	Strukturierung	Vermutung aufstellen	Überprüfung
Beispiele generieren	Allgemeines Beispiel	Adhoc-Hypothese	Begründung
Besonderes Beispiel	Beispiele sortieren	Antworthypothese	Bestätigungsbeispiel
Großes Beispiel	Eigenschaften identifizieren	Beispielorientierte Hypothese	Gegenbeispiel
Kleinstes Beispiel	Gruppenbildung	Folgehypothese	Hypothese verwerfen
Reihenfolgebeispiel	Stellvertreterbeispiel	Hypothese formulieren	
Umgebungsbeispiel	Struktursuche	Spezifizierungshypothese	
	Vollständigkeitssuche		

Deutlich wird hier auch die zentrale Bedeutung von Beispielen. In allen Kompetenzbereichen sind beispielbezogene Fähigkeiten zu verorten. Eine Gruppenbildung etwa gehört zum Prozess der Strukturierung bzw. erfordert die Kompetenz Strukturierung, da aufgrund eines Strukturkriteriums (z.B. Anzahl der Stufen bei Treppenzahlen) der Phänomenbereich gegliedert wird.

Unterstützend bei der Betrachtung von Teilkompetenzen innermathematischen Experimentierens kann das Konzept des Experimentierens in Räumen (vgl. Abschnitt 2.4.1 und Abschnitt 4.4.2) herangezogen werden, welches bereits im Prozess der Datenanalyse angepasst und verwendet wurde. Das Drei-Räume-Modell erlaubt es, individuelle Experimentierprozesse von Schülerinnen und Schülern zu analysieren. Die Wechsel zwischen Beispielraum und Hypothesenraum werden im Strategieraum erfasst und können in beiden Richtungen erfolgen. Diese Struktur des Drei-Räume-Modells lässt sich bei der Beschreibung der Teilkompetenzen des innermathematischen Experimentierens durch das Kompetenzmodell wiederfinden.

Diese Darstellung legt es nahe, die Vorgehensweisen im Strategieraum näher zu betrachten und gemäß der Pfeilrichtungen, die das Kompetenzmodell vorgibt, zu gruppieren. Um vom Beispielraum zum Hypothesenraum zu gelangen, werden Beispiele strukturiert betrachtet. Erkannte Strukturen werden in einer Hypothese formuliert. Da diese nun an weiteren Beispielen überprüft werden muss, ist ein erneuter Raumwechsel erforderlich, diesmal in umgekehrter Richtung.

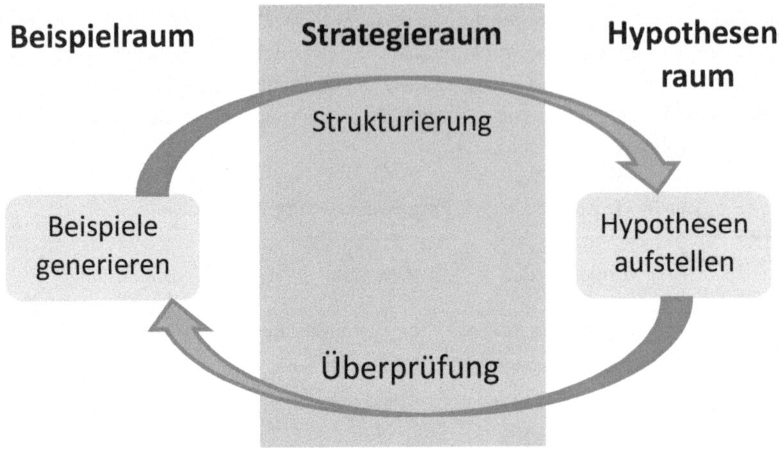

Abbildung 14: Kompetenzen im Drei-Räume-Modell

Betrachtet man also Kompetenzen beim innermathematischen Experimentieren mithilfe des Drei-Räume-Modells, lässt sich feststellen, dass es zwei unterschiedliche Arten von Kompetenzbereichen gibt, die sich jeweils auf unterschiedliche Situationen beziehen: es gibt Kompetenzbereiche, bei denen ein Raumwechsel notwendig ist und andere, bei denen das nicht der Fall ist. Die beiden Teilkompetenzen, die keinen Raumwechsel erfordern, sind über die erfassten Vorgehensweisen gut beschreibbar, Beispiele werden dabei nach dem Grad ihrer Systematik unterschieden, während Hypothesen, die ohne Raumwechsel aufeinander folgen als Folge- bzw. Spezifizierungshypothese bezeichnet werden können. Anders sieht es bei den beiden Teilkompetenzen aus, bei denen zwischen Beispielraum und Hypothesenraum gewechselt wird. Kompetenzen, die einen Raumwechsel nötig machen verdienen eine gesonderte Betrachtung. Zu diesem Zweck werden in den folgenden Abschnitten die Kompetenzen, bei denen zwischen Beispiel- und Hypothesenraum gewechselt wird, vertieft analysiert und in Beziehung zu anderen Theoriekonzepten setzt.

5.2.4 Integration des Modells in bestehende Theorie

Sehr deutlich lassen sich an dieser Stelle Bezüge zu den Peirce´schen Kategorien (vgl. Abschnitt 2.1) herstellen, so dass das Modell innermathematischen Experimentierens letztlich auch experimentelle Denkprozesse fasst. Der Weg, über die Strukturierung von Beispielen zu einer Hypothese zu gelangen, beinhaltet die von Peirce beschriebene Schlussform der Abduktion, die es überhaupt erst ermöglicht, neue Hypothesen zu generieren. Der Weg, eine Hypothese an einem Beispiel zu prüfen ist nach Peirce induktiv. Somit gewinnen diese beiden Schlussformen beim innermathematischen Experimentieren an besonderer Bedeutung. Nichtsdestotrotz kommen deduktive Zwischenschritte vor, beispielsweise bei der Auswahl eines Beispiels zur Überprüfung einer

Hypothese oder zur Erkundung des Phänomenbereichs. Werden Beispiele gezielt ausgewählt, so geschieht dies häufig durch deduktive Schlüsse. Besonders deutlich wird dies, wenn ein Beispiel zur Bestätigung einer Hypothese herangezogen wird. Die deduktive Überlegung wäre hier: „Wenn die Hypothese gilt, dann müsste sie auch für dieses Beispiel gelten". Es werden also wie im Peirce´schen Modell Konsequenzen der Hypothese expliziert. Dieser Schritt ist insofern von Bedeutung, als dadurch die Hypothese überhaupt erst überprüfbar wird. Ähnlich sieht es aus, wenn eine Hypothese widerlegt werden soll. Hier besteht ein Verdacht, dass die Hypothese nicht immer gilt und es wird dann ein Beispiel gesucht, dass diesen Verdacht bestätigt und somit die Hypothese wiederlegt. Auf der Ebene des Kompetenzmodells lässt sich der Bezug zu den Peirce´schen Schlussformen deutlicher herausstellen als auf der Ebene des Kategoriensystems. Zwar werden durch die Kategorien Vorgehensweisen konkretisiert, aber die Zuordnung zu abduktiven, induktiven und deduktiven Schlussformen ist problematischer, da individuell ablaufende Denkprozesse bei gleicher Sequenz von Vorgehensweisen unterschiedlich sein können (vgl. Abschnitt 5.1). Im Kompetenzmodell hingegen werden so nicht nur Teilkompetenzen innermathematischen Experimentierens modelliert, sondern es wird darüber hinaus die Verknüpfung zu experimentellem Denken deutlich.

Flach und Kakas (2000a) setzen sich mit den beiden von Peirce beschriebenen Schlussformen der Abduktion und Induktion auseinander und erörtern deren Beziehung. In manchen Fällen scheint es aus Sicht der Autoren angemessen, Abduktion und Induktion zu trennen, in anderen Fällen wiederum ist es sinnvoll, sie zu verbinden. Das bedeutet, dass einerseits das Gemeinsame der beiden Schlussformen betont werden kann, das nicht-deduktive Denken, und andererseits Unterschiede beleuchtet werden können, wenn man beispielsweise betrachtet, in welcher Weise Abduktion und Induktion zum Erkenntnisgewinn beitragen. Bezogen auf innermathematisches Experimentieren sind beide Sichtweisen wertvoll. So unterstützt die Abgrenzung von deduktivem Denken, welches in besonderer Weise beim Beweisen eine Rolle spielt, die Akzentuierung abduktiven und induktiven Vorgehens beim innermathematischen Experimentieren. Gleichzeitig bietet die differenzierte Betrachtung abduktiven und induktiven Denkens die Möglichkeit, Denkwege bei der Entstehung neuer Erkenntnisse genauer zu analysieren. Ein wesentliches Argument für die Abgrenzung der Deduktion ist ihre wahrheitsübertragende Eigenschaft (Flach & Kakas, 2000a). Dieser grundlegende Unterschied ist nach Meinung der Autoren der Grund dafür, dass es zwei verschiedene Richtungen gibt, die schlussfolgerndes Denken kategorisieren. Die eine Richtung unterscheidet deduktives von nicht-deduktivem Denken (vgl. beispielsweise Salmon, 1995), die andere geht auf die Unterscheidung von Peirce (1960b) zurück und trennt damit die Abduktion von der Induktion, wobei Peirce selbst das Zusammenspiel aller drei Schlussformen beim Erkenntnisgewinn betont (vgl. Abschnitt 2.1.4).

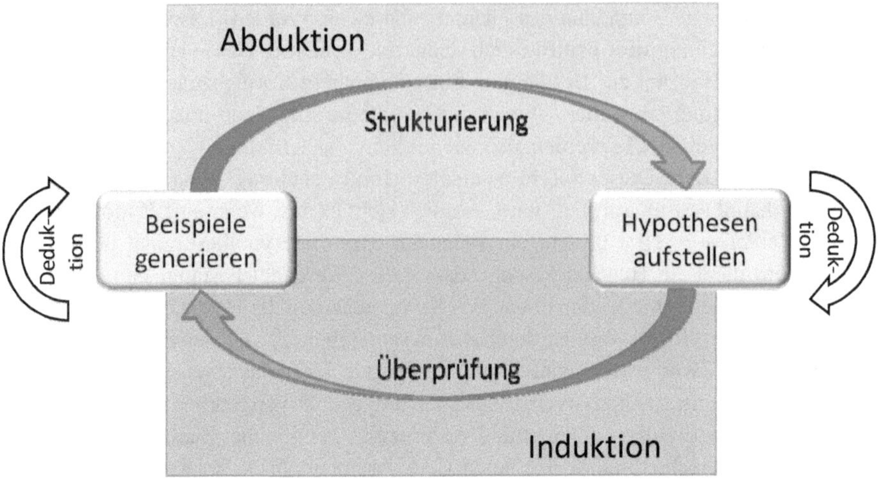

Abbildung 15: Experimentelle Kompetenz und experimentelles Denken

Abbildung 15 verdeutlicht, dass der Interaktion von abduktivem und induktivem Denken beim innermathematischen Experimentieren eine wesentliche Bedeutung zukommt. Auch Flach und Kakas (2000a) betonen den Nutzen dieser Sichtweise vor allem bei der Konstruktion neuer Theorien und manifestieren diese in einem Kreislauf aus abduktivem und induktivem Denken. Bedeutend an diesem aus theoretischen Überlegungen hervorgegangenen Modell ist die Analogie zum in dieser Arbeit entwickelten empiriegestützten Modell des innermathematischen Experimentierens hinsichtlich der gegenseitigen Befruchtung abduktiver und induktiver Schlussformen. Das Modell von Flach und Kakas ist nicht auf einen bestimmten disziplinären Kontext beschränkt, sondern allgemeingültiger zu verstehen. Aus diesem Grund ist es an dieser Stelle zur Beschreibung von experimentellen Teilkompetenzen beim innermathematischen Experimentieren unzureichend und zu wenig spezifisch.

Das Kompetenzmodell zum innermathematischen Experimentieren erfordert eine vertiefte Betrachtung des so ausgewiesenen abduktiven und induktiven Denkens, das den Wechsel zwischen dem Umgang mit Beispielen und dem Umgang mit Hypothesen charakterisiert. Die beiden Teilkompetenzen, die die beiden Richtungen der Raumwechsel repräsentieren, Strukturierung und Überprüfung, stehen im Folgenden im Fokus, wenn Theoriebezüge hergestellt werden.

5.2.4.1 Teilkompetenz Strukturierung

Die Teilkompetenz des Strukturierens kann mit Fähigkeiten verglichen werden, die in der Allgemeinen und Entwicklungspsychologie als induktives Denken beschrieben werden. Klauer (1993) nimmt die Trennung von Abduktion und Induktion nicht vor, weshalb sein Begriff des induktiven Denkens das umschreibt, was in Anlehnung an Peirce hier unter abduktivem *und* induktivem Denken verstanden wird: „Man versteht darunter das Erkennen von Regelhaftigkeiten im scheinbar noch so Verschiedenen. Es spielt beim Denken deshalb eine so große Rolle, weil es Regelhaftigkeiten und Gesetzmäßigkeiten überhaupt erst entdecken läßt, auch wenn dies oft nur zu mehr oder minder hilfreichen Hypothesen und nicht zu unverbrüchlichem Wissen führt“ (Klauer, 1993, p. 141). Mit dieser Beschreibung fasst Klauer das, was Peirce als kreativen Akt bei der Abduktion bezeichnet. Die Idee zu einer Hypothese wird also nach Klauer über das Vergleichen von Objekten gewonnen, ähnlich wie es Polya formuliert (vgl. Abschnitt 2.3.1). In Übereinstimmung mit Peirce charakterisiert er so entstandene Hypothesen als unsicher. Dabei trennt er Induktion und Deduktion strikt voneinander. Gleichzeitig betont er, dass ein induktiver Schluss nicht wahr sein muss. Der Autor geht aber noch einen Schritt weiter, er spezifiziert induktive Denkprozesse:

{ Gleichheit / Verschiedenheit / Gleichheit & Verschiedenheit } im Hinblick auf { Merkmale / Relationen }

Abbildung 16: Definition des induktiven Denkens (nach: Klauer, 1991, p. 138)

Beim Vergleichen von Objekten werden also Gemeinsamkeiten und Unterschiede ermittelt, welche sich auf Merkmale oder auf Relationen der Objekte beziehen, womit insgesamt sechs Varianten induktiven Denkens differenzierbar werden[33]. Klauer (1993) hebt zwei wesentliche Kennzeichen induktiven Denkens hervor: er charakterisiert es als analytisch und abstrakt. Analytisch ist es nach Meinung des Autors, weil es zum Vergleichen von Objekten nicht ausreicht, sie ganzheitlich zu betrachten, das bedeutet, es müssen Merkmale und Relationen identifiziert werden, die schrittweise verglichen werden können. Dazu ist es notwendig zu abstrahieren und genau diese Merkmale oder Relationen isoliert zu betrachten. Bezogen auf das Kompetenzmodell zum innermathematischen Experimentieren lassen sich Beziehungen zwischen der Teilkompetenz der Strukturierung und den Fähigkeiten, die Klauer im Kontext des induktiven Denkens darstellt, herstellen. Das Erkennen von Gemeinsamkeiten und Unterschieden ist grundlegend für das Sortieren von Beispielen. Können Eigenschaften identifiziert (und abstrahiert) werden, können daraus Ordnungskriterien abgeleitet

[33] Diese sechs Varianten induktiven Denkens sind für Klauer zentral. Er unterscheidet zusätzlich noch fünf weitere Facetten, die sich auf das vorliegende Material beziehen: verbal, bildhaft, geometrisch-figural, numerisch und sonstiges, womit sich grundsätzlich 30 Varianten induktiven Denkens unterscheiden lassen. Klauer beschränkt sich aber in seinen weiteren Ausführungen auf die genannten sechs Varianten Klauer (1993).

werden, die ebenfalls beim Sortieren von Beispielen oder aber bei einer Gruppenbildung benötigt werden. Eigenschaften können sich in diesem Zusammenhang sowohl auf ein Merkmal als auch auf einen Zusammenhang beziehen.

In seiner theoretischen Beschreibung von Aufgabenbearbeitungen fasst Klauer (1993) nicht nur das Aufstellen einer Hypothese, sondern auch deren Prüfung, um so zu einer Regel zu finden. Damit vereint er in seinem Verständnis von induktivem Denken abduktives und induktives Vorgehen. Das Prüfen einer Hypothese geschieht nach Klauer wiederum in einem analytischen Vergleich. Das bedeutet, hierzu ist es notwendig, sich wieder auf konkrete Objekte zu beziehen. Beim innermathematischen Experimentieren entsprechen diese Objekte selbst generierten Beispielen, die untersucht werden. Präsentiert man also ein mathematisches Phänomen, gibt es nicht eine bestimmte Lösung, die erreicht werden soll, im Gegenteil, es gibt vielfältige Möglichkeiten, sich selbst Ziele zu setzen und diese im Prozess zu verändern oder zu erweitern.

Auf welche Weise Experimentierer zu einer Fragestellung finden, ist, wie eben angesprochen, ein weiterer Bereich des Kompetenzmodells, der genauer unter die Lupe genommen werden muss: der Prozess des Findens einer Problemstellung, einer Frage an das Phänomen. Beim Problemlösen wird in der Regel ein Problem vorgegeben, sei es durch die Lehrkraft oder durch ein Buch. Beim innermathematischen Experimentieren hingegen werden Fragen selbst entwickelt, die dabei helfen, das Phänomen zu verstehen. Brown und Walter (2005) messen diesem Prozess eine große Bedeutung beim Erkenntnisgewinn bei und bezeichnen ihn als *problem posing* (Brown & Walter, 2005, p. 1). Die Autoren sehen diesen Prozess beim Problemlösen als fundamental an, wenn etwa ein Problem in Teilschritte, also auch in Teilfragen zerlegt werden muss. Gleichzeitig bedeutet problem posing nach Meinung der Autoren aber auch die Fähigkeit, beim Betrachten von Sachverhalten eine neue Perspektive einzunehmen, die im Hinblick auf den Lösungsprozess gewinnbringend sein kann. Toulmin (1977) sieht das Stellen spezifischer Fragen darüber hinaus sogar als wesentliches Unterscheidungskriterium für verschiedene Wissenschaftsdiziplinen: „[...] these domains have to be identified not by the type of objects with which they deal, but rather by the questions which arise about them [...]" (Toulmin, 1977, p. 149). Problem posing wird in der Literatur aber auch als Teil des Problemlösens gesehen und nicht isoliert betrachtet (vgl. National Council of Teachers of Mathematics, 1995). Beim innermathematischen Experimentieren gewinnt problem posing in Verbindung mit abduktiven Denkprozessen eine besondere Bedeutung, da hier das Stellen einer Frage gegebenenfalls mit dem Aufstellen bzw. Finden einer Hypothese zusammenfallen kann. Eine Frage kann auch direkt gestellt werden, ohne dass das Phänomen schon erkundet worden wäre. In beiden Fällen aber bestimmt die Fragestellung den weiteren Verlauf des Experimentierens. Wie Schülerinnen und Schüler zu solchen Fragen kommen, ist ein Bereich, der mit der hier vorliegenden Arbeit nicht umfassend beantwortet werden kann und daher genauer untersucht werden müsste.

5.2.4.2 Teilkompetenz Überprüfung

Was darüber hinaus genauer in den Blick genommen werden muss, ist die Teilkompetenz des Überprüfens. Beim Hypothesenprüfen sind mehrere Schritte notwendig. Zunächst werden Beispiele zur Überprüfung gesucht, an denen dann die Hypothese getestet werden kann. Daraufhin muss eine Entscheidung getroffen werden, wie mit dem Ergebnis der Prüfung umgegangen wird. Hierbei ist der argumentative Umgang mit den Beispielen, Hypothesen und Begründungen von Interesse. Eine Entscheidung kann nur auf der Basis von Argumenten getroffen werden. Argumente wiederum liefern hier die generierten Beispiele. Als Ziel des Argumentierens wird im Hinblick auf schulischen Unterricht Beweisen genannt (vgl. National Council of Teachers of Mathematics, 2000). Beim innermathematischen Experimentieren kommt es hingegen zunächst darauf an, entdeckte Zusammenhänge prüfen zu können, um eine Hypothese beispielsweise verifizieren zu können. Gleichzeitig hat dieser Schritt eine soziale Komponente, indem eine Begründung anderen plausibel gemacht wird. Hierbei kann bereits eine Beweisidee vorhanden sein, muss aber nicht zwingend. Während in der Phase der Strukturierung eher abduktive Prozesse eine Rolle spielen, kommen hier vor allem induktive und deduktive Schritte vor. Besonderes Potenzial haben im Bereich des Hypothesenprüfens Gegenbeispiele und der Umgang mit ihnen. Sie können zu einer intensiven Auseinandersetzung mit dem jeweiligen Phänomen führen, wenn beispielsweise Einschränkungen oder Ausnahmen formuliert werden müssen, die ein tieferes Eintauchen in den Sachverhalt erfordern. Gerade an dieser Stelle bietet innermathematisches Experimentieren die Möglichkeit, eine häufig geforderte Fragehaltung zu entwickeln, bei der nach dem „warum" eines mathematischen Phänomens gefragt wird (vgl. beispielsweise Meyer & Prediger, 2009), was letztlich eine Grundvoraussetzung für strenges Beweisen darstellt. Welche Begründungs- und Argumentationsformen sich beim innermathematischen Experimentieren zeigen, ist nicht Fokus der hier vorliegenden Arbeit, wenngleich es eine Anschlussmöglichkeit wäre, diesen Bereich beispielsweise anhand des Toulmin-Schema des Argumentierens (Toulmin, 1977) zu untersuchen. Bedeutend für innermathematisches Experimentieren ist neben induktivem Vorgehen beim Hypothesenprüfen, indem Beispiele „befragt" werden auch der Umgang mit Ergebnissen der Prüfung. In welchen Fällen also Hypothesen verworfen, verändert oder beibehalten werden und wie man diese Entscheidung begründet.

Das Kompetenzmodell innermathematischen Experimentierens lässt sich wie in diesem Abschnitt dargestellt auf vielfältige Weise vor dem Hintergrund verschiedener Theorien einordnen. Die Integration in bereits bestehende Konzepte trägt somit zu einem umfassenden Verständnis experimenteller Teilkompetenzen bei. Im folgenden Abschnitt soll nun die Qualität des Kompetenzmodells diskutiert werden.

5.2.5 Diskussion des Modells

Grundsätzlich lassen sich also vier Teilkompetenzen innermathematischen Experimentierens konzeptuell unterscheiden[34]. *Beispiele generieren* kann in diesem Zusammenhang als zentrale Kompetenz angesehen werden und vermischt sich stark mit den anderen Kompetenzen (vgl. Tabelle 11) bzw. ist Teil davon. Die Kompetenzen *Strukturierung* und *Hypothesen aufstellen* hängen sehr stark zusammen, indem das Formulieren einer Hypothese das Produkt von Strukturierungstätigkeiten darstellt. *Überprüfung* von Hypothesen geschieht auf der Basis von Beispielen und führt zu begründeten Entscheidungen über deren Gültigkeit.

An dieser Stelle stellt sich die Frage, inwiefern das Modell den Ansprüchen eines theoretischen Kompetenzmodells gerecht wird. Klieme (2006) betont in diesem Zusammenhang zwei wesentliche Merkmale von Kompetenzmodellen, die Beschreibung von Kompetenzstrukturen und von Kompetenzstufen (vgl. Kapitel 5.2.2). Beide Merkmale, Strukturen und Stufen, sollen im Folgenden diskutiert werden.

Die *Struktur von Kompetenzen* beim innermathematischen Experimentieren konnte durch das Modell (vgl. Abbildung 16) theoretisch beschrieben werden, indem die empirisch gewonnenen Kategorien bei der Entwicklung des Modells einbezogen wurden. Somit lassen sich die oben genannten vier folgenden Teilkompetenzen beschreiben. Diese vier Teilkompetenzen sind, wie oben dargestellt wurde, sehr eng miteinander verbunden und können in ihrem Zusammenspiel als experimentelle Kompetenz beim innermathematischen Experimentieren gedeutet werden. Zu dieser experimentellen Kompetenz gehören die genannten Teilkompetenzen, die sich auf kognitive Fähigkeiten und Fertigkeiten im Kontext innermathematischen Experimentierens beziehen. Hierzu gehört das Generieren von Beispielen, was nach unterschiedlichen Gesichtspunkten geschieht. Das Finden von Strukturen und Mustern in mathematischen Phänomenen mündet im Bilden von Hypothesen. Dazu sind ordnende (Denk-) Handlungen nötig, die bereits bekannte mathematische Eigenschaften als Kriterien nutzen. So wird zum einen mathematisches Vorwissen aktiviert und dessen Nutzen in der jeweiligen Situation abgewogen. Darüber hinaus werden dann vermutete Strukturen formuliert. Bei der Überprüfung einer Hypothese sind ebenso mehrere Fähigkeiten gefordert: es müssen Beispiele zur Überprüfung ausgewählt werden. Überdies muss anhand der gewählten Beispiele eine Entscheidung getroffen werden, wie mit der Hypothese umgegangen werden soll, ob sie verworfen, beibehalten oder modifiziert werden soll. In diesem Sinne konstituieren die vier Teilkompetenzen *innermathematische Experimentierkompetenz*.

In der Kompetenzmessung wird immer wieder angeraten und als wichtig erachtet, Kompetenzen nicht nur zu messen, sondern auch in ihrer inhaltlichen Stufung zu ver-

[34] Inwiefern sich die Teilkompetenzen auch messtheoretisch unterscheiden lassen, wird in Kapitel 7 dargestellt.

stehen. Solche Stufen helfen dabei, einen Wissensstand zu beschreiben. Somit erfüllen sie eine wichtige Forderung, die im Zusammenhang mit Kompetenzstufenmodellen in der Bildungsforschung gestellt wird: sie geben Anhaltspunkte für Unterricht, der sich an Lernprozessen orientiert (Bundesministerium für Bildung und Forschung (BMBF), 2007; Prenzel, Gogolin, & Krüger, 2008; Schott & Azizi Ghanbari, 2008). Wie aber könnten solche Stufen hier aussehen? Wodurch zeichnet sich ein Schüler mit höherer Experimentierkompetenz gegenüber einem mit niedrigerer Experimentierkompetenz aus? Der Blick auf einzelne Experimentierprozesse hilft an dieser Stelle nicht weiter, die einzelnen Fähigkeiten stehen nicht in Abhängigkeiten voneinander und konstituieren erst in ihrem Zusammenspiel Experimentierkompetenz. Welche Art des Zusammenspiels auf höherer oder niedrigerer Stufe steht, ist auf bisheriger Datenbasis nicht substanziell zu beantworten.

Möchte man experimentelle Kompetenz beim innermathematischen Experimentieren messen, so ergibt sich aus dem Kompetenzstrukturmodell eine Möglichkeit der unabhängigen Erfassung von Teilkompetenzen. Es ist denkbar, dass eine Hypothese auch dann geprüft werden kann, wenn sie nicht selbst gebildet werden konnte. Daher stellt sich die Frage, ob sich Teilkompetenzen des Experimentierens nicht auch getrennt erlernen und erfassen lassen. Zu diesem Zweck müssen Indikatoren gefunden werden, die eine hohe bzw. niedrige Ausprägung der jeweiligen Teilkompetenz unterscheidbar machen (vgl. Abschnitt 6.4.1).

Wenn experimentelle Kompetenz im Rahmen von Bildungszielen eine Bedeutung spielen soll, kann das hier diskutierte Kompetenzmodell innermathematischen Experimentierens hilfreich dabei sein, diese zu konkretisieren. Das Modell stellt auf der Basis empirisch gewonnener Kategorien Strukturen von experimenteller Kompetenz beim innermathematischen Experimentieren dar. Kompetenzstufen lassen sich nicht sinnvoll bilden.

5.3 Zusammenfassung

Kernfrage dieser Arbeit ist es, darzustellen, inwiefern ein theoretisches Konzept innermathematischen Experimentierens dazu beitragen kann, mathematische Erkenntnisprozesse zu beschreiben. Zielsetzung des Kapitels war es, eine Theorie innermathematischen Experimentierens weiter zu entwickeln. Basis hierfür bildeten einerseits theoretische Vorüberlegungen und andererseits empirische Befunde der qualitativen Studie zur Untersuchung experimenteller Prozesse.

Gewinn ist ein tieferes Verständnis solcher Prozesse, das bei der Entwicklung von Mathematikunterricht genutzt werden kann. Insofern sind die empirische Verankerung und damit die Nähe zu tatsächlich stattfindenden Prozessen bei Lernenden bei der Theorieentwicklung von zentraler Bedeutung. Damit stellt das Konzept innermathematischen Experimentierens als Theorierahmen für mathematischen Erkenntnisgewinn als abduktives und induktives Vorgehen einen Mehrwert für die Forschung dar, beispielsweise in der Nutzung des Kategoriensystems. Aber auch im Hinblick auf Unterricht kann auf einen solchen Theorierahmen zurückgegriffen werden, indem Handlungsmöglichkeiten abgeleitet werden können. Dieser Nutzen wird mit der Entwicklung einer Unterrichtseinheit im Rahmen einer Interventionsstudie weiter verfolgt (vgl. Kapitel 6).

Die Darstellung experimenteller Prozesse auf theoretischer Ebene dient der Ausschärfung der Begrifflichkeiten des innermathematischen Experimentierens und experimentellen Denkens, indem die empirisch gewonnenen Kategorien mit theoretischen Vorüberlegungen in Beziehung gesetzt werden konnten. So konnte dargelegt werden, inwiefern die drei Peirce´schen Denkkategorien und dass erweiterte Modell des Experimentierens als Suche in Räumen gewinnbringend bei der Ausbildung theoretischer Bausteine zum innermathematischen Experimentieren genutzt werden konnten. Gleichzeitig konnte auf der Basis des entworfenen Kompetenzmodells aufgezeigt werden, an welchen Stellen weitere theoretische Aspekte wie etwa induktives Denken nach Klauer herangezogen werden können, um Teilkompetenzen des innermathematischen Experimentierens empirisch und theoretisch verankern zu können. Bedeutsam ist diese theoretische Einordnung, um zu einem tieferen Verständnis experimenteller Prozesse und damit auch der Struktur experimenteller Teilkompetenzen zu gelangen. Auf der Basis des entwickelten theoretischen Modells können nun weitere Ziele verfolgt werden. Im Rahmen dieser Arbeit sind diese die Erfassung experimenteller Kompetenz und damit auch die Überprüfung ihrer Förderbarkeit.

6 Förderung experimenteller Kompetenz

Die Bedeutung innermathematischen Experimentierens als Teilprozess mathematischen Erkenntnisgewinns konnte im Rahmen dieser Arbeit zunächst anhand der Arbeitsweisen von Mathematikern aus mehreren Perspektiven verdeutlicht werden. Die vertiefte Betrachtung von Prozessen beim Erwerb mathematischen Wissens von Lernenden unterschiedlichen Alters und die Vernetzung mit theoretischen Konzepten zu Wissenserwerb führten zu einer fundierten Theorie innermathematischen Experimentierens. Die Sichtweise auf experimentelle Prozesse als innermathematische Experimentierkompetenz ließ sich empirisch und theoretisch unterfüttern, indem vier zentrale Teilkompetenzen ausgearbeitet wurden. Dieses Verständnis experimenteller Prozesse kann in der Didaktik dazu genutzt werden, geeignete Lernumgebungen zur Förderung solcher Teilkompetenzen zu entwickeln. Im Rahmen einer empirischen Studie sollen experimentelle Teilkompetenzen im Schulunterricht gefördert werden. Daneben sollen Aufgaben entwickelt werden, die eine Erfassung experimenteller Kompetenz ermöglichen. Grundlage dafür bildet die erarbeitete Theorie innermathematischen Experimentierens.

Die Unterrichtsintervention, die im Rahmen dieser Studie durchgeführt wurde, besteht aus verschiedenen Komponenten, die den Erwerb experimenteller Teilkompetenzen unterstützen und überprüfen. In diesem Kapitel soll der Aufbau und die Durchführung der Intervention dargestellt werden. Da sie in mehreren Pilotierungsphasen erprobt, verändert und entwickelt wurde, wird in den folgenden Abschnitten jeweils die endgültige Version aller Komponenten dargestellt, die in der Hauptstudie verwendet wurde. Erkenntnisse aus Pilotierungen fließen an geeigneter Stelle ein.

6.1 Forschungsfragen

In der hier vorgestellten Interventionsstudie geht es einerseits darum, zu untersuchen, inwiefern die vier Teilkompetenzen innermathematischen Experimentierens auch messtheoretisch trennbar sind. Damit könnte die Tragfähigkeit des theoretischen Modells empirisch geprüft werden. Andererseits soll experimentelle Kompetenz bei Schülerinnen und Schülern gefördert werden. Ein Testinstrument kann dann auch zur Überprüfung eines Förderkonzepts dienen.

Im ersten Teil der Untersuchung stand die Entwicklung eines Förderkonzepts (Training) und eines Testinstruments zur Erfassung experimenteller Teilkompetenzen im Fokus. Die Erprobung dieser Komponenten in mehreren Pilotierungsphasen unterstützte diesen Prozess. Bei der Hauptuntersuchung standen Fragen im Vordergrund, die die Intervention bewerten. Daraus können folgende zielführende Forschungsfragen für die Studie abgeleitet werden:

1. Inwiefern sind die Teilkompetenzen innermathematischen Experimentierens psychometrisch erfassbar und unterscheidbar?
2. Inwiefern können Teilkompetenzen des innermathematischen Experimentierens durch ein gezieltes Training gefördert werden?
   a. Ist das Training wirksam?
   b. Welche Einflüsse wirken?

Zur Beantwortung der ersten Frage müssen die im Modell zusammengefassten Teilkompetenzen operationalisiert werden. Die Operationalisierung bildet als Instrument zur Überprüfung des Interventionserfolgs eine wichtige Grundlage zur Bearbeitung der zweiten Frage. Zunächst ist aber zu klären, wie ein Training zur Förderung experimenteller Teilkompetenzen aussehen kann, welche Aufgaben sich eignen und wie man sie einsetzen kann. Damit kommen bei dieser Fragestellung zwei wesentliche Aspekte zum Tragen: die Intervention soll möglichst optimal gestaltet werden und anschließend auf ihre Wirksamkeit hin untersucht werden. Mit der Frage der Entwicklung und Bewertung von Interventionen setzt sich die Evaluationsforschung auseinander und bietet je nach Zielsetzung verschiedene Methoden zur Untersuchung solcher Fragestellungen. Welche Methoden in dieser Studie eingesetzt wurden und welche Rolle verschiedene Ansätze der Evaluationsforschung in der Studie spielen, soll im Folgenden dargestellt werden.

6.2 Evaluationsansätze

Schwerpunkt von Evaluationsforschung in der empirischen Forschung ist nach Bortz und Döring (2006) die Untersuchung von bestimmten Maßnahmen oder Interventionen und deren Bewertung. Die Evaluationsforschung ist damit eine Form der Anwendung wissenschaftlicher Forschungsmethoden für eine bestimmte Art von Fragestellungen und ist im deutschsprachigen Raum auch im Bereich der Bildungsforschung von Bedeutung (Bortz & Döring, 2006; Hager, Patry, & Brezing, 2000; Wottawa & Thierau, 2003). Häufig wird daneben der Prozess der Entwicklung einer Maßnahme untersucht. Hier geht es also um ein Erproben und Optimieren von Ansätzen. Häufig werden in der Forschungspraxis ebenso wie in der hier vorgestellten Studie beide Forschungsansätze miteinander verbunden (Bortz & Döring, 2006). Ein diese beiden Aspekte von Evaluationsforschung akzentuierendes Unterscheidungskriterium von Evaluationen ist deren Zielsetzung. Man unterscheidet dabei summative und formative Evaluation. Ziel der summativen Evaluation ist eine abschließende Beurteilung einer Maßnahme, während Funktion, Durchführbarkeit und Umsetzung einer Maßnahme formativ evaluiert werden (Hager et al., 2000).

6.2.1 Formative Evaluation

Formative Evaluationselemente sind in dieser Studie insofern von zentraler Bedeutung, als zunächst der Frage nachgegangen wurde, wie ein Training mit dem Ziel der Förderung experimenteller Kompetenz aussehen kann. Strukturiert war diese Teiluntersuchung nach einem Phasenmodell aus dem Bereich des Qualitätsmanagements: dem so genannte PDCA-Zyklus (auch Shewhart-Cycle oder Demingkreis). Dieser beschreibt vier Phasen eines Evaluationsprozesses, die zyklisch angeordnet sind und beliebig oft durchlaufen werden können. PDCA bedeutet in diesem Zusammenhang Plan-Do-Check-Act und benennt die vier Phasen des Modells (Shewhart & Deming, 1986), in denen eine Maßnahme entwickelt, erprobt, überprüft und modifiziert wird. Inwiefern diese Phasen in der Interventionsstudie berücksichtigt wurden, wird in nachstehender Tabelle zusammengefasst:

Tabelle 12: Phasen der formativen Evaluation der Interventionsstudie

Phase	Inhalt	Umsetzung
Plan	Entwurf einer Maßnahme	Entwickeln des Strategietrainings, der Lernumgebung und des Testverfahrens
Do	Erprobung der Maßnahme	Pilotierung von Training, Lernumgebung und Test
Check	Überprüfung des Prozessablaufs	Interpretation der Ergebnisse der Pilotierungsphase
Act	Änderungen vornehmen	Optimierung des Trainings, der Lernumgebung und des Testverfahrens

Ziel einer solchen formativen Evaluation ist es, einen Standard zu entwickeln, der dann (im Optimalfall) implementiert werden könnte. Erhebungsmethoden der formativen Evaluation der Pilotierung waren Schülerinterviews (n=3), teilnehmende Beobachtung, Videografie ausgewählter Unterrichtsstunden, schriftliche und mündliche Lehrerbefragung zur Lernumgebung sowie Schülerprodukte. Zentrale Ergebnisse der formativen Evaluation werden an dieser Stelle skizziert, die Intervention und das Testinstrument selbst werden in ihrer Endversion in den nachfolgenden Abschnitten dargestellt.

Das Testinstrument wurde insgesamt dreimal pilotiert. In einer ersten Phase wurden die Items bei 52 Studierenden (die nicht das Fach Mathematik studieren) eingesetzt, um Aufschluss über Testdauer und Formulierungsunklarheiten zu gewinnen. Das so entstandene Testinstrument wurde anschließend zusammen mit der Intervention (Lernumgebung mit Training) in drei Versuchsklassen (n=55) vor und nach der Intervention durchgeführt. Eine Versuchsklasse diente dabei als Kontrollgruppe. Eingesetzt wurde ein großer Itempool mit einer Testzeit von 90 Minuten. Die Testitems konnten in dieser Pilotphase mittels statistischer Methoden bewertet werden, so dass geeignete Items herausgefiltert werden konnten. In der Konsequenz konnte dadurch auch die Testzeit wesentlich verringert werden, was die Praktikabilität des Tests deutlich erhöhte.

Auf inhaltlicher Ebene ergab sich in dieser Pilotphase eine wesentliche Änderung. Es gelang nicht, die vier Teilkompetenzen innermathematischen Experimentierens – Beispiele generieren, Strukturierung, Hypothesen aufstellen und Überprüfung – auch psychometrisch abzubilden. Es gab Schwierigkeiten, einen komplexen Prozess in Einzelitems abzubilden. Beispielweise wurde deutlich, dass die beiden Teilkompetenzen Strukturierung und Hypothese aufstellen sehr eng zusammenhängen, was auch aus inhaltlicher Sicht wenig verwunderlich ist, wenn man bedenkt, dass eine formulierte Hypothese das Endprodukt eines Strukturierungsprozesses darstellt. Außerdem spielt die Teilkompetenz Beispiele generieren in alle anderen Kompetenzen stark mit hinein, so dass sie von den anderen nicht trennbar war. In der Konsequenz bedeutete das, dass für die Hauptuntersuchung zwei Teilkompetenzen fokussiert betrachtet wurden: *Strukturierung* und *Überprüfung*. Unter theoretischer Perspektive drückt diese Fokussierung den Wechsel zwischen Beispiel- und Hypothesenraum in beiden Richtungen aus. (vgl. Abbildung 19). In einer dritten Pilotphase wurde diese wesentlich veränderte Testversion in einer Realschulklasse (n=28) erneut erprobt, bevor sie bei der Hauptuntersuchung zum Einsatz kam. Ebenso wurde das Manual zur Testdurchführung anhand auftretender Probleme in den Pilotklassen bezüglich des Aufgabenverständnisses weiterentwickelt.

Die Pilotphasen hatten auch Auswirkungen auf die Auswahl der Stichprobe für die Hauptuntersuchung. Nachdem die Intervention zunächst in einer Hauptschulklasse und einer Realschulklasse durchgeführt wurde (eine weitere Realschulklasse diente als Kontrollgruppe), zeigte sich ein deutlicher Unterschied zwischen den beiden Klassen, in denen die Intervention durchgeführt wurde. Abgebildet wird hier ein Gesamtsummenscore der Testitems.

Tabelle 13: Deskriptive Statistiken

Schulart	Mittelwert Pre-Test	Mittelwert Post-Test
Hauptschule (n=14)	115,9	116,8
Realschule (n=21)	141,2	169

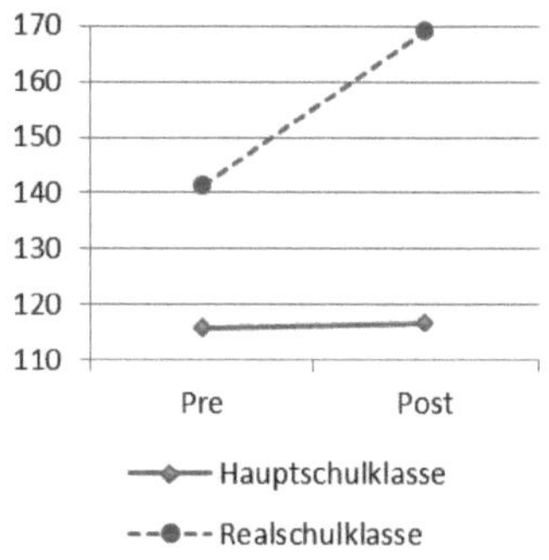

Abbildung 17: Vergleich der Klassen nach Schulart

Zunächst wird deutlich, dass zum ersten Testzeitpunkt ein Unterschied zwischen den beiden Klassen besteht, der durch die unterschiedliche Schulart erklärt werden könnte. Hinsichtlich der Güte des Testinstruments ist die Abbildung dieses Unterschieds positiv zu bewerten. Es wird aber auch deutlich, dass die Intervention in der Realschulklasse deutlich erfolgreicher war als in der Hauptschulklasse. Bei der Größe der Stichprobe ist eine Verallgemeinerung an dieser Stelle nicht möglich und auch nicht beabsichtigt. Dennoch wurde im Hinblick auf die Hauptstudie dieses Ergebnis als Hinweis verstanden, die Intervention eher in einer Gruppe durchzuführen, wo ein Erfolg des Förderkonzepts auch sichtbar wäre.

Auf der Basis der Erfahrungen der Pilotierung wurde auch die Intervention selbst überarbeitet. Die Zusammensetzung der Aufgaben konnte durch Selektion einiger Aufgaben optimiert werden. Damit wurde die Intervention auf bedeutende Phasen eines Trainingsmodells zugeschnitten (vgl. Abschnitt 6.3.3). Darüber hinaus wurde ein erfahrungsbasiertes methodisches Konzept zum Einsatz jeder Aufgaben entwickelt, das in einer Lehrerhandreichung mündete. Methoden der formativen Evaluation unterstützten also in mehrerer Hinsicht die optimale Vorbereitung der Hauptuntersuchung. Neben den hier angesprochenen fundamentalen Entscheidungen, konnte aber auch in Detailfragen auf die Erfahrungen aus den Pilotphasen zurückgegriffen werden. Diese werden an geeigneter Stelle erwähnt.

6.2.2 Summative Evaluation

Summative Evaluation dient der Entscheidungsfindung, ob eine bestimmte Maßnahme ergriffen werden soll oder nicht. Sie dient also der Hypothesenprüfung, die nach Beendigung einer Maßnahme vorgenommen wird, in dem Sinne, dass die Wirksamkeit der Intervention überprüft wird (Bortz & Döring, 2006). Wirksamkeit bedeutet hier, dass die Intervention das erreicht, was man zuvor erwartet hat. Gleichzeitig muss überprüft werden, ob die Wirkung tatsächlich auf die Intervention zurückzuführen ist, d.h. dass das Ausbleiben der Intervention auch das Ausbleiben der Wirkung zur Folge hat. Ziel der Studie ist es, ein auf Basis der beschriebenen empirischen Befunde konzipiertes Training experimenteller Teilkompetenzen im Mathematikunterricht zu bewerten.

Die Studie beschäftigt sich also mit der Entwicklung einer Maßnahme, eines „Strategietrainings", und deren Umsetzung im Mathematikunterricht unter Berücksichtigung schulischer und curricularer Rahmenbedingungen. Insofern ist das Training, das in eine mathematische Unterrichtseinheit eingebettet ist, als Eingriff in das Unterrichtsgeschehen zu sehen, als Maßnahme, die evaluiert werden soll. Bei der Entwicklung der Intervention standen zunächst Fragen im Vordergrund, die im Rahmen von Pilotstudien wie oben beschrieben formativ evaluiert wurden. Hierbei ging es im Kern darum, wie ein Training experimenteller Teilkompetenzen gestaltet werden kann und – eng damit verbunden – wie die Entwicklung dieser Teilkompetenzen psychometrisch überprüft werden kann. In diesem Sinne verbindet die in diesem Kapitel dargestellte empirische Studie also sowohl formative als auch summative Elemente einer Evaluation.

6.3 Gestaltung der Intervention

Die Intervention zielt auf die Förderung experimenteller Teilkompetenzen ab. Bei der Entwicklung eines Förderkonzepts müssen einerseits günstige Bedingungen zum Erlernen experimenteller Teilkompetenzen geschaffen werden und andererseits geeignete Inhalte zur Vermittlung solcher Konzepte gewählt werden. Bei der Konstruktion eines Trainings sollen also sowohl lernpsychologische als auch fachdidaktische Überlegungen leitend sein. Die Intervention, die im Anschluss dargelegt wird, besteht aus einer Lernumgebung mit integriertem Trainingskonzept.

Mit der Zielsetzung der Kompetenzförderung stellt sich die Frage, was denn genau im Unterricht gefördert werden soll, damit eine bestimmte Kompetenz erworben wird. Die vier Teilkompetenzen innermathematischen Experimentierens beziehen sich ja gerade nicht auf einen bestimmten mathematischen (Lehrplan-) Inhalt, sondern eher auf strategische Ansätze, die in unbekannten offenen Experimentiersituationen gewinnbringend eingesetzt werden können, um einen mathematischen Phänomenbereich zu explorieren. Wirft man einen Blick zurück auf den Bildungsprozess der vier Teilkompetenzen, so lassen sie sich als Bündel mehrerer Vorgehensweisen auffassen (vgl. Abschnitt 5.2.3), die durch die abstraktere Perspektive als Teilkompetenzen Zielorientierung gewinnen und als *Strategien* betrachtet werden können.

Der Strategiebegriff wird in der psychologischen Literatur sehr heterogen verwendet. Gemeinsam ist den unterschiedlichen Beschreibungen des Begriffs, dass es bei Strategien um ein zielgerichtetes Verfahren geht. Friedrich und Mandl verstehen unter dem Begriff Strategie eine „Sequenz von Handlungen, mit der ein bestimmtes Ziel erreicht werden soll“ (1992, p. 6). Dabei sind Strategien flexibel, so dass sie der jeweiligen Situation angepasst werden können. Legt man dieses Verständnis des Strategiebegriffs zugrunde, können beim Experimentieren solche Handlungssequenzen beobachtet werden. Die einzelnen Vorgehensweisen machen erst im Gesamtprozess des Experimentierens Sinn, doch sind einzelne Teilkomponenten, wie im Kompetenzmodell aufgeführt, identifizierbar und als Strategien interpretierbar. Beispielsweise kann ein Bestätigungsbeispiel bewusst gesucht werden, um gezielt eine Vermutung zu prüfen. Dazu gehört, dass auf Grundlage einer Vermutung Beispiele generiert werden, die hinsichtlich ihrer Eigenschaften möglichst unterschiedlich sind, so dass die zielführende Intention ist, die Vermutung zu prüfen. Man könnte also die Teilkompetenz Überprüfung als Strategie verstehen, die sich aus verschiedenen Vorgehensweisen zusammensetzt. Strategien beim Problemlösen in der Mathematik werden häufig allgemeiner verstanden und auch als Heuristiken bezeichnet (Heinrich, 2010).

6.3.1 Trainingskonzept

Zu der Frage, wie man den Erwerb neuer Strategien durch ein Training fördern kann, geht Klauer ein. Sein Ansatz nennt sich *paradigmatisches Training* und soll dazu führen, dass „wenige Typen von Lösungs- und Kontrollprozessen“ (Klauer, 1993, p. 150) auf eine Vielzahl unterschiedlicher Aufgaben angewendet werden können. Klauer setzt solche Trainingsprogramme zur Förderung induktiven Denkens ein und bezieht sich dabei auf Grundstrukturen in seinen Aufgabentypen (vgl. Abschnitt 5.2.4). Experimentieraufgaben sind universeller und nicht auf wenige Strukturen reduzierbar, dennoch können Grundsätze seines Strategietrainings auf das Fördern experimenteller Teilkompetenzen durch das Trainieren von Strategien übertragen werden. Nach Klauer erfolgt ein paradigmatisches Training in drei Stufen: Zunächst werden in einem *hinführenden Teil* Aufgaben aus der Lebenswelt der Lernenden zur Motivation bearbeitet, die die Strategien erfordern. Im *Erarbeitungsteil* werden Grundstrukturen herausgearbeitet. Im *Anwendungsteil* werden Aufgaben angeboten, die Transfer erlauben. Deutlich wird in diesem Ansatz, dass das Lösen von (Problemlöse-) Aufgaben nur durch das aktive Lösen von Aufgaben selbst und mit der Unterstützung von Strategien geschehen kann (Schoenfeld, 1985; Engel, 1998). Daneben gibt es weitere Möglichkeiten, (Problemlöse-) Strategien zu trainieren. Beispielweise schlagen Reiss und Renkl (2001) vor, *heuristische Lösungsbeispiele* zu verwenden. Beispiele und Lösungen sind bei diesem Konzept gegeben, so dass Lösungsschemata herausgearbeitet werden können. Beim innermathematischen Experimentieren geht es allerdings nicht um ein Ablaufschema, sondern um Strategien, die individuell eingesetzt werden sollen. Dabei spielen die unterschiedlichen Bearbeitungswege der Schülerinnen und Schüler eine bedeutende Rolle. Trotzdem kann die Idee dieses Ansatzes produktiv in das Trainingskonzept integriert werden, indem ein solches Beispiel an geeigneter Stelle hilft, über bestimmte Strategien zu reflektieren.

Beim Erwerb von Strategien lassen sich grundsätzlich zwei Möglichkeiten unterscheiden, spontaner Strategieerwerb und Vermittlung von Strategien (Frederiksen, 1984; Stern, 1992). Beim spontanen Strategieerwerb entdecken Schülerinnen und Schüler Strategien selbstständig. Ziel ist dabei, Strategien zu verallgemeinern, was nach Stern ohne Anleitung allerdings kaum geschieht. Bei der Vermittlung von Strategien ist wichtig, dass diese nach der Entdeckung bzw. Erläuterung angewendet werden. Dazu ist es notwendig, Aufgaben zu finden, bei denen das Anwenden der Strategien zur Lösungsfindung hilfreich oder erleichternd ist.

Zur methodischen Umsetzung solcher Anforderungen bietet sowohl das oben beschriebene Modell von Klauer als auch das Phasenmodell heuristischer Bildung von Bruder (2003) Orientierungsmöglichkeit. Bruder bezieht sich in ihrem Phasenmodell auf Költzsch (1979), der methodische Regeln einer heuristischen Lehrmethode formuliert wie beispielsweise, dass jede Strategie oder Regel an geschickt gewählten Beispielen eingeführt werden soll. Er betont aber auch die Wichtigkeit eigener Lösungswege.

Bei der Umsetzung des Trainingskonzepts wird die Orientierung an den verschiedenen Grundprinzipien deutlich: Das selbstständige Erkunden eines Phänomenbereichs durch die Schülerinnen und Schüler sowie das Nachdenken und Kommunizieren über das eigene Vorgehen bilden den Ausgangspunkt des Trainings. Darauf aufbauend werden mögliche Strategien in Form von Impulsen anhand einer geeigneten Aufgabenstellung eingeführt. Ausgehend davon, dass Erfahrungen im Bereich des Reflektierens eigener Bearbeitungsprozesse nicht bei allen Schülerinnen und Schülern vorausgesetzt werden können, folgt nun eine Phase, die losgelöst von eigenen Bearbeitungsprozessen, das Nachvollziehen von Vorgehensweisen in den Mittelpunkt rückt. Die Schülerinnen und Schüler sollen hier über eine vorgegebene fiktive Schülerlösung zu einem Problem kommunizieren. Ein großer Vorteil ist, die Kommunikation in dieser Phase kanalisieren zu können. Von Bedeutung ist dann im Anschluss, den Schülerinnen und Schülern die Möglichkeit zu geben, die erlernten Strategien anzuwenden. Übergeordnete Zielsetzung ist, dass die Schülerinnen und Schüler experimentelle Strategien unbewusst anwenden.

Das entwickelte Training besteht aus vier Phasen, die das Strategielernen strukturieren:

1. *Hinführung/Gewöhnung* (Aufgaben im Kontext): Am Beispiel einer Einführungsaufgabe werden die Schülerinnen und Schüler auf die Art der Aufgaben der Lernumgebung vorbereitet.

2. *Bewusstmachen/Explizieren von Strategien*: An einer einführenden Aufgabe werden Strategien eingeführt, die bei der Bearbeitung der Aufgabe nützlich sein können (Verankerung).
3. *Reflexion* der Verwendung von Strategien: Anhand einer vorgegebenen Schülerlösung soll das Vorgehen nachvollzogen und reflektiert werden.
4. *Transfer* (Übungsfeld für die Verwendung von Strategien): Die Verwendung der Strategien soll beim Bearbeiten der weiteren Aufgaben angeregt werden.

Der Erwerb von Strategien ist wie bereits angesprochen zunächst immer inhaltsgebunden. Für das Trainingskonzept müssen nun also im nächsten Schritt passende Inhalte gefunden werden, die unterschiedlichen Kriterien genügen. Sie müssen das Konzept des innermathematischen Experimentierens erlauben, aber auch curriculare Bedingungen beachten.

6.3.2 Auswahl der Inhalte

Das Verwenden experimenteller Strategien im innermathematischen Kontext erfordert Aufgabenstellungen, die es ermöglichen, eben diese Strategien einzusetzen. Auf Kriterien zur Auswahl von geeigneten Aufgaben für innermathematisches Experimentieren im Rahmen der Studie zur Untersuchung von Experimentierprozessen wurde in Kapitel 4 bereits eingegangen und können auch an dieser Stelle herangezogen werden. Die Aufgaben sollen (1) in ihrer Fragestellung offen sein, (2) eine Vielzahl von Vermutungen zulassen, (3) das Generieren von Beispielen problemlos zulassen und (4) minimales curriculares Wissen erfordern. Den beiden zuletzt genannten Kriterien kann bei der Aufgabenwahl für die Intervention weniger Gewicht beigemessen werden. Beim Einsatz im Klassenverband (gegenüber dem bei einzelnen Probanden in der Studie) kommen auch Aufgaben in Frage, bei denen eine große Anzahl von Beispielen benötigt wird. Auf curricularer Ebene ist eine inhaltliche Bindung unvermeidbar, wenn die Intervention unterrichtsnah sein soll.

Im Sinne des innermathematischen Experimentierens wäre eine möglichst frühzeitige Förderung experimenteller Strategien wünschenswert. Allerdings sollten die Schülerinnen und Schüler schon eine gewisse Routine im Umgang mit mathematischen Inhalten oder Zahleneigenschaften haben, um beim Erlernen von Strategien im Sinne der *cognitive load theory* nicht zu viele Ressourcen zu benötigen (vgl. auch Heinze, 2007). Da die Schülerinnen und Schüler über ihre eigenen Lösungswege, aber auch über die Strategien reflektieren sollten, waren außerdem gewisse metakognitive Fähigkeiten gefordert. Verschiedene Unterrichtsformen im Bereich des Problemlösens sind besonders in der Altersstufe 6.-8. Klasse am effektivsten (Hembree, 1992).

Zwei der Aufgaben, die in der Studie zur Untersuchung von Experimentierprozessen verwendet wurden, die Aufgaben „Treppenzahlen“ und „Produktbäumchen“, finden sich in einer Unterrichtseinheit des im Rahmen des Forschungsprojekt KOSIMA[35] entwickelten Schulbuchs „mathewerkstatt 6". Da in dieser Einheit auch innermathematische Inhalte wie Teilbarkeit und Primzahlen behandelt werden und sie darüber hinaus Einsichten in mathematische Strukturen vermitteln möchte, bot sich die Anbindung an dieses Konzept an. Eine Auswahl dieser Aufgaben konnte für die Zielsetzung der Förderung experimenteller Teilkompetenzen adaptiert werden, so dass sie, wie im Rahmen der qualitativen Studie bereits deutlich gemacht, ein großes Potenzial für den Einsatz experimenteller Strategien bieten. Schülerinnen und Schüler können hier Beispiele aufschreiben, Strukturen erkennen, Vermutungen formulieren und diese an Beispielen prüfen.

Diese inhaltliche Anbindung ist insofern von großer Bedeutung, weil Strategien nicht losgelöst von Inhalten erlernt werden können (z.B. Schoenfeld, 1985). Darüber hinaus muss der Inhalt für die Durchführung des Trainings innermathematisch sein. Für die Umsetzung der Studie ergibt sich ein weiterer Vorteil: neue Konzepte werden besser angenommen (auch von Schulleitungen und Eltern), wenn ihre Inhalte im Lehrplan verankert sind. Auf diese Weise verlieren die Lehrkräfte keine wertvolle Unterrichtszeit. Der Vergleich mit einer Kontrollgruppe wird bei solchen Themen auch erleichtert.

Die Integration von Trainingskonzept und mathematischen Inhalten zur Lernumgebung „Zahlenforschung" soll im folgenden Abschnitt dargestellt werden. Auf methodischer Ebene konnten dabei zusätzliche Elemente zur Unterstützung des Strategieerwerbs eingeflochten werden.

6.3.3 Lernumgebung „Zahlenforschung"

Die nachfolgende Tabelle 14 gibt einen groben Überblick über die Intervention[36]. Dabei werden die Trainingsphasen, zugehörige Aufgaben und die jeweilige Zielsetzung zusammengefasst.

Die erste Aufgabe hat als einzige Aufgabe einen Sachkontext, um den Schülerinnen und Schülern den Einstieg in die Erforschung von Zahlen und mathematischen Strukturen zu erleichtern (Phase 1). Als zweite Aufgabe folgt die Treppenzahlen-Aufgabe, an der das Verwenden der Strategien expliziert wird, die dann in der folgenden Produktbäumchen-Aufgabe ausprobiert und ausführlich thematisiert werden (Phase 2). Die beiden folgenden Aufgaben dienen der Sicherung der inhaltlich erworbenen Kenntnisse über Teiler und Primzahlen.

[35] „Kontexte für sinnstiftenden Mathematikunterricht" (www.ko-si-ma.de) Hußmann, Leuders, Prediger, and Barzel (2011)

[36] Methodische Hinweise zu den Aufgaben für die Lehrkräfte finden sich im Anhang.

Tabelle 14: Die Intervention im Überblick

Phase	Aufgabe	Zielsetzung
	Vorübung	Wiederholung der Division
		Gewöhnung ans Schreiben
		Übung Lehrer-Feedback zum Schreiben (Anleitung der SuS)
1	1 Schokoladentafeln	Einstieg in die Zahlenforschung
		Einführung des Forscherhefts
2	2 Treppenzahlen	Verankerung der Strategien
	3 Produktbäumchen-Spiel	Einführung der Impuls-Schlüssel
		Einsatz, Reflexion und Diskussion der Strategien und Impulse
	4 Teiler	Sicherung Primzahlbegriff
	5 Zahlen vollständig zerlegen	
3	6 Wichtige Schritte beim Zahlenforschen	Reflexion des Einsatzes der Strategien und Impulse anhand einer fiktiven Schülerbearbeitung
4	7 Dreiteilen	Einsatz und Reflexion der Strategien und Impulse
	8 Dreiteilen und Neunteilen	Sicherung Teilbarkeit
	9 Zweiteilen und Fünfteilen	
4	10 Zweifüßerzahlen	Einsatz und Reflexion der Strategien und Impulse
	11 Prüfe die Regeln	
	12 Zahlen mit Charakter	

Danach wird den Schülerinnen und Schülern eine fiktive Schülerlösung zur Problemstellung „Welche Zahlen haben drei Teiler? Wie sehen solche Zahlen aus?“ präsentiert. Die Schülerinnen und Schüler sollen hier eine vorgegebene Bearbeitung analysieren, nachvollziehen und mit den Impuls-Schlüsseln in Verbindung bringen (Phase 3). Drei Aufgaben beziehen sich dann auf das Finden und Formulieren von Teilbarkeitsregeln. Die restlichen drei Aufgaben sind so zusammengestellt, dass die Schülerinnen und Schüler hier auf der Basis der erlernten Strategien und Inhalte experimentell vorgehen können, indem sie die Impuls-Schlüssel benutzen (Phase 4). Die gesamte Einheit umfasst so ca. zehn Unterrichtsstunden.

Experimentelle Strategien werden den Schülerinnen und Schülern konkret als *Impulse in Form von Schlüsseln* im Sinne von Prompts (Hübner et al., 2007) dargeboten, die sie in der Einführungsphase einzeln einsetzen können und später als Schlüsselbund zur Verfügung haben. Der Vorteil, die Schlüssel zunächst einzeln benutzen zu können, liegt darin, dass die Schülerinnen und Schüler individuell entscheiden können, an welcher Stelle im Bearbeitungsprozess sie einen Impuls benötigen. Sie können sich dann einen passenden Schlüssel heraussuchen. Außerdem soll die Anordnung der Schlüssel den Schülerinnen und Schülern kein vorgefertigtes Rahmenmodell zum innermathematischen Experimentieren nahe legen, so dass die einzelnen Schritte „nur" nacheinander ausgeführt werden müssen. Zielsetzung dabei ist es, den Schülerinnen und Schüler eine Fragehaltung zu vermitteln sowie Neugier, Interesse und Motivation an innermathematischen Inhalten zu wecken ohne dabei eine strenge Vorgabe zu machen, wie genau sie vorgehen sollen im Sinne eines Algorithmus, der abgearbeitet werden soll. Der komplexe Prozess des Experimentierens kann zwar mittels des Kompetenzmodells modellhaft anhand von vier Schritten beschrieben werden, die tatsächlichen Vorgehensweisen der Schülerinnen und Schüler hingegen sind komplexer und individuell. Die Schlüssel haben hier die Funktion, den Schülerinnen und Schülern über Hürden hinweg zu helfen, indem man sie dazu anregt, selbst zu entscheiden, was in ihrem Bearbeitungsprozess im nächsten Schritt denkbar, möglich und sinnvoll ist. Folgende Impulse konnten die Schülerinnen und Schüler verwenden:

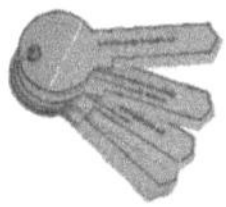

- Schreibe einige Beispiele auf.
- Schreibe Beispiele geordnet auf. (z.B. als Liste oder Tabelle)
- Suche eine andere Darstellung. (z.B. eine Zeichnung oder Rechnung)
- Schreibe eine Vermutung auf. (Was fällt dir auf?)
- Überprüfe deine Vermutung. (z.B. Finde ich ein Gegenbeispiel?)

Die Impulse lassen sich aus dem Kompetenzmodell zum innermathematischen Experimentieren ableiten: Die Schülerinnen und Schüler werden dazu aufgefordert, eigene Beispiele zur jeweiligen Aufgabenstellung zu notieren (Beispiele generieren). Sind schon Beispiele vorhanden, können sie nach unterschiedlichen Kriterien geordnet werden (Strukturierung). Oft ist es auch hilfreich, die Darstellungsart[37] zu wechseln, um eine Struktur zu erkennen. Vermutungen sollen explizit geäußert werden (Hypothesen aufstellen). Eine formulierte Vermutung muss in jedem Fall auf ihre Gültigkeit hin geprüft werden (Überprüfung).

Neben dem zentralen Element innermathematischen Experimentierens, besteht die Lernumgebung „Zahlenforschung" aus weiteren Bausteinen (vgl. Abbildung 18). Der Schwerpunkt der Untersuchung liegt auf experimentellen Prozessen. Elemente des Schreibens und des Kommunizierens sollen die Schülerinnen und Schüler im Experimentierprozess optimal unterstützen. Ein Wissensspeicher, Aufgaben zur Vertiefung mathematischer Inhalte, dient der Absicherung der Inhalte, an denen experimentellen Strategien verankert werden.

37 Schülerinnen und Schüler sehen beispielsweise auch vereinfachte Zeichnungen als andere Darstellung. Daher kann der Impuls der weiteren Aufgabenbearbeitung auch dann förderlich sein, wenn die Art der Darstellung nicht wirklich gewechselt wird.

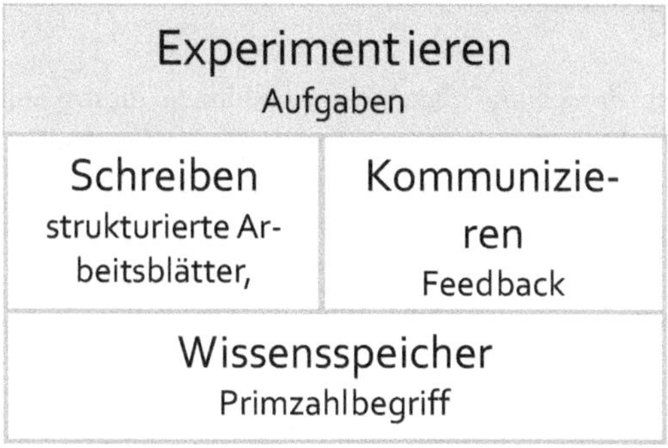

Abbildung 18: Elemente der Lernumgebung "Zahlenforschung"

Wie bereits mehrfach angedeutet, ist Reflexion und Kommunikation über Bearbeitungsprozesse und Vorgehensweisen ein zentraler Bestandteil Strategielernens. Aus diesem Grund wurde hier für die Aufgabenbearbeitung das Führen eines *Forscherheftes* gewählt, in dem alle Aufgabenbearbeitungen der Lernumgebung schriftlich dokumentiert werden sollen. Grundgedanke beim Einsatz von Forscherheften ist, „dass jeder Schüler und jede Schülerin mit individuellen Erfahrungen, Fähigkeiten und Erwartungen in ihre persönliche Lernsituation eintritt." (Hußmann, 2003, p. 75). Das Verschriftlichen individueller Gedanken soll dabei helfen, den eigenen Bearbeitungsprozess zu reflektieren und sich intensiv mit dem Thema auseinanderzusetzen (z.B. Gallin & Ruf, 1991; Waywood, 1992). Allerdings kann nicht davon ausgegangen werden, dass alle Schülerinnen und Schüler über Erfahrungen zum Schreiben im Mathematikunterricht verfügen. Aus diesem Grund wurde der hier vorgestellten Lernumgebung eine Vorübung vorangestellt, um sowohl den Schülerinnen und Schülern als auch den Lehrkräften den Einstieg in das Führen eines Forscherheftes zu erleichtern und eine gemeinsame Basis für die Lernumgebung zu schaffen. Gleichzeitig konnte mit dieser Vorübung einer aus der Pilotphase der Intervention hervorgegangenen Rückmeldung Rechnung getragen werden, dass die Division, insbesondere der schriftliche Algorithmus, nur noch wenigen Schülerinnen und Schülern präsent war und der Wunsch nach Aufgaben zu deren Wiederholung geäußert wurde. Inhaltlich geht es bei der Vorübung daher um Divisionsaufgaben, schriftliches Berechnen von Divisionsaufgaben und die Betrachtung von Resten bei der Division. Die Aufgaben wurden so gewählt, dass die Schülerinnen und Schüler eigene Entdeckungen machen konnten, wobei sie auf vorstrukturierten Arbeitsblättern ihren Bearbeitungsprozess festhalten sollten. Die Lehrkräfte waren dazu angehalten, den Schülerinnen und Schülern im Verlauf der Vorübung individuell Rückmeldung zu geben und sie so auf das Führen eines Forscherheftes vorzubereiten. Im Forscherheft selbst können die Impuls-Schlüssel den Schülerinnen und Schülern dabei helfen, ihre Gedanken in strukturierter Weise darzustellen.

6.4 Entwicklung des Testinstruments

Die zuerst genannte Forschungsfrage, der im Rahmen dieser Studie nachgegangen wird, ist die nach der Messbarkeit experimenteller Teilkompetenzen. Damit verbunden sind zwei wesentliche Zielsetzungen. Zunächst ist ein solches Werkzeug zur empirischen Validierung des Kompetenzmodells innermathematischen Experimentierens von Bedeutung. Die Tragfähigkeit des Modells zur Beschreibung der Struktur experimenteller Kompetenz kann also im Sinne einer empirischen Prüfung gestützt werden. Gleichzeitig ist ein solches Instrument notwendig, um den Erfolg des Förderkonzepts zu bewerten.

6.4.1 Operationalisierung experimenteller Teilkompetenzen

Wie bereits beschrieben, waren in der Pilotphase nicht alle vier genannten Teilkompetenzen psychometrisch trennbar. Zunächst wurden hierbei zu allen vier Teilkompetenzen Items entwickelt. In den Analysen konnte aber keine vierdimensionale Struktur nachgewiesen werden, was dazu führte, zwei der Teilkompetenzen testtheoretisch zu unterscheiden. Die beiden Teilkompetenzen – Strukturierung und Überprüfung – sind auch aus theoretischer Sicht eng mit den beiden anderen verbunden, wie sich bei der Operationalisierung zeigen wird. Im Modell repräsentieren diese beiden Teilkompetenzen die Richtungen der Raumwechsel von Beispiel- und Hypothesenraum, so dass sie zur Modellvalidierung als zentral erachtet werden können. Anhand dieser beiden Bereiche soll experimentelle Kompetenz psychometrisch erfasst werden:

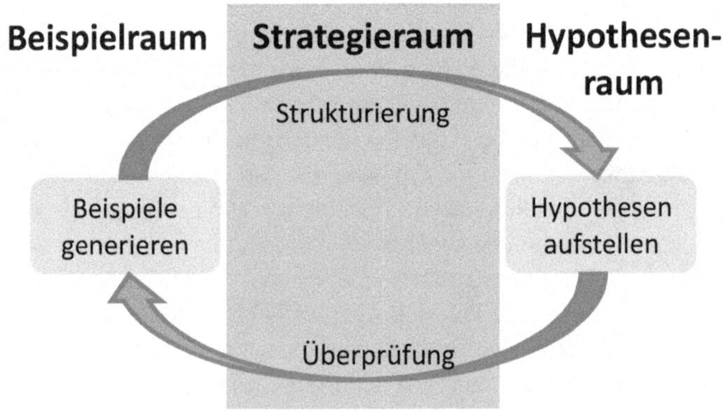

Abbildung 19: Kompetenzen im Drei-Räume-Modell

Die Aufgaben[38], die für den Test entworfen wurden, unterscheiden sich von Aufgaben zum eigenständigen innermathematischen Experimentieren derart, dass sie (mit Ausnahme einer Aufgabe) keinen kompletten Experimentierzyklus zulassen, sondern fokussiert die beiden beschriebenen Teilkompetenzen messen. Das bedeutet, dass entweder Beispiele oder Vermutungen vorgegeben waren, so dass die Schülerinnen und Schüler jeweils entsprechende Teilschritte vollziehen konnten. Bei der Förderung von Kompetenzen darf sich nach Klauer (1993) der Trainingseffekt nicht ausschließlich auf die trainierten Aufgaben beschränken. Allerdings sind solche Transfereffekte nicht immer leicht nachzuweisen (Klauer, 1993; Klauer, 2011). Aus diesem Grund wurde bei der Konstruktion der Aufgaben darauf geachtet, dass sie sich hinsichtlich ihrer „Transfernähe" unterscheiden. Es gab also Testaufgaben, die zur Intervention *inhaltsnah* waren und Testaufgaben, die *inhaltsfern* waren. In beiden Fällen liegt nach Klauer Transfer vor, da keine der Testaufgaben einer Aufgabe der Intervention entspricht. Ein Vorteil dieses Vorgehens liegt auch darin, dass überprüft werden kann, ob das Erlernen der Inhalte ohne Strategietraining zu einer höheren Leistung bei den inhaltsnahen Aufgaben im Test führt (was nicht der Fall war).

Im Bereich *Strukturierung* sollten die Schülerinnen und Schüler anhand vorgegebener Beispiele über deren mentale Strukturierung zu Vermutungen kommen und diese schriftlich festhalten. Um die Bewertung der Aufgaben nicht ausschließlich auf verbale Formulierungen zu beschränken, wurden in diesem Bereich weitere Aufgaben gestellt in der Form, dass Beispielstrukturen in weiteren Beispielen fortgesetzt werden sollten oder Beispiele nach eigenen strukturierenden Kriterien geordnet werden sollten. Auf diese Weise sollte weitgehend ausgeschlossen werden, dass der Erfolg bei einer Aufgabe möglicherweise von Verständnisschwierigkeiten abhängig war.

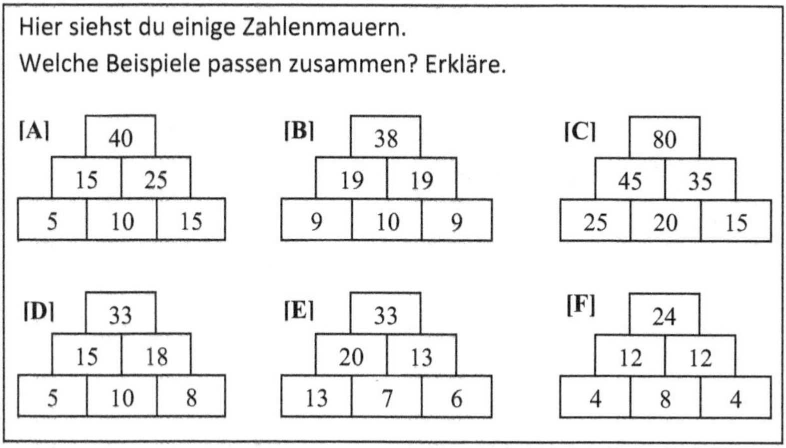

Abbildung 20: Inhaltsferne Beispielaufgabe zu "Strukturierung"

[38] Die in der Hauptuntersuchung eingesetzte Testversion findet sich im Anhang.

Im Bereich *Überprüfung* war eine Vermutung vorgegeben, die die Schülerinnen und Schüler an geeigneten Beispielen überprüfen sollten. Hier gab es zum einen Vermutungen, die durch ein Gegenbeispiel verworfen werden konnten. Das bedeutet, es musste zusätzlich zum Beispiel eine begründete Entscheidung getroffen werden, um sicher zu gehen, dass aus der Darstellung eines Gegenbeispiels auch der richtige Schluss zum Verwerfen der Vermutung gezogen wird, was aus der Erfahrung der Pilotphase an dieser Stelle keine Selbstverständlichkeit ist. Auf der anderen Seite gab es Vermutungen, die bestätigt werden sollten, indem die Schülerinnen und Schüler sie so lange an eigenen Beispielen (zumindest an mehreren als an einem einzigen Beispiel) absicherten bis sie überzeugt waren, dass die Vermutung gilt. An dieser Stelle waren die Schülerinnen und Schüler aufgefordert, ihre Entscheidung zu begründen. Es ging also hier nicht ausschließlich um eine Begründung des jeweiligen mathematischen Phänomens, sondern darum, die Entscheidung für die Bestätigung einer Vermutung zu erläutern. In der Pilotphase argumentierten Schülerinnen und Schüler beispielsweise auch, dass eine Vermutung stimme müsse, weil sich kein Gegenbeispiel auffinden lasse.

Meike und Paul haben beim Spielen mit Zahlen einige Regeln entdeckt.
Paul sagt:

Prüfe nach, ob die Regel stimmt. Begründe deine Antwort.

Abbildung 21: Inhaltsnahe Beispielaufgabe "Vermutung prüfen"

In der unten stehenden Tabelle werden noch einmal die unterschiedlichen Aufgabentypen zu den beiden Teilkompetenzen zusammengefasst:

Tabelle 15: Zuordnung von Aufgabentypen und Teilkompetenzen

Strukturierung: Über die Strukturierung von Beispielen zu Vermutungen kommen	**Überprüfung:** Vermutungen an Beispielen prüfen
Strukturen fortsetzen	Bestätigungsbeispiele finden
Beispiele ordnen	Gegenbeispiele finden
Vermutungen verbalisieren	Begründungen formulieren

6.4.2 Aufbau des Testinstruments

Der gesamte Test enthält mehrere Komponenten. Dazu gehört der im vorigen Abschnitt beschriebene inhaltliche Teil in Form von *Mathematikaufgaben*, die die beiden Teilkompetenzen Strukturierung und Überprüfung messen sollen. Um möglichen Schwierigkeiten, die durch das Nicht-Verstehen von Aufgaben bedingt sind, zu begegnen, wurden einigen Aufgaben *Verständnisaufgaben* vorangestellt, beispielsweise wurde in einer Aufgabe darauf eingegangen, was aufeinanderfolgende Zahlen sind, bevor die Schülerinnen und Schüler eine Vermutung dazu prüfen sollten. Vor dem Aufgabenteil bearbeiteten die Schülerinnen und Schüler einen Matrizentest[39], dessen ältere Fassung bereits zur Messung *induktiven Denkens* herangezogen wurde (Klauer, 1993). Den Rahmen des Tests bilden Fragebogenitems[40] zu den Bereichen *Selbstbild* bezüglich des Faches Mathematik sowie die *momentane Befindlichkeit vor und nach der Testbearbeitung*.

Neben den beiden inhaltlichen Konstrukten Strukturierung und Überprüfung, die als zentrale Fähigkeiten gemessen werden sollen, wurden mit dem Test also weitere Variablen erfasst, die den Erfolg des Trainings möglicherweise beeinflussen könnten (Moderatoren): Hierzu zählt das Geschlecht der Versuchsteilnehmer, die Noten in den Fächern Mathematik und Deutsch, die Fähigkeit des induktiven Denkens sowie das Selbstbild der Schülerinnen und Schüler und ihre momentane Befindlichkeit vor und nach der Testbearbeitung. Die Auswahl der zu erhebenden Daten lässt sich durch die Auswertung und Interpretation der Daten aus der Pilotphase erklären. Hier gab es bei der Analyse qualitativer Daten in Form von Interviews und Unterrichtsprotokollen beispielsweise Hinweise darauf, dass Jungen und Mädchen unterschiedlich mit den in der Intervention gebündelten Maßnahmen wie etwa der Benutzung der Impulsschlüssel umgehen. Das lässt die Hypothese zu, dass sich diese Unterschiede auch quantitativ nachweisen lassen, obwohl diese Daten keine Aussagen über die einzelnen Elemente

39 Entnommen aus dem Intelligenztest CFT 20-R.

40 Die Items sind aus PISA-Erhebungen entnommen (PISA-Konsortium Deutschland (2006); PISA-Konsortium Deutschland (2002)).

der Intervention wie beispielsweise nur den Schlüsseleinsatz erlauben, sondern über die Wirkung des „Gesamtpakets". Dennoch könnte sich das unterschiedliche Vorgehen auch in den Ergebnissen des Tests widerspiegeln.

Die Noten in den beiden Schulfächern wurden als Moderatorvariablen erhoben, um differenzierte Lernerfolge bei unterschiedlich leistungsstarken Schülerinnen und Schülern erfassen zu können, wohl wissend, dass Schulnoten lediglich als Anhaltspunkt dienen können und nicht unbedingt etwas über einen konkreten Fähigkeitsbereich wie beispielweise „Lesekompetenz" aussagen. Trotzdem wäre es möglich, dass es Schülerinnen und Schüler gibt, die bei allen Aufgaben erhebliche Schwierigkeiten haben, so dass hier zumindest tendenziell Überlegungen angestellt werden können, ob das mit allgemeinen oder fachspezifischen Leistungsschwierigkeiten einhergehen kann.

Die Fähigkeit zum induktiven Denken wurde in Form eines Matrizentests erfasst, bei dem Strukturen erkannt und fortgesetzt werden sollen. Hier liegt die Hypothese zugrunde, dass die Fähigkeit des induktiven Denkens mit der Kompetenz Strukturierung eng zusammenhängt beziehungsweise diese beeinflusst, da beim induktiven Denken Gleiches, Ungleiches sowie Beziehungen, also Merkmale und Relationen, betrachtet werden, also genau die Fähigkeiten, die beim Finden einer Vermutung gebraucht werden (vgl. Abschnitt 5.2.4.1).

Insgesamt benötigt man zur Durchführung des Tests eine Unterrichtsstunde, also 45 Minuten. Die Kürzung des Testumfangs erwies sich als wesentlich praktikabler und für die Schülerinnen und Schüler weniger ermüdend als die erste Fassung bei der Pilotierung, die insgesamt 90 Minuten Testzeit beanspruchte. Um den Test zu standardisieren, hatte jede der Aufgaben eine vorgegebene Bearbeitungszeit. Instruktionen, die bei der Testdurchführung allgemein beziehungsweise speziell zu einzelnen Aufgaben gegeben werden sollten, wurden in schriftlicher Form festgehalten, so dass eine standardisierte Durchführung in allen Versuchsklassen gegeben war.

6.4.3 Testkodierung

Der Fragebogen wurde gemäß der Quellen der Items (PISA-Konsortium Deutschland, 2006; PISA-Konsortium Deutschland, 2002) mit einer vierstufigen Likert-Skala gemessen, beim Matrizentest wurde die Anzahl der richtigen Antworten erfasst, so dass hier Werte im Bereich von 0 bis 15 vorkamen. Verständnisaufgaben dienten der Sicherung des Aufgabenverständnisses von nachfolgenden Aufgaben, gingen aber nicht in die Auswertung ein.

Die Antwortformate der Testaufgaben sind offen. Auf diese Weise kann das Anwenden der erlernten Strategien überprüft werden. Allerdings ist der Aufwand der Auswertung recht hoch. Ökonomischer sind in dieser Hinsicht gebundene Formate mit einer Auswahl an Antwortalternativen (Multiple Choice Tests). Ein großer Nachteil solcher Formate ist jedoch, dass Lösungen erraten werden (Rost, 1996; Bühner, 2006).

Bei Aufgaben im Bereich „Strukturierung“ wurde die Anzahl der inhaltlich passenden und nachvollziehbaren Vermutungen sowie deren inhaltliches Niveau erfasst. Dabei wurden zwei Niveaustufen unterschieden, zum einen Vermutungen, die Strukturen beschreiben und zum anderen Vermutungen, die darüber hinaus Zusammenhänge beschreiben. Dieser Unterschied lässt sich gut an einem Beispiel verdeutlichen:

Zwei Beispiele für von Schülerinnen und Schülern formulierte Vermutungen bei der Aufgabe in Abbildung 22 sind:

1) „…dann stehen in der mittleren Reihe auch die gleichen Zahlen“
2) „…dann steht im Zielstein das Vierfache der Zahl im Grundstein“

Vermutung 1) wurde als deskriptive Vermutung, also Niveaustufe 1, gewertet, während Vermutung 2) als zusammenhangsbeschreibende Vermutung aufgefasst wurde, da sie einen Zusammenhang zwischen den Zahlen im Grundstein und im Zielstein herstellt (Niveaustufe 2). Bei Items, die Strukturen verbal ausdrücken sollten und bei Items, bei denen Ordnungskriterien formuliert werden sollten, wurde in gleicher Weise kodiert.

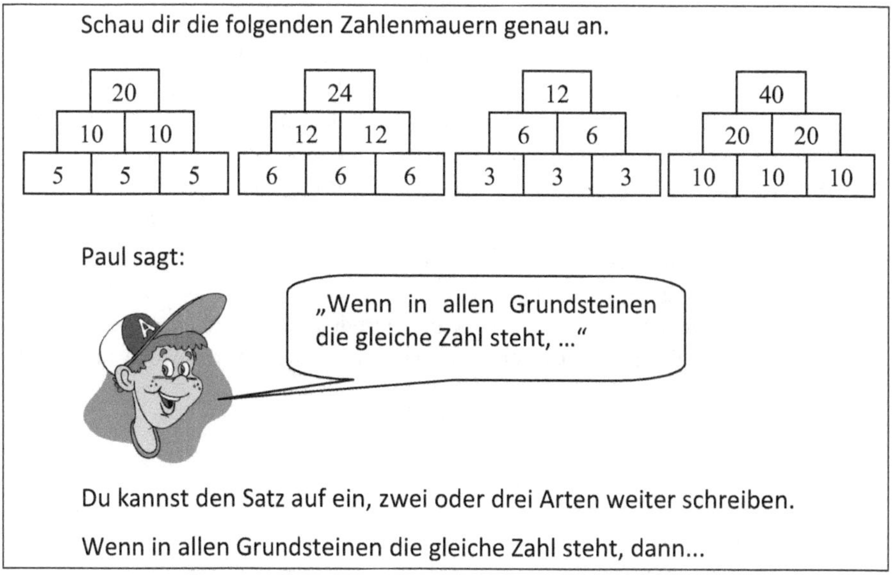

Abbildung 22: Beispielaufgabe "Strukturierung"

Im Bereich „Überprüfung“ wurde sowohl die Wahl der Beispiele (oder des Beispiels) bewertet als auch die Entscheidung, ob die jeweilige Vermutung bestätigt oder verworfen wurde, also die Entscheidung, die aus der Betrachtung der eigenen Beispiele gefolgert wurde. Bei den Beispielen wurde differenziert, ob bei einer Bestätigung mehrere Beispiele (3), lediglich eines (2), ein fehlerhaftes oder nicht zur Aufgabe passendes (1) oder gar kein Beispiel (0) aufgeschrieben wurde. Beim Verwerfen wurde unterschieden, ob ein Gegenbeispiel (3), ein Bestätigungsbeispiel (2), kein passendes (1) oder gar kein Beispiel (0) verwendet wurde. Bei der Entscheidung für oder gegen eine Vermutung wurden fünf Stufen unterschieden: Richtige Entscheidung mit schlüssiger (aus der Aufgabenbearbeitung ableitbar/nachvollziehbar) Begründung (4), richtige Entscheidung (3), Entscheidung für beides (2), falsche Entscheidung (1), keine Entscheidung (0). Bemerkenswert ist an dieser Stelle, dass es für Schülerinnen und Schüler unproblematisch ist, eine Vermutung als teilweise falsch und teilweise richtig anzuerkennen beziehungsweise zu sagen „es stimmt manchmal", also die Einsicht in das *tertium non datur* bei Aussagen nicht als selbstverständlich angesehen werden kann.

Vermutungen, die inhaltlich falsch waren und Beispiele, die Rechenfehler enthielten, wurden durchgängig mit null Punkten bewertet. Dieser Umstand erscheint erwähnenswert, da beispielsweise bei Aufgaben, bei denen Vermutungen geprüft werden sollen, Rechenfehler Bestätigungsbeispiele in Gegenbeispiele „verwandeln" können, so dass beim Verwerfen der Aussage dann die Strategie zwar richtig angewandt wurde, dies bei der Kodierung aber nicht erfasst wird. In der Pilotphase wurde in so einem Fall die Aufgabe als richtig bewertet. Es erwies sich jedoch als sehr schwierig und teilweise nicht konsequent durchführbar, in allen fehlerhaften Ausführungen die richtige Vorgehensweise zu suchen. Daher wurde die Entscheidung getroffen, die Kodierung in der Hauptuntersuchung dahingehend zu verändern und den damit verbundenen Informationsverlust hinsichtlich der richtig angewandten Strategie in Kauf zu nehmen. Insbesondere um bei der Kodierung jegliche willkürlich scheinende Bewertung zu vermeiden, die letztlich zu Lasten der Objektivität des Testinstruments gehen würde.

Eine solche Kodierung zielt auf quantitative Vergleiche und fokussiert daher bestimmte Aspekte. Allerdings geht damit ein Informationsverlust einher. Die Bearbeitungen der Schülerinnen und Schüler können als Eigenproduktionen betrachtet werden und haben daher auch diagnostisches Potenzial, das im Rahmen dieser Arbeit ungenutzt bleibt.

6.5 Methodisches Vorgehen

6.5.1 Design der Studie

Der Frage nach der Wirksamkeit des Trainings liegt die Hypothese zugrunde, dass Lernende, die an einem Training experimenteller Teilkompetenzen teilnehmen, eine höhere Ausprägung experimenteller Kompetenz aufweisen als Lernende, die nicht an dem Training teilnehmen. Die Prüfung dieser Hypothese wird in einem Zwei-Gruppen-Plan (Bortz & Döring, 2006) realisiert.

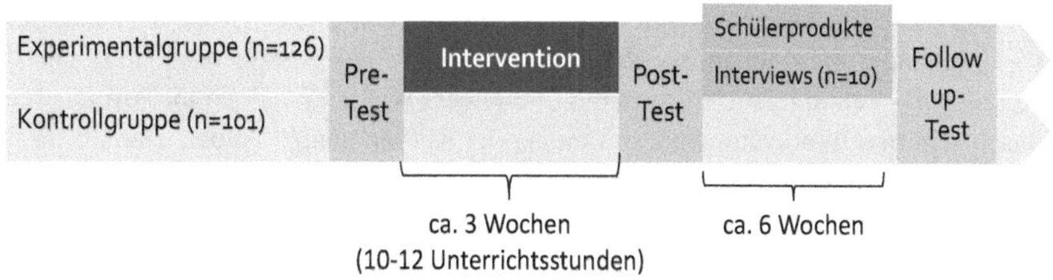

Abbildung 23: Design der Studie

Der im letzten Abschnitt beschriebene Test wurde in beiden Gruppen zu drei Zeitpunkten durchgeführt: direkt vor der Intervention (Pre-Test), drei Wochen später direkt nach der Intervention (Post-Test) und ein drittes Mal mit einem Abstand von sechs Wochen (Follow-up-Test). Die Vergleichbarkeit der beiden Gruppen kann anhand der Pre-Test-Ergebnisse geprüft werden, die Wirksamkeit und auch die Nachhaltigkeit der Intervention kann anhand der beiden Post-Messungen untersucht werden. Um die Wirkung von möglichen Einflüssen kontrollieren zu können, wurden mögliche Moderatorvariablen erhoben (vgl. Abschnitt 6.4.2).

Im Rahmen der Hauptuntersuchung wurden insgesamt zehn Interviews mit Schülerinnen und Schülern der Experimentalgruppe geführt. Hintergrund war die aus der Pilotphase begründete Annahme, dass unterschiedlich starke Schülerinnen und Schüler auf unterschiedliche Art und Weise von dem Training profitieren. Um dieser Frage in nachfolgenden Studien nachzugehen, wurden für die Interviews Schülerinnen und Schüler unterschiedlicher Leistungsstärke[41] im Fach Mathematik ausgewählt, die auf freiwilliger Basis an dem Interview teilnahmen. Auch Schülerprodukte in Form der Forscherhefte liegen als Datenmaterial vor, das im Rahmen dieser Studie nicht weiter verwendet wird. Diese Maßnahme hatte bei der Studie die Funktion, Bearbeitungsprozesse zu dokumentieren und zu reflektieren. Gleichzeitig konnte damit kontrolliert werden, ob alle Klassen alle Pflichtaufgaben bearbeitet hatten. Sowohl die Interviews als auch die Forscherhefte hatten ebenso eine absichernde Funktion. Sie hätten ausgewertet werden können, wenn das Training (oder das Testinstrument) keine Erfolge gezeigt hätte. So hätte man möglicherweise Rückschlüsse ziehen können.

[41] Die Auswahl der Schülerinnen und Schüler erfolgte durch die jeweiligen Lehrkräfte und stammten aus drei verschiedenen Klassen der Experimentalgruppe.

6.5.2 Quasi-experimentelle Untersuchungsanordnung

Zur Klärung der Forschungsfrage nach der Förderbarkeit experimenteller Kompetenz bietet sich dieses quasi-experimentelle Design an, da „natürliche" Gruppen (Schulklassen) miteinander verglichen werden können (Cook & Campbell, 1979). Quasi-experimentelle Felduntersuchungen sind „besonders wichtig, weil sie hier oft das methodisch schärfste Werkzeug sind, das eingesetzt werden kann" (Huber, 2002, p. 197). Eine solche in der Schule durchgeführte Untersuchung hat eine hohe externe Validität, das bedeutet, dass Ergebnisse in gewissem Maß generalisiert werden können, da die Studie in natürlichem Setting stattfindet. Die interne Validität ist hoch, wenn Effekte auf den vorgenommenen Eingriff, das Training, zurückgeführt werden können. Dazu ist es notwendig, weitere Variable, die Ergebnisse beeinflussen könnten, zu kontrollieren, indem man sie beispielweise konstant hält (Amelang & Schmidt-Atzert, 2006; Bortz & Döring, 2006; Huber, 2002).

Unabhängige Variable ist in dieser Interventionsstudie die Teilnahme beziehungsweise Nichtteilnahme an der Intervention, in die das Training experimenteller Teilkompetenzen integriert ist. Die *abhängige Variable* ist das zielführende Anwenden bzw. Nichtanwenden von experimentellen Strategien. Mögliche Moderatorvariable (vgl. Abschnitt 6.4.2), die bei der Untersuchung berücksichtigt werden, sind Schulleistungen im Fach Mathematik und Deutsch sowie die Fähigkeit induktiv zu denken. Außerdem können das Selbstkonzept in Bezug zum Fach Mathematik und momentane Motivation in der Testsituation Einfluss auf die Ergebnisse haben.

Zugleich wurde versucht, die Unterrichtssituation möglichst natürlich zu belassen, indem beispielsweise die gewohnten Lehrkräfte den Unterricht durchführten, um keine personenbezogenen Wirkungen zu erzielen. Um einen Austausch der Lehrkräfte, die den verschiedenen zu vergleichenden Gruppen angehörten, möglichst zu vermeiden, wurden Schulen, bei denen mehrere Klassen teilnahmen, immer einer Gruppe zugeordnet. Dabei wurde darauf geachtet, dass eine Mischung der Schulen hinsichtlich ihrer Lage (Stadt, Land, Stadtgebiet) in beiden Gruppen gewährleistet war. Ebenso gab es in beiden Gruppen Lehrkräfte unterschiedlichen Alters und Geschlechts. Auf diese Weise sollte das Untersuchungsfeld möglichst genau schulischer Realität entsprechen, um ökologische Validität zu sichern (z.B. v. Saldern, 1995). Eingeschränkt wird die ökologische Validität durch den Umstand, dass die Teilnahme an der Studie auf Freiwilligkeit der Lehrkräfte beruhte. Im Hinblick auf einen künftigen Einsatz der Lernumgebung im Mathematikunterricht ist eine möglichst realitätsnahe Umsetzung von besonderer Bedeutung.

6.5.3 Stichprobe

In Abhängigkeit der gewählten Unterrichtsinhalte (Primzahlen und Teilbarkeit) wurde die Lernumgebung in der Jahrgangsstufe 6 an Realschulen eingesetzt. Die Festlegung auf diese Schulart hat zweierlei Gründe: zum einen wurde die Unterrichtseinheit, die als Grundlage für die Intervention diente für diese Schulart konzipiert und zum anderen zeigte sich in der Pilotstudie ein signifikanter Unterschied zwischen den beiden dort untersuchten Schularten Realschule und Hauptschule hinsichtlich des Interaktionseffekts. Letztlich ist nicht geklärt, ob dieses Ergebnis durch die geringe Größe der Stichprobe verursacht wurde oder ob es ein Hinweis sein könnte, dass gewisse Voraussetzungen für das Erlernen übergreifender Strategien gegeben sein müssen. In der Hauptuntersuchung wurde diesem Umstand Rechnung getragen, indem Voraussetzungen, die mit dem Erlernen dieser speziellen experimentellen Strategien theoretisch in Verbindung gebracht werden können, erfasst wurden. Die gesamte Stichprobe umfasste 227 Schülerinnen und Schüler.

6.5.4 Ablauf

Die Intervention wurde nach der Erprobung in insgesamt sechs Schulklassen (n=126) durchgeführt. Fünf weitere Schulklassen dienten in diesem Rahmen als Kontrollgruppe (n= 101). Die Zuteilung der einzelnen Schulklassen zur Experimental- bzw. Kontrollgruppe war nur teilweise randomisiert, da Lehrkräfte der gleichen Schule derselben Gruppe zugeordnet wurden. Eine zufällige Zuteilung der einzelnen Schülerinnen und Schüler machte einerseits aus unterrichtsorganisatorischen Gründen wenig Sinn und andererseits sollten die Lernbedingungen der Schülerinnen und Schüler möglichst konstant gehalten werden, um Einflüsse, die nicht unmittelbar mit der Intervention zusammenhängen, einzugrenzen.

Zu allen Aufgaben der Intervention erhielten die Lehrkräfte methodische Vorschläge zur Umsetzung und Lösungshinweise, d.h. in der methodischen Gestaltung bestand die Freiheit, die Lernumgebung der jeweiligen Klassensituation anzupassen. Das Bearbeiten der Aufgaben in den Forscherheften war verpflichtender Teil der Intervention, ebenso der Einsatz der Impuls-Schlüssel.

Alle Schülerinnen und Schüler wurden von ihren Mathematiklehrkräften unterrichtet und behandelten für den Zeitraum von drei Wochen dieselben Unterrichtsinhalte (auch die der Vorübung). Die Lehrkräfte in den Experimentalklassen setzten die Lernumgebung ein, in die das Strategietraining eingebettet war, die Lehrkräfte der Kontrollklassen unterrichteten die Inhalte nach ihrem jeweiligen Schulbuch. Derselbe Inhalt ist in verschiedenen Lehrwerken auf unterschiedliche Art und Weise umgesetzt, was in diesem Zusammenhang eher günstig ist, da die Studie nicht auf einen Vergleich von zwei bestimmten Unterrichtskonzepten abzielt, sondern auf die Wirkung des entwickelten Strategietrainings. Die Schülerinnen und Schüler beider Gruppen nahmen im selben Zeitabstand vor und nach der Intervention an dem dafür entwickelten Test teil.

Um die Versuchsbedingungen zu kontrollieren und somit die interne Validität der Studie zu erhöhen, aber auch um einen optimalen Ablauf der Intervention zu gewährleisten, wurden folgende Maßnahmen ergriffen: In allen Experimentalklassen wurden mehrere Unterrichtsstunden gefilmt, um Aufschluss über tatsächlich stattfindende Kommunikation über die zur erlernenden Strategien zu bekommen. Alle Lehrkräfte gaben schriftliche Rückmeldung zum Einsatz jeder Aufgabe der Lernumgebung, beispielsweise ob die jeweilige Aufgabe von den Schülerinnen und Schülern im Unterricht oder zu Hause bearbeitet wurde, ob Aufgaben ausgelassen wurden oder welche Schwierigkeiten es gab[42]. Daneben wurden alle Schülerbearbeitungen in einem Forscherheft gesammelt. Die Lehrkräfte der Kontrollklassen gaben an, welche Aufgaben welchen Lehrwerks sie in ihrer Klasse während der Intervention einsetzten.

Auf diese Weise wurden zusätzliche Daten erhoben, die im Rahmen dieser Arbeit nicht mehr umfassend ausgewertet werden können, die aber über verschiedene Anschlussfragestellungen wie beispielsweise, inwiefern unterschiedlich leistungsstarke Schülerinnen und Schüler die Elemente der Lernumgebung unterschiedlich nutzen oder ob sich bei den Geschlechtern in dieser Hinsicht einen Unterschied zeigt. Hinweise auf diese und ähnliche Fragestellungen konnten in der Pilotphase gewonnen werden. Im folgenden Kapitel sollen aber nun die eingangs gestellten leitenden Forschungsfragen beantwortet werden.

42 In der Pilotierung konnte mittels dieser Methode eine gut begründete Aufgabenwahl für die Hauptuntersuchung getroffen werden.

7 Auswertung der Daten und Ergebnisse

Innermathematisches Experimentieren wird im Rahmen dieser Arbeit in zweierlei Hinsicht konzeptualisiert, zum einen als mathematischer Prozess, zum anderen aber auch als experimentelle Kompetenz. Um die Validität einer solchen Perspektive empirisch zu stützen, werden zwei wesentliche Wege beschritten, die sich zu folgenden Fragestellungen verdichten lässt (vgl. Abschnitt 6.1):

3. Inwiefern sind die Teilkompetenzen innermathematischen Experimentierens psychometrisch erfassbar und unterscheidbar?
4. Inwiefern können Teilkompetenzen des innermathematischen Experimentierens durch ein gezieltes Training gefördert werden?
   a. Ist das Training wirksam?
   b. Welche Einflüsse wirken?

Voraussetzung für die Entwicklung eines Konzepts zur Förderung experimenteller Kompetenz im Sinne der zweiten Frage ist die Operationalisierung experimenteller Teilkompetenzen (vgl. Abschnitt 6.4.1). Im Folgenden werden die erhobenen Daten daraufhin untersucht, inwiefern sie die theoretische Sichtweise auf innermathematisches Experimentieren als experimentelle Kompetenz untermauern. Dabei ist die empirische Überprüfung der intendierten Zweidimensionalität des Konstrukts „experimentelle Kompetenz" bedeutsam. Die beiden Dimensionen erwachsen aus den Bereichen *Strukturierung* und *Überprüfung* und charakterisieren somit abduktive und induktive Prozesse beim innermathematischen Experimentieren. Im Drei-Räume-Modell beschreiben die genannten Dimensionen somit die Richtungen der Raumwechsel zwischen Beispiel- und Hypothesenraum (vgl. Abschnitt 5.2.3).

Die Frage inwiefern experimentelle Kompetenz hinsichtlich dieser beiden Dimensionen gefördert werden kann, wird im Anschluss daran verfolgt. Aufschluss gibt hier der Vergleich der Trainingsgruppe mit der Kontrollgruppe. Ob der Erfolg des Trainings von weiteren erhobenen Faktoren beeinflusst wird und welche das sind, wird ergänzend analysiert. In einem ersten Schritt wird zunächst die Güte des eingesetzten Testinstruments überprüft. Damit wird der Frage nach der psychometrischen Erfassbarkeit experimenteller Teilkompetenzen nachgegangen.

7.1 Qualität des Testinstruments

Entsprechend der klassischen Testtheorie werden Objektivität, Reliabilität und Validität des Tests überprüft (Bortz & Döring, 2006, p. 193). Zur Sicherung der *Objektivität* wurden bei der Testdurchführung genaue Durchführungsinstruktionen formuliert, die wortgetreu wiedergegeben wurden. Bei der Auswertung (Kodierung) wurde darauf geachtet, dass die Fähigkeiten, die gemessen werden sollen, so in Items zerlegt wurden, dass die Vergabe von Testpunkten ohne individuelle Deutungen erfolgen konnte, obwohl ein offenes Antwortformat vorlag (vgl. Abschnitt 6.4.3). Das Kodierschema wurde im Rahmen einer größeren Expertenrunde durch konsensuelle Kodierung (vgl. beispielsweise Friebertshäuser & Prengel, 2003) problematischer Lösungen diskutiert und optimiert, so dass übereinstimmend festgelegt werden konnte, wie der Test ausgewertet werden soll. Zur Prüfung der *Reliabilität* wurde der Alpha-Koeffizient von Cronbach herangezogen, um zu erfassen, inwieweit ein Bündel von Items ein bestimmtes Merkmal misst (Bortz & Döring, 2006). Es wird angenommen, dass das hier verwendete Testinstrument zwei verschiedene Teilaspekte des innermathematischen Experimentierens misst, das bedeutet, die Items, die zu einer Skala gebündelt werden, sollten hoch korrelieren, während die beiden Skalen untereinander niedrig korrelieren sollten. Die inhaltliche *Validität* (Bortz & Döring, 2006, p. 199), wurde durch die Operationalisierung der Teilkompetenzen gesichert (vgl. Abschnitt 6.4.1).

Da die Items zu den beiden inhaltlichen Bereichen Strukturierung und Überprüfung mit unterschiedlicher Anzahl von Stufen kodiert wurden, wurden alle Variablen im Nachhinein gleichgewichtet. Hierzu wurde die maximale Itemausprägung mit einem Faktor multipliziert und anschließend dividiert. Alle Punktzahlen befinden sich daher im Intervall von null bis vier, so dass alle Items gleichermaßen in die Skalen eingehen. Alle Schülerinnen und Schüler, die sowohl den Pre-Test als auch den Post-Test[43] bearbeitet haben, wurden in die Analysen mit einbezogen. Das bedeutet, Schülerinnen und Schüler, die ausschließlich den Follow-up-Test nicht absolviert haben, sind dort mit fehlenden Werten gekennzeichnet.

7.1.1 Skalenniveau

Die so beschriebene Kodierung führt auf eine Ordinalskala. Ob die Skalierung darüber hinaus den Kriterien einer Intervallskalierung entspricht, kann nicht empirisch geprüft werden, da die Abstandsgleichheit nicht operationalisiert werden kann. Die Entscheidung, welches Skalenniveau angenommen werden kann ist insofern von Bedeutung, als dass sie die Anwendung vieler statistischer Verfahren zur Auswertung der Daten beeinflusst. Bortz und Döring (2006) stellen fest: „Die übliche Forschungspraxis verzichtet auf eine empirische Überprüfung der jeweiligen Skalenaxiomatik. Die meisten

[43] Versuchsteilnehmer, die nur an einem der beiden Tests teilgenommen haben, wurden aus der Analyse ausgeschlossen.

Messungen sind „per-fiat“-Messungen [...], die auf Erhebungsinstrumenten [...] basieren, von denen man annimmt, sie würden das jeweilige Merkmal auf einer Intervallskala messen.“(Bortz & Döring, 2006, p. 74). Dahinter stehe die Annahme, dass die „Bestätigung einer Forschungshypothese durch die Annahme eines falschen Skalenniveaus eher erschwert wird. Anders formuliert: Läßt sich eine inhaltliche Hypothese empirisch bestätigen, ist dies gleichzeitig ein Beleg für die Richtigkeit der skalentheoretischen Annahme.“ (Bortz & Döring, 2006, p. 74). In diesem Sinne wird vorerst Intervallskalenniveau angenommen, um hier differenzierte statistische Verfahren anwenden zu können, vor allem im Hinblick auf Fragestellungen, die Kovarianzanalysen erfordern. Allgemein werden die gängigen Analyseverfahren als sehr robust gegenüber einer Verletzung des Skalenniveaus beschrieben (beispielsweise Rudolf & Müller, 2004).

7.1.2 Itemanalyse

Die Analyse der Items des Testinstruments wurde im Rahmen von zwei Pilotierungsphasen durchgeführt, um den Itempool für die Hauptuntersuchung zu optimieren. In einer ersten Pilotierungsphase des Testinstruments wurden die Items zunächst nach inhaltlichen Gesichtspunkten und Verständnishürden bewertet, in einer zweiten Phase bezüglich ihrer Schwierigkeit und Trennschärfe. Auf diese Weise konnte die Anzahl der Items (und die damit verbundene Testzeit) erheblich verkürzt werden, was die Praktikabilität des Tests deutlich erhöht. Eine weitere Itemanalyse scheint bei deutlich größerer Stichprobe an dieser Stelle sinnvoll, um die Qualität des Testinstruments umfassender bewerten und durch Itemselektion erhöhen zu können.

Zur Beurteilung der Items wurden zunächst zwei Kriterien herangezogen: Die *Itemschwierigkeit* sollte nicht in den unteren bzw. oberen 20% liegen (Bortz & Döring, 2006, p. 218). Im hier vorliegenden Fall wäre also ein Mittelwert zwischen 0,8 und 3,2 wünschenswert, da sehr leichte bzw. sehr schwere Items von fast allen bzw. von fast keiner Person gelöst werden und daher wenig Information zur Ausprägung experimenteller Kompetenz enthalten. Daneben wird der *Trennschärfe*koeffizient der einzelnen Items betrachtet. Die Werte sollten idealer Weise über 0,3 liegen (Lienert, Raatz, & Lienert-Raatz, 1998), Items mit Werten darunter sollten unter inhaltlichen Gesichtspunkten noch einmal auf ihre Eignung geprüft werden. Als Basis für zu eliminierende Items wurde der zweite Messzeitpunkt (Post-Messung) gewählt unter der Annahme, dass die entsprechenden Itemkennwerte nach Durchführung des Trainings aussagekräftiger sind als bei der Pre-Messung, weil die (inhaltlichen) Fähigkeiten erst zu diesem Zeitpunkt ausgebildet sind. Gemessen werden sollen hier Konstrukte in einem Bereich der Mathematik, die traditionell eher nicht als Lehrplaninhalt bezeichnet werden können und sich daher erst im Verlauf der Intervention ausbilden. Damit ist zu erwarten, dass die Items auch dann erst deutlicher zwischen guten und schlechten Aufgabenlösungen trennen.

In den folgenden Darstellungen wird die Streuung der Variablenwerte deutlich[44]:

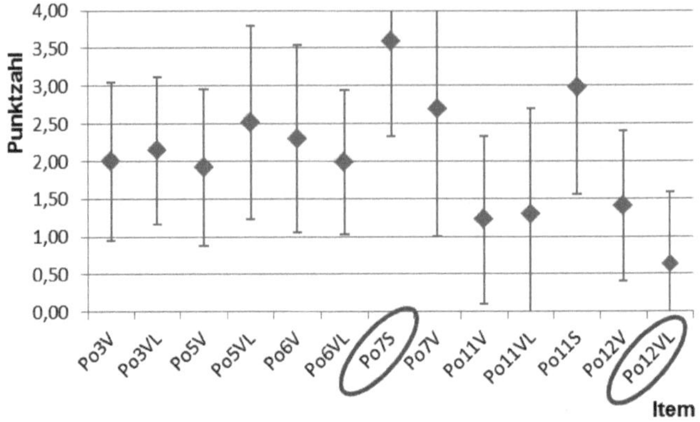

Abbildung 24: Strukturierung: Mittelwerte und Standardabweichung

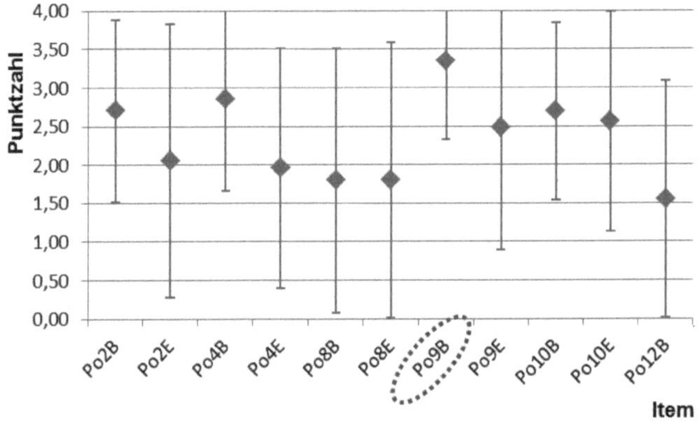

Abbildung 25: Überprüfung: Mittelwerte und Standardabweichung

Konsequenzen für die weitere Analyse ergeben sich folgendermaßen: nach Betrachtung der Mittelwerte bleiben zwei Items (7S und 12VL) unberücksichtigt, da sie zur Unterscheidung der Probanden nicht beitragen (siehe Markierung im Diagramm). Ein drittes Item (9B, Markierung gestrichelt) wird unter Berücksichtigung der Trennschärfe (hier: 0,5) beibehalten. Diese Ausnahme hat einen weiteren Grund:

[44] Die Benennung der Items setzt sich aus Messzeitpunkt (Pre=Pre-Test, Po=Post-Test, Fu=Follow-up-Test), Aufgabennummer (1-12) und Buchstabe(n) als Kürzel (V=Vermutung, VL=Vermutungslevel, S=Struktur, B=Beispiele, E=Entscheidung)

Meike und Paul haben beim Spielen mit Zahlen einige Regeln entdeckt.
Paul sagt:

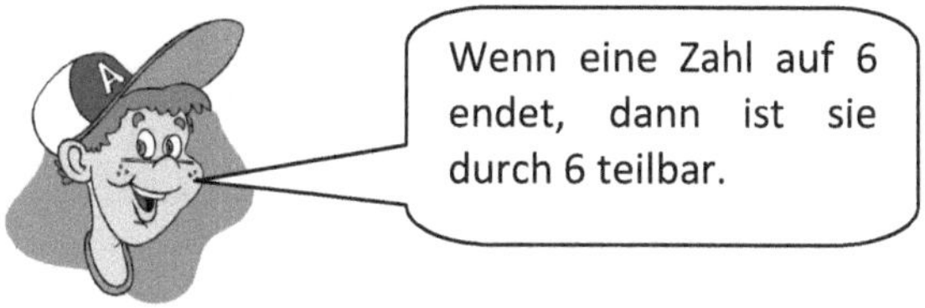

Prüfe nach, ob die Regel stimmt. Begründe deine Antwort.

Abbildung 26: Aufgabe 9

Mit dem Item wird die Güte von den von den Schülerinnen und Schülern gewählten Beispielen erfasst, um eine Vermutung zu prüfen. Das nachfolgende Item (9E) misst dann die Schlüssigkeit der daraus resultierenden Entscheidung über die Wahrheit der gegebenen Vermutung, so dass die beiden Items erst durch gemeinsame Betrachtung ein sinnvolles Bild der Lösung ergeben. Gerade bei Vermutungen, die widerlegt werden sollen, ist das von besonderer Bedeutung, da auch Bestätigungsbeispiele gefunden werden können und es für Schülerinnen und Schüler neben den Entscheidungen „wahr" und „falsch" häufig auch ein „in manchen Fällen" gibt.

Nach Betrachtung der Trennschärfe werden im Bereich Strukturierung zunächst alle verbliebenen Items beibehalten, da sämtliche Werte über dem genannten akzeptablen Wert von 0,3 liegen.

Im Bereich Überprüfung werden aufgrund der Trennschärfe und weil sie die Reliabilität der Skala nicht erhöhen würden drei Items (4B, 4E, 12B) aus der weiteren Analyse ausgeschlossen. Für die restlichen Items im Bereich Überprüfung ergeben sich dann Trennschärfekoeffizienten über 0,3. Der Ausschluss von Aufgabe 4 lässt sich auch aus inhaltlicher Sicht begründen:

In einer 3-reihigen Zahlenmauer soll im Zielstein eine gerade Zahl stehen.
Meike sagt:

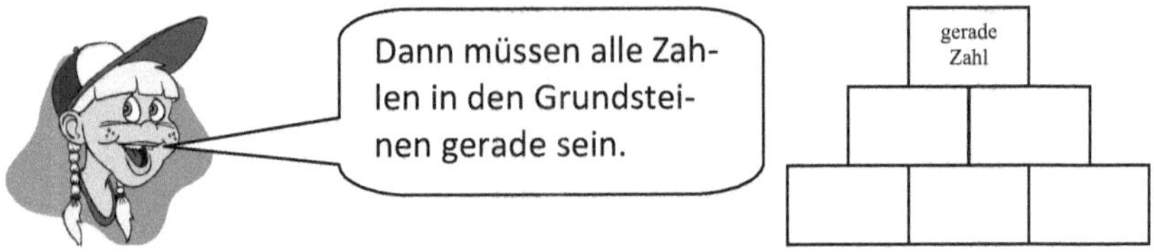

Überprüfe Meikes Aussage an einem Beispiel und erkläre.

Abbildung 27: Aufgabe 4

Viele Schülerinnen und Schüler haben die Aussage in der Aufgabe anders verstanden als ursprünglich intendiert, nämlich „wenn in den Grundsteinen gerade Zahlen stehen, ist auch der Zielstein gerade“ anstelle von „wenn der Zielstein gerade sein soll, müssen alle Zahlen in den Grundsteinen auch gerade sein“. Aus diesem Grund ergibt sich bei der Argumentation ein inkonsistentes Bild: Im ersten Fall ist die Aussage wahr und kann begründet werden, während im zweiten Fall ein Gegenbeispiel die Aussage widerlegen würde. Aufgrund der ambivalenten Interpretation der Fragestellung, können die Werte der Schülerinnen und Schüler nicht mehr nur einer bestimmten Strategie zugeordnet werden.

Ein weiteres Verfahren zur Analyse des Testinstruments und gegebenenfalls zur weiteren Optimierung durch Itemselektion ist eine Faktorenanalyse, die mit den verbliebenen Items durchgeführt wurde.

7.1.3 Faktorenanalyse

Die beiden Skalen, die auf theoretischer Basis gebildet wurden und aus inhaltlicher Sicht valide sind, werden nach der im vorigen Abschnitt beschriebenen Itemanalyse mittels einer exploratorischen Faktorenanalyse untersucht. Dabei geht es nicht um die Güte eines Mess-Modells, die mittels einer konfirmatorischen Faktorenanalyse zu ermitteln wäre, sondern um eine weitere Reduktion der Items einer Skala zugunsten der Konstruktvalidität. Interessant ist hierbei, ob die Items in gleicher Weise den beiden Bereichen zugeordnet werden wie bei der Operationalisierung beabsichtigt. Ziel ist also eine empirische Absicherung der Zweidimensionalität des Konstrukts experimentelle Kompetenz. Bei der Operationalisierung experimenteller Teilfähigkeiten wurden auf theoretischer Ebene zwei Inhaltsbereiche unterschieden und grundgelegt. Ob die Trennung der beiden Bereiche Strukturierung und Überprüfung auch in den Daten wiederzufinden ist, soll zunächst rein deskriptiv angegangen werden, indem zunächst geklärt wird, wie viele und welche verschiedenen Faktoren sich sinnvoll unterscheiden lassen. Angenommen wird, dass die Ausprägung der experimentellen Fähigkeit umso größer ist, je mehr Punkte erreicht werden. Zweites wesentliches Ziel der exploratorischen Faktorenanalyse ist es also, den komplexen Gegenstand des innermathematischen Experimentierens zu untergliedern: eine Gliederung in vier Teilbereiche konnte empirisch nicht gestützt werden, trotzdem wäre es möglich neben den beiden hier angenommenen Teilbereichen noch andere zu finden.

Bei der Faktorenanalyse werden Dimensionen (Faktoren) gebildet, die inhaltlich Gemeinsames enthalten, indem wechselseitig korrelierte Variablen gruppiert werden (Bortz & Döring, 2006; Bühner, 2006). Diese Gruppierungen wiederum können dann inhaltlich interpretiert werden. Da der Entwicklung der Testitems die theoretische Annahme zugrunde liegt, dass zwei verschiedene Dimensionen getestet werden, wurden bei der nachfolgend dargestellten Faktorenanalyse zwei Faktoren voreingestellt. Weitere Faktorenlösungen mit drei und mehr Faktoren wurden auf ihre inhaltliche Interpretierbarkeit geprüft. Basis dieser Analysen bilden die Werte des ersten Messzeitpunktes, um auszuschließen, dass weitere Aspekte wie beispielsweise die Inhaltsnähe der Items die Trennung der Faktoren beeinflusst.

Die Zuordnung der Items zu den beiden Faktoren entspricht weitestgehend der theoretischen Zuordnung. Eine der Aufgaben fällt hierbei aus dem Rahmen:

Meike hat auch solche Minus-Aufgaben gerechnet wie Paul. Sie hat sich die Ergebnisse genau angeschaut.

Meike sagt:

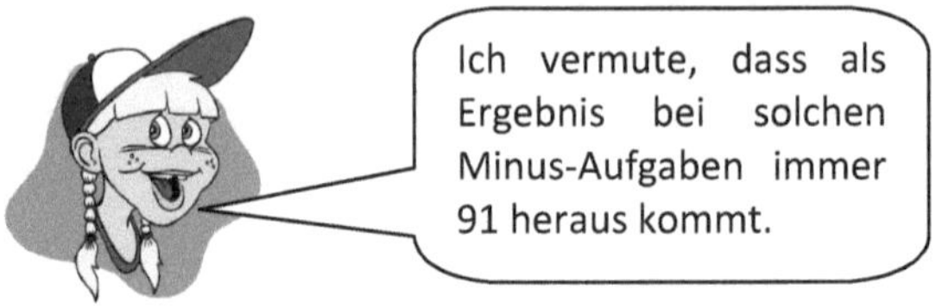

Gibt es eine solche Minus-Aufgabe, die Meikes Vermutung unterstützt?
Wenn du eine findest, schreibe sie auf.

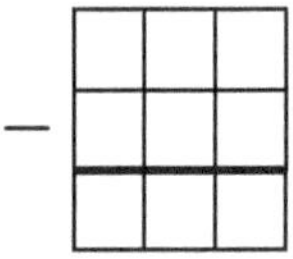

Gibt es eine solche Minus-Aufgabe, die Meikes Vermutung nicht unterstützt?
Wenn du eine findest, schreibe sie auf.

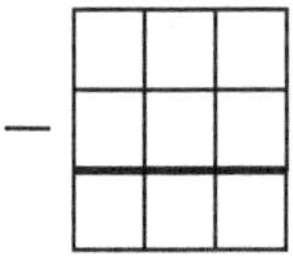

Entscheide, ob Meikes Vermutung stimmt und begründe.
Meikes Vermutung stimmt. ☐ ja ☐ nein

Weil...

Abbildung 28: Aufgabe 8

Die Items dieser Aufgabe wurden bei der Faktorenanalyse dem Faktor zugeordnet, der alle Items der Dimension Strukturierung enthält. Konzipiert wurde die Aufgabe für den Bereich Überprüfung. Eine mögliche Erklärung könnte sein, dass das Aufgabenformat sich insofern von dem der anderen Aufgaben im Bereich Überprüfung unterscheidet, als dass die Schülerinnen und Schüler stärker durch die Aufgabe geführt werden: Zunächst sollen sie ein Bestätigungsbeispiel finden, dann ein Gegenbeispiel aufschreiben und zum Schluss eine Entscheidung treffen, ob die Vermutung wahr oder falsch ist. Diese Aufgabe soll testen, inwiefern die Aussagekraft der Beispiele erkannt wird. Die Antwortformate der anderen Aufgaben im Bereich Überprüfung sind offener.

Zur Erhöhung der Konstruktvalidität wurden im Rahmen der Faktorenanalyse mit zwei Faktoren Items mit Ladungen unter 0,4 sukzessive eliminiert. Dazu zählen die Items der oben dargestellten Aufgabe 8, die zudem als Ausreißer mit den Items der anderen Dimension gruppiert wurde sowie Items, die zwar zur Dimension gehören, deren Faktorladung aber zu niedrig war und die nicht zur Erhöhung der Reliabilität der Skala beitragen. Durch das Eliminieren dieser Items konnte einerseits der Anteil der Aufklärung der Gesamtvarianz erhöht werden und andererseits stabile Skalen gebildet werden, die mit einer geringeren Anzahl der Items zuverlässig die jeweilige Dimension messen.

Tabelle 16: Faktorenladungen der Items

Rotierte Komponentenmatrix[a]

	Komponente	
	1	2
Pre11V	0,77	
Pre11VL	0,77	
Pre6V	0,6	
Pre6VL	0,54	
Pre5V	0,49	
Pre5VL	0,43	
Pre9B		0,74
Pre9E		0,69
Pre10E		0,68
Pre10B		0,67

Tabelle 17: Varianzaufklärung der Faktoren

Komponente	Rotierte Summe der quadrierten Ladungen	
	% der Varianz	Kumulierte %
1	22,9	22,9
2	22,6	45,6

Beide Faktoren zusammen erklären mehr als 45% der Gesamtvarianz, wobei die Anteile auf beide Faktoren etwa gleich verteilt sind (siehe Markierung). Damit wird ein für die Praxis zufriedenstellender Wert von 50% (Schöneck-Voß & Voß, 2005) beinahe erreicht. Würde man an dieser Stelle die Items zu Aufgabe 5 eliminieren, würde man diese 50%-Schwelle überschreiten, allerdings zu Ungunsten der Inhaltsvalidität der Skala Strukturierung.

Der Versuch, weitere Dimensionen hinzuzuziehen erhöht den Anteil der aufgeklärten Varianz kaum und ist inhaltlich schwer interpretierbar. Als potenzielle weitere Aspekte wurde hierbei neben der Aufgabenstellung beispielweise untersucht, ob im Bereich Überprüfung nochmal nach zu bestätigender bzw. zu widerlegender Vermutung getrennt wurde, was nicht der Fall war. Bei allen Faktorenlösungen wird aber deutlich, dass die Items einer Aufgabe immer stark korrelieren. Eine explorativ gewonnene Lösung mit drei Faktoren über alle Items bildet mit den drei Items von Aufgabe 12 eine neue Dimension.

Woran erkennt man, ob eine zwei- oder dreistellige Zahl durch 11 teilbar ist?

Abbildung 29: Aufgabe 12

Dies könnte dadurch zustande kommen, dass man hier über selbst generierte Beispiele zu Vermutungen gelangen kann, während bei Strukturierungsaufgaben Beispiele bereits gegeben oder vorbereitet waren. In dieser Aufgabe wurden also beide Bereiche vereint. Aus Sicht der Testkonzeption war diese Aufgabenstellung wichtig, um möglicherweise qualitativ Schülerlösungen zu analysieren, die innermathematisches Experimentieren als Prozess zeigen. Problematisch war allerdings die Aufgabenstellung insofern als dass eigentlich zwei Teilaufgaben in der Formulierung stecken, was von den Schülerinnen und Schülern nicht erkannt wurde. Dies zeigte sich dann auch bei der Analyse der Itemschwierigkeit und Trennschärfe.

Die beiden faktorenanalytisch gebildeten Dimensionen enthalten also Items, die bei der Testkonstruktion den beiden Teilkompetenzen des innermathematischen Experimentierens Strukturierung (Faktor 1) und Überprüfung (Faktor 2) zugeordnet wurden. Die Zuordnung der Items zu den beiden vorgegebenen Faktoren ist daher – mit Ausnahme der oben diskutierten Aufgaben 8 und 12 – theoriekonform, das heißt, aus theoretischer Sicht charakterisieren die beiden verbliebenen Itembündel die Raumrichtungswechsel im Drei-Räume-Modell, was der Zielsetzung der Operationalisierung entspricht. Die Ladungsmatrix enthält ausschließlich Werte über 0,4 und es gibt keine Doppelladungen. Die Faktorenanalyse kann somit Hinweise sowohl auf die Eignung der Items als auch auf die Brauchbarkeit eines zweidimensionalen Modells geben, so dass für die weiteren Analysen zwei Faktoren angenommen werden.

7.1.4 Zwei Dimensionen experimenteller Kompetenz

Die Selektion von Items durch die Analyse der Itemschwierigkeit und der Trennschärfe sowie der Faktorenanalyse bedeutet eine starke Verringerung der Itemanzahl pro Skala, so dass an dieser Stelle ein erneuter Blick auf die inhaltliche Validität der Skalenzusammensetzung notwendig ist. Bei der Auswahl der zu selektierenden Items wurden zwar auch inhaltliche Überlegungen herangezogen, dennoch soll hier noch einmal auf die beiden Konstrukte Strukturierung und Überprüfung eingegangen werden. Insbesondere ist bedeutsam, dass alle Aspekte der Operationalisierung der beiden Bereiche in der Verkürzung der Skalen berücksichtigt bleiben. Die Zuordnung der Items erfolgt gemäß der Faktorenanalyse folgendermaßen:

- Dimension 1 „Strukturierung“: 5V, 5VL, 6V, 6VL, 11V, 11VL
- Dimension 2 „Überprüfung“: 9B, 9E, 10B, 10E

In der Dimension *Strukturierung* sollen die Schülerinnen und Schüler durch das Strukturieren von Beispielen zu Vermutungen kommen. Hierzu sollen sich in den Testaufgaben die Aspekte Strukturen fortsetzen, Beispiele ordnen und Vermutungen aufschreiben widerspiegeln. Die Aufgaben 5, 6 und 11 fordern dies auf unterschiedliche Weise: In Aufgabe 5 soll ein Satzanfang vervollständigt werden, der Bezug auf vorgegebene Beispiele nimmt. In Aufgabe 6 sollen je zwei vorgegebene Beispiele einander mit Begründung zugeordnet werden. In Aufgabe 11 sollen vorgegebene Beispiele fortgesetzt und Strukturen beschrieben werden. Insgesamt werden also alle Aspekte beachtet. In der Dimension *Überprüfung* können diese Überlegungen analog angestellt werden. Die Schülerinnen und Schüler sollen hier Bestätigungsbeispiele sowie Gegenbeispiele finden und eine gegebene Vermutung in Bezug auf ihre Gültigkeit an Beispielen prüfen. Ihre Entscheidung darüber sollen sie begründen. In den Aufgaben 9 und 10 sollen eine Vermutung wiederlegt bzw. bestätigt werden, so dass auch hier alle wesentlichen Aspekte der Dimension enthalten sind. Es gehen also nicht nur gleichartige Aufgabenstellungen in die Skalen mit ein, sondern es wird die ganze Breite der Operationalisierungsmöglichkeiten, wie in der Testkonstruktion beschrieben, ausgeschöpft (vgl. Abschnitt 6.4.1).

Die *Reliabilitäten* der beiden Skalen zu experimenteller Kompetenz werden zu allen drei Testzeitpunkten tabellarisch dargestellt. Angegeben ist jeweils der Koeffizient Cronbachs Alpha:

Tabelle 18: Reliabilitäten der Skalen experimenteller Kompetenz

Skala	Anzahl der Items	Pre	Post	Follow up
Strukturierung	6	0.661	0.666	0.755
Überprüfung	4	0.713	0.702	0.740

In der Literatur wird häufig darauf verwiesen, dass Werte ab 0.8 als erstrebenswert gelten, in der Praxis die Werte jedoch meist darunter liegen (z.B. Schnell, Hill, & Esser, 2005), so dass die hier erreichten Werte zufriedenstellend sind. In beiden Dimensionen nimmt die Reliabilität der Skalen zum dritten Messzeitpunkt zu. Ein höherer Wert bei der Post-Messung gegenüber der Pre-Messung wäre erwartungskonform, da die Fähigkeiten, die gemessen werden sollen dann erst ausgeprägt sind, dies ist aber nur im Bereich Strukturierung der Fall und dies auch nur in geringem Maß. In beiden Bereichen zeichnet sich aber erstaunlicherweise eine deutlich höhere Reliabilität erst beim Follow-up-Test ab. Bezogen auf experimentelle Fähigkeiten könnte das möglicherweise bedeuten, dass diese sich erst später stabilisieren.

Einen weiteren Hinweis darauf, dass mit dem Testinstrument tatsächlich zwei verschiedene Fähigkeitsdimensionen gemessen werden können, liefern die *Korrelationen der beiden Skalen*, bei denen lineare Zusammenhänge betrachtet werden.

Tabelle 19: Skalenkorrelationen

		Strukturierung			Überprüfung		
		Pre	Post	Follow up	Pre	Post	Follow up
Strukturierung	Pre	1	0,257**	0,194**	0,176**	0,053	0,028
	Post		1	0,607**	0,164*	0,423**	0,420**
	Follow up			1	0,218**	0,494**	0,498**
Überprüfung	Pre				1	0,270**	0,095
	Post					1	0,499**
	Follow up						1

Die in der Tabelle dargestellten Werte (mit Kringel markiert) geben an, wie stark die beiden inhaltlichen Skalen Strukturierung und Überprüfung zu den drei Testzeitpunkten miteinander korrelieren. Deutlich wird hier, dass die Korrelation bei der Pre-Messung, bei der alle Schülerinnen und Schüler beider Gruppen auf dem gleichen Stand sind, niedrig ist (ϱ=0,176), so dass davon ausgegangen werden kann, dass die beiden Skalen tatsächlich gut trennen. Bei den beiden Messungen nach der Intervention sind die Korrelationen im Vergleich zur Pre-Messung deutlich höher (ϱ=0,423 bzw. 0,498). Es ergibt sich also ein deutlicheres Bild: Schülerinnen und Schüler erreichen höhere bzw. niedrigere Werte in *beiden* Bereichen. Das könnte daran liegen, dass die Interventionsgruppe bei dem Training beide Teilkompetenzen, die gefördert wurden, in etwa gleichermaßen erworben haben. Das wäre neben der erfolgreichen Intervention ein erstrebenswertes Ziel und deutet darauf hin, dass hier eine Vernetzung der einzelnen Strategien stattgefunden haben könnte.

Die Korrelationen *innerhalb* der Bereiche nehmen erwartungsgemäß zunächst niedrige Werte zwischen Pre- und Post-Test und deutlich höhere Werte zwischen Post- und

Follow-up-Test an (graue Markierung). Das bedeutet, dass die Schülerinnen und Schüler nach der Intervention zu beiden Testzeitpunkten ähnliches Antwortverhalten zeigen und dieses sich deutlich von dem zum ersten Testzeitpunkt vor der Intervention unterscheidet, so dass vermutlich veränderte Strukturen gemessen werden. Das kann an dieser Stelle bereits als ein Anhaltspunkt sowohl für den Erfolg als auch für die Nachhaltigkeit des Trainings verstanden werden, was Gegenstand weiterer Analysen ist.

Ziel dieses Abschnittes war es, die Güte des verwendeten Testinstruments zu bewerten. Wie eingangs geschildert, konnten hinsichtlich der Kriterien der Objektivität, Reliabilität und Validität Überlegungen zusammengeführt werden. Die mehrfache Pilotierung der Testitems und deren fortdauernde Analyse führten zu einem Testinstrument, das zur Bewertung des Interventionserfolgs als geeignet angesehen werden kann.

7.2 Wirksamkeit der Intervention

Mithilfe des eingesetzten Testinstruments kann nun die interessierende Frage nach der Wirksamkeit der Intervention beantwortet werden. Um den Erfolg des durchgeführten Trainings umfassend bewerten zu können, werden in den folgenden Abschnitten Analysen durchgeführt, die Aufschluss darüber geben sollen, inwiefern die beiden experimentellen Teilkompetenzen Strukturierung und Überprüfung mit dem entwickelten Training gefördert werden können. Hierbei werden zunächst die beiden teilnehmenden Gruppen hinsichtlich ihrer Testergebnisse miteinander verglichen. In einem weiteren Schritt werden Ergebnisse der beiden Gruppen gesondert untersucht. Von besonderem Interesse ist hierbei, welche der erhobenen Merkmale den Erwerb experimenteller Teilkompetenzen beeinflussen.

Zu diesen Merkmalen gehören neben der Fähigkeit des induktiven Denkens, Leistungen im Fach Mathematik und Geschlecht auch das auf das Fach Mathematik bezogene Selbstbild der Schülerinnen und Schüler sowie die Motivation vor und nach der Testbearbeitung (vgl. Abschnitt 6.4.2). Diese zuletzt genannten Merkmale wurden mittels eines Fragebogens im Test erhoben. Zunächst werden Skalen aus diesen Fragebogenitems[45] gebildet. Angegeben ist der Koeffizient Cronbachs Alpha zu allen drei Testzeitpunkten:

45 Skalen zur Testmotivation sind entnommen aus PISA-Konsortium Deutschland (2006, p. 127)und wurden modifiziert. Skala zum Selbstbild (Selbstkonzept) ist entnommen aus PISA-Konsortium Deutschland (2002, p. 169).

Tabelle 20: Reliabilitäten der Fragebogen-Skalen

Skala	Anzahl der Items	Pre	Post	Follow up
Selbstbild	3	0.830	0.853	0.861
Motivation VOR dem Test	5	0.593	0.706	0.675
Motivation NACH dem Test	8	0.794	0.807	0.804

Die Werte sind bezüglich des Selbstbildes und der Motivation nach dem Test stabil, bei der Motivation vor dem Test schwankt die Reliabilität der Skala über die drei Messzeitpunkte. Bei der Pre-Messung ist das möglicherweise dadurch zu erklären, dass die Schülerinnen und Schüler unsicher waren, weil sie nicht wussten, was auf sie zukommt. Ein Blick auf die Zusammensetzung der Items bringt hier noch eine andere Einsicht.

Wie fühlst du dich im Moment?

	trifft nicht zu	trifft eher nicht zu	trifft eher zu	trifft zu
1. Ich freue mich schon auf den Test.				
2. Auf die Aufgaben bin ich schon neugierig.				
3. Ich bin verärgert.				
4. Ich bin gut gelaunt.				
5. Ich habe Angst.				

Abbildung 30: Items zur Motivation nach dem Test

So könnte es beispielweise sein, dass Probanden zwar keine Angst vor dem Test hatten, sich aber auch nicht unbedingt auf den Test freuten. Auf diese Weise ergibt sich ein inkonsistentes Antwortverhalten, das sich dann bei den beiden folgenden Messungen nicht mehr zeigt. Dass der Wert beim Follow-up-Test wieder fällt, könnte denselben Grund haben. Erwartungskonform wäre, dass die Motivation beim dritten Test nachlässt und Antwortverhalten analog zum eben genannten Beispiel entsteht. Für die weiteren Analysen werden die Reliabilitäten der Skalen als für den Zweck ausreichend angesehen.

7.2.1 Voraussetzungen für Varianzanalysen

Es handelt sich bei dieser quasi-experimentellen Untersuchung um einen Versuchsplan mit Messwiederholungen, der Veränderungen im Bereich der experimentellen Kompetenz untersucht. Wichtige *Voraussetzung für Varianzanalysen* ist neben der Intervallskalierung der abhängigen Variable und der Varianzhomogenität der Populationen der untersuchten Gruppen die Normalverteilung der abhängigen Variablen und die Unabhängigkeit der Messwerte voneinander sowie ähnliche Stichprobengrößen der Teilgruppen (Rudolf & Müller, 2004). Zum Problem der *Intervallskalierung* wurde bereits in Abschnitt 7.1.1 Stellung genommen und wird hier angenommen. Die Unabhängigkeit der Messwerte ist durch die Stichprobenwahl und die Versuchsplanung gewährleistet. An dieser Stelle sollen nun einerseits die Varianzhomogenität der beiden Versuchsgruppen sowie die Normalverteilung der abhängigen Variablen Strukturierung und Überprüfung getestet werden.

Für die Prüfung der *Varianzhomogenität* wurde hier auf den Levene-Test zurückgegriffen. Dieser gibt Auskunft darüber, ob es signifikante Unterschiede der Varianzen zwischen den Gruppen gibt (Bühl, 2008). Der Test wird bei beiden inhaltlichen Skalen zur experimentellen Kompetenz nicht signifikant, das bedeutet, dass Varianzhomogenität angenommen werden darf.

Ebenfalls für beide inhaltlichen Skalen wurde die Verteilung der Variablen betrachtet und mit der *Normalverteilung* verglichen. Die gefundene Verteilung zeigt Abweichungen von der Normalverteilung.

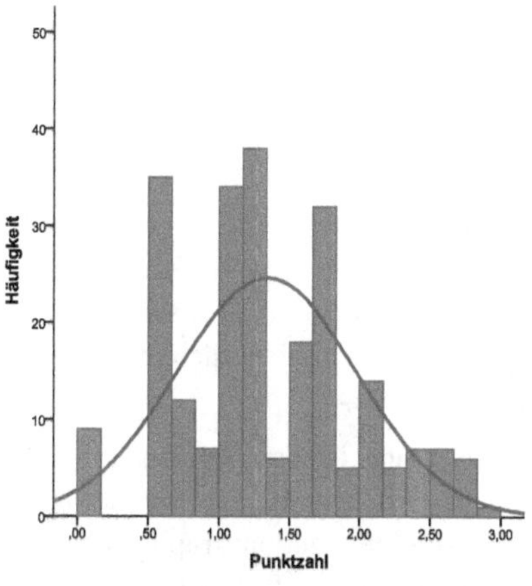

Abbildung 31: Histogramm Strukturierung

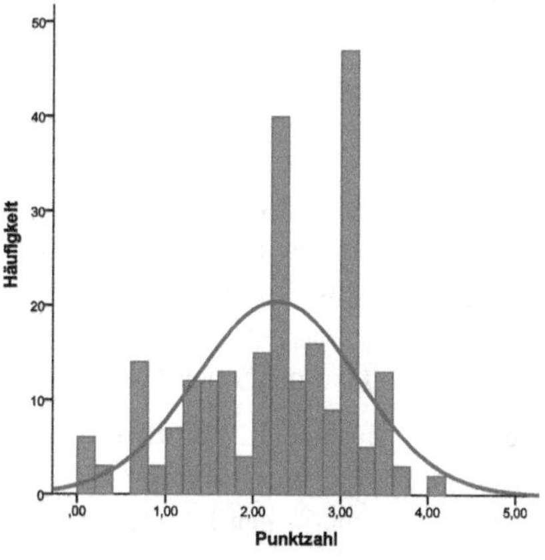

Abbildung 32: Histogramm Überprüfung

Deutlich wird, dass die Verteilung der Variablen, die die Teilkompetenz Strukturierung repräsentieren, eher einer Normalverteilung entspricht als die der Teilkompetenz Überprüfung, was an der deutlichen Abweichung des Modalwerts von der Mitte offensichtlich wird. Das bestätigt auch der Kolmogorov-Smirnov-Test auf Normalverteilung. Er gibt für die Variable Überprüfung einen signifikanten Wert an, das bedeutet eine signifikante Abweichung der Verteilung von der Normalverteilung. Die andere Variable, Strukturierung, ist hinreichend normalverteilt.

Tabelle 21: Test auf Normalverteilung

Kolmogorov-Smirnov-Anpassungstest		
	Strukturierung (Pre1)	Überprüfung (Pre2)
Kolmogorov-Smirnov-Z	1,334	2,245
Asymptotische Signifikanz (2-seitig)	0,057	0,000

Gemäß Rudolf und Müller (2004) ist eine Verletzung der Normalverteilungsvoraussetzung bei gegebener Varianzhomogenität nicht unbedingt ein Ausschlusskriterium für die Durchführung von Varianzanalysen. Daneben argumentieren Bortz und Döring (2006), dass bei großen Stichproben (n>30) Messwerte nicht zwingend normalverteilt sein müssen. Da in der hier vorliegenden Studie beides erfüllt ist – Varianzhomogenität kann angenommen werden und die Stichprobe ist mit n=227 genügend groß – kann auf die statistischen Methoden der Varianzanalysen zurückgegriffen werden.

In einem ersten Analyseschritt werden die beiden Gruppen hinsichtlich unterschiedlicher Aspekte miteinander verglichen, in einem weiteren Schritt werden vertiefende Analysen innerhalb der einzelnen Gruppen durchgeführt.

7.2.2 Gruppenvergleiche

Zentrale Fragestellung der Interventionsstudie ist, ob das konzipierte Training erfolgreich ist, also ob das Trainieren der experimentellen Teilfähigkeiten Strukturierung und Überprüfung wirksam und nachhaltig ist. Dieser Frage liegt die Forschungshypothese zugrunde, dass das in der Studie durchgeführte Training tatsächlich zu einer Verbesserung experimenteller Kompetenz führt.

Wesentlicher Bestandteil der Beantwortung dieser Frage ist die Untersuchung von zwei Gruppen wie im Design der Studie bereits beschrieben. Beide Gruppen haben dieselben mathematischen Inhalte behandelt, wobei die Interventionsgruppe zusätzlich an einem in den Inhalten verankerten Training experimenteller Teilkompetenzen teilnahm. Der Zuwachs an Kompetenz wird unter Berücksichtigung möglicher Moderatoren mit dem vorab diskutierten Testinstrument gemessen. Es wird erwartet, dass die Schülerinnen und Schüler durch das Erlernen bestimmter Strategien im Vergleich zum Pre-Test und zur Kontrollgruppe im Post- und im Idealfall auch im Follow-up-Test höhere Testwerte erreichen. Wäre der Zuwachs in beiden Populationen gleich, so wäre dies ein Hinweis darauf, dass nicht die geförderten Teilkompetenzen, sondern vielmehr die erlernten Inhalte zu einer Verbesserung führen.

7.2.2.1 Vergleichbarkeit der Gruppen vor der Intervention

Vorab ist die Frage zu klären, ob die beiden Gruppen bei der Pre-Messung homogen sind, so dass ein möglicher Interventionseffekt nicht auf bestehende Unterschiede zwischen den Gruppen zurückgeführt werden müsste. Aufgrund des quasi-experimentellen Charakters der Untersuchung ist diese Frage von Bedeutung, da die Zuteilung der Schülerinnen und Schüler zu den beiden Gruppen klassenweise natürlich belassen und nicht randomisiert wurde. Entscheidend ist hier vor allem die Betrachtung der beiden Teilkompetenzen des experimentellen Denkens, die vor und nach dem Training gemessen werden.

Einsicht bringt eine multivariate Varianzanalyse, bei der alle im Pre-Test erfassten Voraussetzungen bezüglich der Gruppenzugehörigkeit betrachtet werden.

Tabelle 22: Vergleichbarkeit der Gruppen beim Pre-Test

Quelle	Abhängige Variable	Sig.	Partielles Eta-Quadrat
Gruppe	Strukturierung	0,075	
	Überprüfung	0,894	
	Selbstbild	0,002	0,041
	Motivation VOR dem Test	0,860	
	Motivation NACH dem Test	0,969	
	Induktives Denken	0,534	
	Zeugnisnote Deutsch	0,382	
	Zeugnisnote Mathe	0,233	

Aus der Tabelle geht hervor, dass beim Merkmal Selbstbild ein signifikanter Unterschied zwischen der Interventions- und der Kontrollgruppe besteht (s. Markierung). Die Interventionsgruppe weist an dieser Stelle einen Mittelwert von μ_1=2,8 auf, während der Mittelwert der Kontrollgruppe bei μ_2=2,5 liegt. Das partielle Eta-Quadrat gibt hier eine kleine bis mittlere Effektstärke η^2=0,041 an. Konsequenz für die weitere Analyse des Trainingserfolgs ist, das Selbstbild der Schülerinnen und Schüler als Kovariate zu betrachten und den Einfluss dieser Variable zu kontrollieren. Der Unterschied der beiden Gruppen im Hinblick auf das Selbstbild der Schülerinnen und Schüler könnte darüber hinaus den Trainingserfolg möglicherweise beeinflussen. Aus diesem Grund wird eine weitere Analyse innerhalb der Trainingsgruppe den Einfluss des Selbstbildes beleuchten (vgl. Abschnitt 7.3).

7.2.2.2 Vergleich hinsichtlich experimenteller Kompetenz

Für den Erfolg der Intervention, des Trainings von experimentellen Teilkompetenzen werden, wie bereits beschrieben, mit dem Testinstrument zwei verschiedene Dimensionen erfasst. Ein Zuwachs an Fähigkeiten wird dann angenommen, wenn bei der Post-Messung im Vergleich zur Pre-Messung ein höherer Wert erreicht wird. Die Intervention ist dann als erfolgreich zu betrachten, wenn sich dieser Zuwachs signifikant vom Zuwachs der Kontrollgruppe unterscheidet. Die Werte der Follow-up-Messung geben Aufschluss darüber, ob das Training einen nachhaltigen Effekt bewirkt. Dazu wird eine Varianzanalyse mit Messwiederholung durchgeführt, bei der das Selbstbild wie aus der vorherigen Analyse hervorgegangen als Kovariate angesehen wird. Getestet wird hier, ob die Varianzen zwischen den Gruppen größer sind als innerhalb der Gruppen.

Tabelle 23: Deskriptive Statistiken in der Dimension Strukturierung

	Gruppe	Mittelwert	Standardabweichung
Pre-Test	Experimentalgruppe (n=126)	1,27	0,65
	Kontrollgruppe (n=101)	1,43	0,6
Post-Test	Experimentalgruppe	2,16	0,6
	Kontrollgruppe	1,49	0,7
Follow-up-Test	Experimentalgruppe	2,32	0,71
	Kontrollgruppe	1,44	0,72

Zunächst fällt auf, dass beide Gruppen beim Post-Test höhere *Mittelwerte* erreichen als im Pre-Test, dass also in beiden Gruppen ein Zuwachs zu verzeichnen ist. Deutlich wird auch, dass die Experimentalgruppe deutlich mehr zulegt. Ihr Zuwachs beträgt mehr als eine Standardabweichung, während der der Kontrollgruppe nur ein Zehntel einer Standardabweichung beträgt. Erstaunlich ist, dass die Experimentalgruppe beim Follow-up-Test einen weiteren Zuwachs verbuchen kann, während der Wert der Kontrollgruppe wieder etwa auf Ausgangsniveau sinkt.

Tabelle 24: Multivariate Tests in der Dimension Strukturierung

Effekt	Sig.	Partielles Eta-Quadrat
Zeit * Gruppe	0,000	0,307

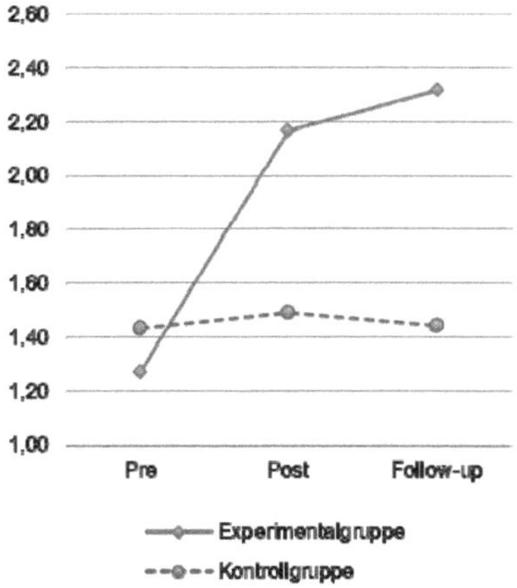

Abbildung 33: Gruppenunterschiede in der Dimension Strukturierung

Tabelle 25: Deskriptive Statistiken in der Dimension Überprüfung

	Gruppe	Mittelwert	Standardabweichung
Pre-Test	Experimentalgruppe (n=126)	2,26	0,95
	Kontrollgruppe (n=101)	2,27	0,93
Post-Test	Experimentalgruppe	3,1	0,82
	Kontrollgruppe	2,35	0,96
Follow-up-Test	Experimentalgruppe	3,21	0,77
	Kontrollgruppe	2,02	1,18

Die *Streuung* der Werte ist hier zu allen drei Testzeitpunkten stärker als in der Dimension Strukturierung. In beiden Gruppen streuen die Werte zum Pre- und Post-Zeitpunkt ähnlich. Einen Unterschied gibt es zwischen den Gruppen beim Follow-up-Test, hier streuen die Werte der Kontrollgruppe in stärkerem Maß. Betrachtet man hierzu in dieser Gruppe die Spannweite der Werte (es kommen alle Werte von 0 bis 4 vor) und die Häufigkeiten (sowohl im unteren als auch im oberen Bereich keine einzelnen Schülerinnen und Schüler), so wird deutlich, dass es sich nicht um Ausreißer handelt, sondern tatsächlich die ganze Breite der möglichen Punkteverteilung auftritt. In der Experimentalgruppe hingegen treten ganz niedrige Werte gar nicht auf und höhere Werte häufiger.

Vergleichbar in beiden Dimensionen ist der Zuwachs des *Mittelwerts* in der Experimentalgruppe beim Post-Test, der auch hier etwa eine Standardabweichung beträgt. Ebenso ist weiterer Zuwachs beim Follow-up-Test zu verzeichnen, während der Mittelwert der Kontrollgruppe auch in dieser Dimension nur um etwa ein Zehntel der

Standardabweichung steigt und im Follow-up-Test dann wieder fällt und das sogar unter Ausgangsniveau.

Tabelle 26: Multivariate Tests in der Dimension Überprüfung

Effekt	Sig.	Partielles Eta-Quadrat
Zeit * Gruppe	0,000	0,183

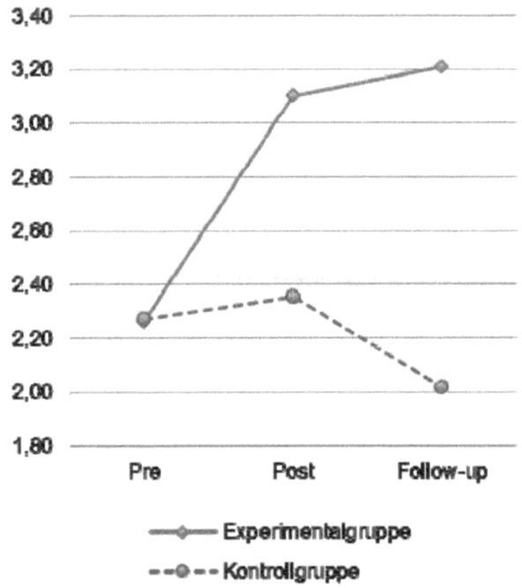

Abbildung 34: Gruppenunterschiede in der Dimension Überprüfung

In beiden inhaltlichen Dimensionen ergeben sich signifikante Unterschiede. Im Bereich Strukturierung ist die *Effektstärke* von η^2=0,307 als sehr groß zu bewerten. Der Effekt im Bereich Überprüfung ist mit η^2=0,183 groß. Der Haupteffekt ist der Interventionseffekt, so dass das Training experimenteller Fähigkeiten, die hier in zwei Dimensionen als Teilkompetenzen gebündelt wurden, als erfolgreich gewertet werden kann.

Auch in der Kontrollgruppe lässt sich in beiden Dimensionen ein höherer Mittelwert beim Post-Test feststellen, beim Follow-up-Test fällt dieser wieder ab. Der Unterschied zwischen dem Pre- und Post-Mittelwert ist in beiden Dimensionen allerdings nicht signifikant, kann also zufällig höher oder durch Erinnerung bedingt sein. Da der Test sowohl inhaltsnahe als auch inhaltsferne Items enthält (alle Aufgaben unterscheiden sich von denen der Intervention), scheint das Erlernen der Inhalte (ohne Training) nicht zu einer nachweisbaren Veränderung hinsichtlich experimenteller Kompetenzen zu führen.

Wie sowohl die Mittelwerte als auch die grafische Darstellung zeigen, wirkt das Training über die Durchführung der Unterrichtseinheit hinaus und führt zu einem nachhaltigen Gewinn auch noch zum dritten Messzeitpunkt. Da über den Mathematikunterricht zwischen Post- und Follow-up-Test keine Daten vorliegen, kann an dieser Stelle nur spekuliert werden. Eine mögliche Erklärung für die Stabilität könnte sein, dass die Lehrkräfte, die die Intervention durchgeführt haben, die Förderung experimenteller Kompetenzen in ihren nachfolgenden Unterricht integriert haben, da das Aufstellen und Prüfen von Vermutungen nicht inhaltsspezifisch ist. Eine weitere Möglichkeit wäre, dass sich die Fähigkeiten der Schülerinnen und Schüler erst nach der Intervention stabilisieren und deren Entfaltung daher beim dritten Test sichtbar bleibt.

Worin genau sich dieser Zuwachs experimenteller Teilkompetenzen auf inhaltlicher Ebene zeigt, sollen typische Schülerlösungen illustrieren. Bei der folgenden Aufgabe in der Dimension *Strukturierung* sollten die Schülerinnen und Schüler Beispielpaare finden und ihre Wahl begründen. Die Schülerprodukte eines Schülers zeigen den Unterschied in der Lösung vor und nach der Intervention exemplarisch.

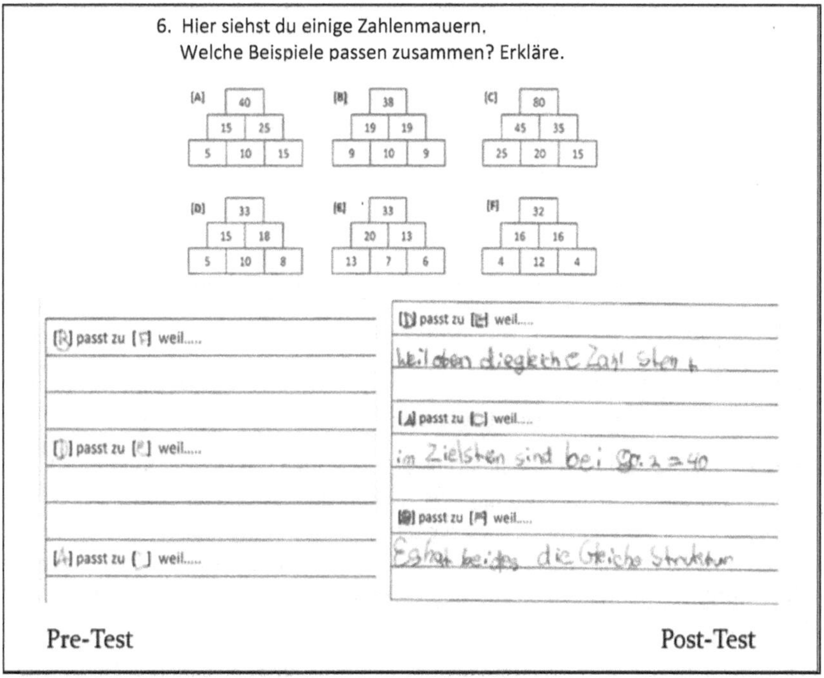

Abbildung 35: Schülerlösung in der Dimension Strukturierung

Im Pre-Test wurden Beispiele gruppiert, die Zuordnung aber nicht begründet. Im Post-Test findet der Schüler dieselbe Zuordnung, kann die Strukturen, die er dabei genutzt hat, aber darüber hinaus auch verbal ausdrücken. Deutlich wird an diesem Beispiel auch das grundsätzliche Problem von Formulierungen im Mathematikunterricht, was sich in Begründungen im Post-Test widerspiegelt. Dass es aber nicht ausschließlich um Verbesserungen beim Verbalisieren geht, zeigt das folgende Beispiel.

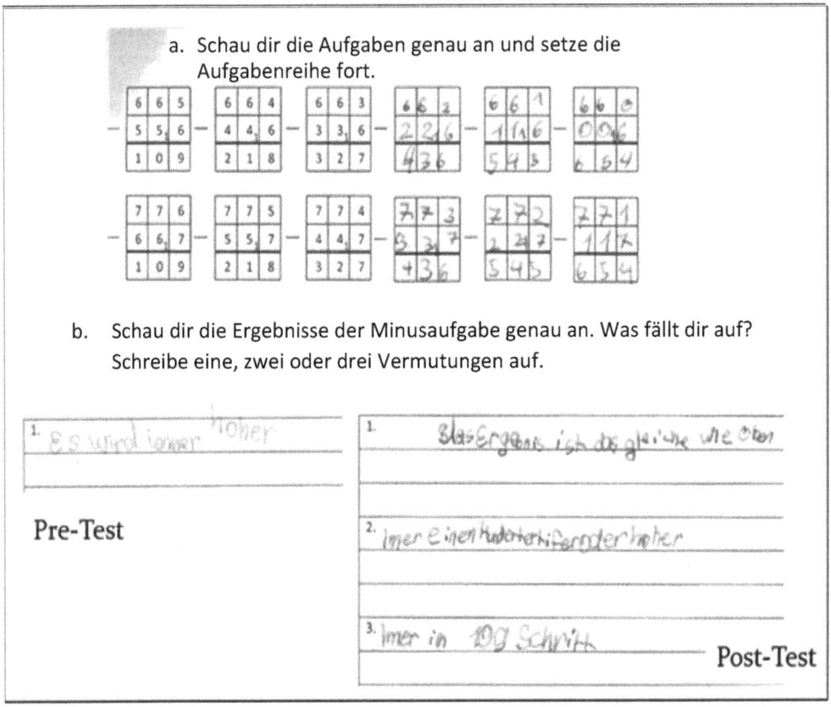

Abbildung 36: Schülerlösung in der Dimension Strukturierung

Bei dieser Aufgabe sollten die Schülerinnen und Schüler zunächst Strukturen fortsetzen, so dass die Verbalisierungsfähigkeit beim Erkennen einer bestimmten Struktur keine Rolle spielte. Daraufhin sollten weitere Strukturen gefunden werden. Deutlich wird, dass im Post-Test eine größere Anzahl substanziell unterschiedlicher Vermutungen über Strukturen gefunden wurde und diese sich auch hinsichtlich ihrer Spezifität unterscheiden.

In der Dimension *Überprüfung* besteht der Kompetenzzuwachs darin, Vermutungen kritischer unter die Lupe zu nehmen. Wie sich das in den Items abbildet, soll ein weiteres Beispiel veranschaulichen.

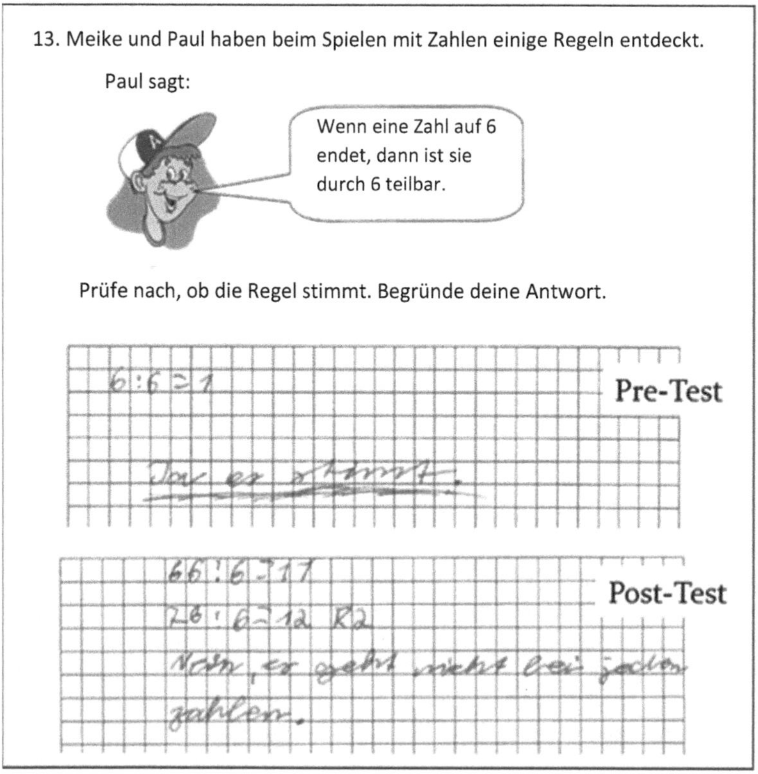

Abbildung 37: Schülerlösung Überprüfung einer gegebenen Vermutung

In den Lösungen zeigt sich ein bemerkenswerter Unterschied: Zwar nutzen viele Schülerinnen und Schüler bereits vor der Intervention Beispiele, um eine gegebene Vermutung zu prüfen, nach der Intervention aber wird die Aussagekraft eines Bestätigungsbeispiels hinterfragt. Erst ein gefundenes Gegenbeispiel führt in diesem Fall zu einer Entscheidung über die Gültigkeit der Vermutung.

Der Vergleich der beiden Gruppen hinsichtlich der experimentellen Teilfähigkeiten Strukturierung und Überprüfung bildet den Kern und somit zentrales Ergebnis der Interventionsstudie. Neben diesen beiden Fähigkeiten wurden eine Reihe weiterer Merkmale erfasst, deren Entwicklung im Folgenden näher betrachtet wird.

7.2.2.3 Vergleich hinsichtlich weiterer Merkmale

Zweck der Erfassung der Merkmale Motivation (vor und nach dem Test), Selbstbild (auf das Fach Mathematik bezogen) und Fähigkeit zum induktiven Denken waren Überlegungen zu möglichen Einflüssen auf die Entwicklung experimenteller Teilkompetenzen. Die Analyse dieser Zusammenhänge erfolgt in drei Schritten:

- In einem ersten Schritt wurden die Gruppen hinsichtlich dieser Merkmale auf Unterschiede vor der Intervention geprüft. Hier gab es einen signifikanten Unterschied im Bereich des Selbstbilds der Schülerinnen und Schüler (vgl. Abschnitt 7.2.2.1).
- In einem zweiten Schritt ist nun zu überlegen, inwiefern die unterschiedliche Entwicklung dieser Merkmale über die drei Messzeitpunkte hinweg den Gruppenunterschied mitbestimmt. Aus diesem Grund werden die oben genannten möglichen Moderatoren mittels Varianzanalysen mit Messwiederholungen untersucht.
- In einem dritten Schritt sollen dann Einflüsse dieser Merkmale auf den erfolgreichen Erwerb experimenteller Teilkompetenzen geprüft werden (vgl. Abschnitt 7.3).

Aus theoretischer Sicht ist an dieser Stelle ein Aspekt von besonderem Interesse, die Aufklärung von Zusammenhängen zwischen innermathematischem Experimentieren und *induktivem Denken* (vgl. Abschnitt 5.2.4.1). Wesentliche Elemente des induktiven Denkens (Klauer, 1993) wie das Finden von Hypothesen durch das Erkennen von Gemeinsamkeiten und Unterschieden von Objekten sowie das Prüfen von Hypothesen durch analysierendes Vergleichen konkreter Objekte wurden implizit durch das in der Intervention durchgeführte Training gefördert. Aus diesem Grund wäre eine (Transfer-)Wirkung auf die Fähigkeit des induktiven Denkens zumindest denkbar. Umgekehrt ist zu prüfen, ob die Fähigkeit des induktiven Denkens als Prädiktor für den Erfolg des Trainings experimenteller Teilkompetenzen gesehen werden kann. Allerdings ergaben sich keine signifikanten Unterschiede zwischen den Gruppen hinsichtlich induktiven Denkens nach der Intervention. Das bedeutet zunächst, dass das Training experimenteller Strategien keine Auswirkung auf die Fähigkeit zum induktiven Denken hat, was vor dem Hintergrund der inhaltlichen Nähe zu Strukturierungstätigkeiten beim innermathematischen Experimentieren einigermaßen überraschend ist. Eine mögliche Erklärung dafür könnte die unterschiedliche Operationalisierung der Messung von Fähigkeiten beim induktiven Denken bzw. beim innermathematischen Experimentieren sein. Klauer (2011) spricht von der zentralen Strategie des Vergleichens beim induktiven Denken, die beim innermathematischen Experimentieren in der Phase des Hypothesenfindens bedeutsam ist, wenn beispielweise Beispiele geordnet werden. Das Vergleichen könnte somit als spezielle Teilstrategie der Dimension Strukturierung betrachtet werden, die im Rahmen des Trainings jedoch nicht explizit trainiert wurde. Damit fiele diese Strategie unter das „Huckepacktheorem", das „asymmetrischen Strategietransfer" (Klauer, 2011, p. 176) postuliert in dem Sinne, dass das Trainieren spezieller Strategien auch allgemeinere Strategien fördert, nicht aber umgekehrt. Ob aber der Erfolg des Trainings von der Fähigkeit des induktiven Denkens abhängt, wird im Rahmen der Analysen der Experimentalgruppe untersucht werden (vgl. Abschnitt 7.3).

Neben diesem theoretisch-inhaltlichen Interesse könnte die erhobene *Motivation* vor und nach dem Test eine Bedeutung für den Interventionserfolg haben. Die erhobene Motivation bezieht sich unmittelbar auf die Testbearbeitung, nicht auf die Motivation zum Mathematikunterricht oder zur Intervention. Während sich bei der *Motivation vor dem Test* keine signifikanten Unterschiede zwischen den Gruppen zeigen, ergibt sich bei der *Motivation nach dem Test* zwar ein signifikanter Unterschied zwischen den beiden Gruppen, allerdings mit geringer Effektstärke. Veränderungen sind also, wie in der Tabelle deutlich wird, nicht in erster Linie über einen Gruppenunterschied zu erklären, sondern über den zeitlichen Verlauf, also die Wiederholung des Tests. In der Kontrollgruppe fällt der Wert bei beiden Post-Messungen kontinuierlich ab, während die Interventionsgruppe zumindest bei der Post-Messung einen Zuwachs verzeichnen kann, die Motivation dann aber zur Follow-Up-Messung ein wenig nachlässt. Diese Entwicklung ist wenig verwunderlich, wenn man annimmt, dass die Schülerinnen und Schüler der Interventionsgruppe nach dem Post-Test vermutlich eher das Gefühl haben, dass sie die Aufgaben zufriedenstellend bearbeiten konnten als die Schülerinnen und Schüler der Kontrollgruppe.

Tabelle 27: Multivariate Tests zur Motivation nach dem Test

Effekt	Sig.	Partielles Eta-Quadrat
Zeit	0,000	0,150
Zeit * Gruppe	0,001	0,059

Bezüglich des *Selbstbilds* bestand bereits bei der Pre-Messung ein signifikanter Unterschied zwischen den Gruppen (vgl. Abschnitt 7.2.2.1). Dieser Unterschied bleibt über den gesamten Erhebungszeitraum hinweg stabil: die Mittelwerte innerhalb der jeweiligen Gruppe bleiben nahezu gleich.

Tabelle 28: Deskriptive Statistiken zum Selbstbild

	Gruppe	Mittelwert	Standardabweichung
Pre-Test	Interventionsgruppe	2,82	0,78
	Kontrollgruppe	2,52	0,76
Post-Test	Interventionsgruppe	2,77	0,81
	Kontrollgruppe	2,62	0,8
Follow-up-Test	Interventionsgruppe	2,75	0,83
	Kontrollgruppe	2,51	0,84

Die Vergleiche der beiden Gruppen lassen erkennen, dass sich signifikante Unterschiede mit großer Effektstärke ausschließlich in den beiden inhaltlichen Bereichen Strukturierung und Überprüfung zeigen. Es gibt also keine auf die Intervention zurückzuführenden Veränderungen in den anderen Merkmalen, mit anderen Worten: beide Gruppen entwickeln sich in allen kontrollierten nicht-inhaltlichen Bereichen ähnlich, mit Ausnahme der Motivation nach dem Test.

7.3 Analyse von Einflüssen auf den Trainingserfolg

Neben der Wirksamkeit des Trainings interessiert die Frage, welche Faktoren den Erfolg des Trainings möglicherweise noch beeinflussen, um so ein umfassenderes Bild der Fördermöglichkeiten experimenteller Teilkompetenzen zu gewinnen.

Von Bedeutung für das theoretische Konzept innermathematischen Experimentierens ist ein möglicher Zusammenhang mit der Theorie des induktiven Denkens: profitieren unterschiedlich gute „induktive Denker“ unterschiedlich von dem Training? Zugrundeliegende Hypothese wäre, dass Schülerinnen und Schüler, die Gemeinsamkeiten und Unterschiede in Eigenschaften und Beziehungen von Objekten analysieren können, auch bei mathematischen Objekten wie den natürlichen Zahlen Strukturen finden, da die kognitiven Tätigkeiten sich ähneln. Es könnte sich also in der Dimension Strukturierung ein Zusammenhang zeigen, der sich in der Dimension Überprüfung nicht unbedingt wiederfinden ließe. Eine zweite Vermutung wäre, dass gute bzw. schlechte Leistungen im Fach Mathematik mit dem mehr oder weniger erfolgreichen Erwerb experimenteller Teilkompetenzen zusammenhängen. In gleicher Weise könnte das Selbstbild der Schülerinnen und Schüler, deren Geschlecht und die Klassenzugehörigkeit eine Rolle spielen.

Nachdem im vorangehenden Abschnitt der Erfolg der Intervention diskutiert wurde, wird nun in einem weiteren Analyseschritt also die Frage nach möglichen Einflüssen auf den Erwerb der Kompetenzen untersucht. Leitende Fragestellung ist hierbei: Welche der erhobenen Variable beeinflussen bzw. begünstigen das Erlernen der experimentellen Fähigkeiten? Zur Beantwortung dieser Frage wurden die Schülerinnen und Schüler der Experimentalgruppe je nach Kriterium in zwei Gruppen eingeteilt (beispielsweise niedrige versus hohe Werte im Bereich induktives Denken) und es wurde jeweils eine Varianzanalyse mit Messwiederholung in den beiden Dimensionen Strukturierung und Überprüfung durchgeführt. In keinem der untersuchten Bereiche ergibt sich ein signifikanter Unterschied, außer bei der Klassenzugehörigkeit in der Dimension Strukturierung. Hier zeigt sich ein signifikanter Unterschied mit kleinem Effekt.

Tabelle 29: Multivariate Tests zur Kompetenz Strukturierung

Effekt	Sig.	Partielles Eta-Quadrat
Zeit	0,000	0,717
Zeit * Lehrer	0,035	0,065

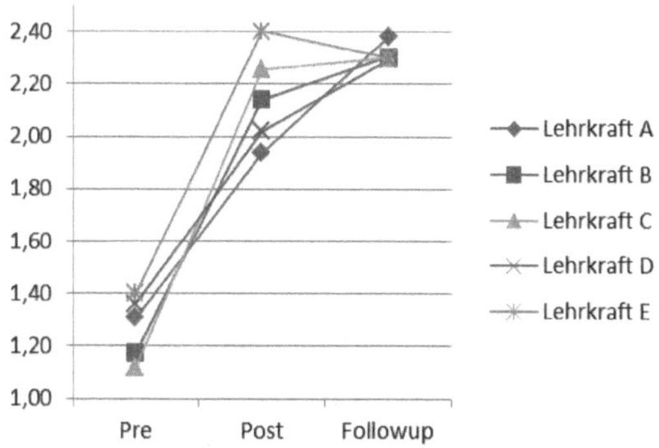

Abbildung 38: Klassenunterschiede im Bereich Strukturierung

Dass sich die Schülerinnen und Schüler der einzelnen Experimentalklassen unterscheiden würden, war zu erwarten, da die Umsetzung der Intervention von der jeweiligen Lehrkraft abhängt. Deutlich wird aber auch, dass der Haupteffekt über die Zeit (in diesem Fall also durch die Intervention) und nicht über die Klassenzugehörigkeit bestimmt ist. Bei allen Klassen ähnlich ist der Zuwachs vom ersten zum zweiten Messzeitpunkt. Unterschiede gibt es danach, bis zum dritten Messzeitpunkt. Da in dieser Zeit die Lehrkräfte ihren Unterricht wieder selbst gestalteten, liegt keine Information darüber vor, ob die Intervention die Sichtweise oder Konzeption von Mathematikunterricht beeinflusst hat. Dies aber stellt eine mögliche Interpretation der unterschiedlichen „Verläufe" dar. Für weitere Untersuchungen dieser Art wäre es interessant, diesen Aspekt im Design zu berücksichtigen.

Die Methode der Bildung von Untergruppen in der Experimentalgruppe und deren Vergleich stellt insofern eine recht grobe Betrachtung dar, als dass nicht die gesamte Stichprobe herangezogen wird und teilweise ungleich große Gruppen entstehen. Um keine Einflussfaktoren auf den Erwerb experimenteller Kompetenz zu übersehen, wurden lineare Regressionsanalysen eingesetzt. Betrachtet wurden dabei die Variablen Geschlecht, Leistung im Fach Mathematik, Selbstbild, induktives Denken und Klassenzugehörigkeit[46] als mögliche Prädiktorvariablen, Kriteriumsvariablen waren die Skalen Strukturierung und Überprüfung. Datenbasis aller Variablen bildete der Post-Testzeitpunkt. Mittels Rückwärtselimination (vgl. beispielsweise Leonhart, 2010) wurden verschiedene Modelle getestet.

[46] Nicht betrachtet wurden die Motivation vor und nach dem Test, da sie nicht auf die Intervention bezogen war sowie die Leistung im Fach Deutsch.

Tabelle 30: Regressionsmodell zur Dimension Stukturierung

	Regressions-koeffizient	Sig.
Konstante	1,074	0,001
Klassenzugehörigkeit	0,094	0,009
Selbstbild	0,157	0,014

Tabelle 31: Regressionsmodell zur Dimension Überprüfung

	Regressions-koeffizient	Sig.
Konstante	1,618	0,000
Induktives Denken	0,076	0,025
Selbstbild	0,247	0,007

In beiden Dimensionen wurde die Anzahl der möglichen Prädiktoren auf zwei reduziert. Es wurden übereinstimmend die Variablen Geschlecht und Leistung im Fach Mathematik eliminiert und in beiden Bereichen das Selbstbild beibehalten. Aber auch die in den Tabellen dargestellten Modelle sind mit R^2 <0,15 in beiden Dimensionen wenig aussagekräftig. Entsprechend sieht man an der Größe der Koeffizienten, dass die Konstante, in diesem Fall das Training, das „beste" Regressionsmodell liefert.

Positiv gedeutet bedeutet das, dass der Erwerb experimenteller Kompetenzen vorwiegend auf das Training zurückzuführen ist. Es heißt auch, dass gute und schlechte Schülerinnen und Schüler im Fach Mathematik gleichermaßen von dem Training profitieren, ebenso wie beide Geschlechter. Es zeigt sich außerdem, dass das Fördern experimenteller Teilkompetenzen nicht vom induktiven Denken abhängt, was im Widerspruch zu der zuvor geäußerten Vermutung steht, dass die dem induktiven Denken zugrundeliegende Strategie des Vergleichens als Teilstrategie der Strukturierung gesehen werden könne. Keine der erhobenen Variablen dient also als Prädiktor für den erfolgreichen Erwerb experimenteller Teilkompetenzen. Natürlich können aber andere, nicht erhobene, personenbezogene Merkmale wie beispielweise Intelligenz eine Rolle spielen.

7.4 Diskussion der Ergebnisse

Mittels Faktorenanalyse und der Überprüfung der Skalenkorrelationen konnten sowohl aus inhaltlicher Perspektive als auch aus messtheoretischer Perspektive zwei Dimensionen unterschieden werden. Zum einen die Dimension, über die Strukturierung von Beispielen Vermutungen zu formulieren (Strukturierung) und zum anderen die Dimension, Vermutungen an geeigneten Beispielen zu überprüfen (Überprüfung). Diese beiden Dimensionen lassen sich aus der Theorie des innermathematischen Experimentierens ableiten und repräsentieren die beiden Richtungen der Raumwechsel im Drei-Räume-Modell. Damit beschreiben sie zentrale Teilfähigkeiten im Experimentierzyklus, nämlich die, die sich als Strategien bei Schülerinnen und Schülern finden lassen. Das Ziel, diese beiden Teilfähigkeiten psychometrisch zu modellieren, kann hier als erreicht betrachtet werden, auch wenn eine weiterführende Optimierung des Testinstruments angestrebt werden könnte. In diesem Zusammenhang ist zu beachten, dass der Anteil der aufgeklärten Varianz durch die beiden Faktoren über 45% beträgt. Da hier kein Wissen, sondern Fähigkeiten getestet werden, spielen möglicherweise andere Faktoren wie Intelligenz oder Problemlösefähigkeit o.ä. eine Rolle.

Darüber hinaus lässt die zunehmende Korrelation der beiden Skalen Strukturierung und Überprüfung über die drei Messzeitpunkte hinweg den Schluss zu, dass die Schülerinnen und Schüler der Experimentalgruppe in beiden Dimensionen Verbesserungen, also eine systematische Ausprägung in beiden Teilfähigkeiten zeigen, was ein Hinweis darauf sein könnte, dass hier das Lernen der beiden Teilfähigkeiten vernetzt werden konnte, was aus didaktischer Perspektive eine erstrebenswerte Zielsetzung wäre.

Die Teilnehmer der Experimentalgruppe, die im Rahmen der Unterrichtseinheit „Zahlenforscher" am Training experimenteller Teilkompetenzen teilgenommen haben, verbessern sich gegenüber der Kontrollgruppe sowohl im Bereich Strukturierung als auch im Bereich Überprüfung in deutlich größerem Ausmaß. Varianzanalysen mit Messwiederholung bestätigen einen signifikanten Zuwachs mit großen Effektstärken von η^2=0,307 und η^2=0,183 in beiden Bereichen. Die Effekte sind hier mit großer Wahrscheinlichkeit auf das Training zurückzuführen, da die Kontrollgruppe im Unterricht dieselben mathematischen Inhalte behandelte wie die Experimentalgruppe und viele denkbare weitere Einflüsse ausgeschlossen werden konnten. Das bedeutet, dass eine Verbesserung der hier beschriebenen Teilfähigkeiten durch ein gezieltes Training erreicht werden konnte, was zentrale Zielsetzung der Intervention war.

Vor Beginn des Trainings war das Selbstbild der Schülerinnen und Schüler der Experimentalgruppe in Bezug auf das Fach Mathematik deutlich höher als das der Kontrollgruppe, so dass die Effekte mittels einer Kovarianzanalyse um diesen Einflussfaktor bereinigt wurden. In den übrigen erhobenen möglichen Einflussfaktoren unterschieden sich die beiden Gruppen bei der Pre-Messung nicht signifikant.

Ergebnisse der vertieften Untersuchung der Experimentalgruppe konnten zugrundeliegende Hypothesen wie beispielsweise einen signifikanten Unterschied zwischen Jungen und Mädchen nicht bestätigen. Möglich wäre aber, dass die Geschlechter die Komponenten des Trainings wie beispielsweise die Impulssschlüssel tatsächlich unterschiedlich nutzen, worauf qualitative Analysen der Pilotphase hinweisen. Offensichtlich führt dies aber nicht zu einem nachweisbaren signifikanten Unterschied der Geschlechter in der Ausprägung der Teilfähigkeiten. Bei den weiteren untersuchten Variablen ergab sich lediglich im Bereich Klassenzugehörigkeit ein signifikanter Unterschied. Dass der Erfolg des Trainings in gewissem Maße von der Lehrkraft abhängt, also von der konkreten Umsetzung der Intervention, war zu erwarten. Es wird aber deutlich, dass der Haupteffekt durch die Intervention entsteht.

Hervorzuheben ist, dass durch die Unterschiedlichkeit der Aufgaben in Intervention und Test ein erforderlicher Transfer von strategischem und nicht inhaltlichem Wissen gelungen ist. Die Schülerinnen und Schüler waren nach dem Training in der Lage, erlernte Strategien auf andere Aufgaben und Inhalte zu übertragen.

Die Intervention als Unterrichtseinheit hat den Vorteil, dass sie in ihrer Komplexität der Unterrichtswirklichkeit entspricht und in ihrer Form direkt einsetzbar ist. Es kann mit der vorliegenden Studie allerdings nicht überprüft werden, welchen Einfluss die verschiedenen Komponenten des Trainings auf das Erlernen der Strategien haben. Das Training bietet neben den Experimentieraufgaben Impulsschlüssel, die bei der Aufgabenbearbeitung eingesetzt werden können. Außerdem sollen Gedanken und Ideen in schriftlicher Form in einem Forscherheft festgehalten werden und die Lehrkräfte kommunizieren mit den Schülerinnen und Schüler sowohl über den Einsatz der Impulse sowie über deren Bearbeitungen. Da an dieser Stelle sehr viele verschiedene Einflüsse wirken, könnte es beispielsweise sein, dass sich nur ein Teil der Elemente besonders günstig auf das Erlernen experimenteller Kompetenzen auswirkt. Für die Überprüfung weiterer Hypothesen zur Wirksamkeit der einzelnen Bausteine wäre ein differenziertes Kontrollgruppendesign notwendig gewesen. Die Wirkung der einzelnen Komponenten zu untersuchen, könnte Teil einer weiterführenden Fragestellung sein.

8 Diskussion und Ausblick

Beim Entstehen mathematischen Wissens spielen experimentelle Prozesse eine fundamentale Rolle. Dies bleibt in der Darstellung von Ergebnissen in mathematischen Publikationen oft verborgen, wird aber in den Arbeitsweisen von Mathematikern, die zu solchen Ergebnissen führen, offenbar. Ganz ähnliche experimentelle Prozesse können ablaufen, wenn Lernende mathematische Erkenntnisse erwerben, indem sie Mathematik „nacherfinden". Auf theoretischer Ebene lassen sich Konzepte zur Beschreibung solcher Prozesse finden, die auf Introspektion von Mathematikern wie beispielweise Euler beruhen, aber auch noch heute von Aktualität sind und als quasiempirisches Vorgehen bezeichnet werden können (Pólya, 1962; Lakatos, 1979; Heintz, 2000a). Durch den Bezug zu naturwissenschaftlichen Modellen zum Experimentieren lassen sich einerseits Analogien verdeutlichen, aber auch der besondere Charakter innermathematischen Experimentierens in der Mathematik hervorheben (Klahr & Dunbar, 2000). Eine nähere Beschreibung erkenntniserzeugender Prozesse lässt die Dreiteilung in abduktive, induktive und deduktive Prozesse zu (Peirce, Hartshorne, & Weiss, 1960b). Alle drei Formen wissenschaftlichen Erkenntnisgewinns spielen in der Mathematik eine bedeutende Rolle. Dabei lassen sich streng deduktive Prozesse vor allem der Absicherung mathematischen Wissens durch Beweis zuordnen, während im mathematischen Entstehungsprozess abduktive und induktive Prozesse eine größere Rolle spielen. Eine Fokussierung auf diese Teilprozesse mathematischen Erkenntnisgewinns bildet die Grundlage für die in dieser Arbeit in den Blick genommenen Experimentierprozesse.

Auch wenn mathematischen (Denk-)Prozessen ein experimenteller Charakter zugesprochen wird, so wird doch häufig nicht klar umrissen, was das genau bedeutet. Wenn aber eben solche Prozesse beim Entstehen von Mathematik bedeutsam sind, so ist die Frage nach einer theoretischen Fundierung gerade für die Mathematikdidaktik von Interesse, insbesondere dann, wenn ein solches Theoriekonzept auf die Bearbeitungsprozesse von Schülerinnen und Schülern angewendet, bzw. aufgrund empirischer Erkenntnisse weiterentwickelt werden soll.

Eine Theorie innermathematischen Experimentierens kann dazu beitragen, mathematisches Denken von Lernenden besser zu verstehen. Dieses Verständnis kann dazu genutzt werden, Lehr-Lernprozesse adressatenorientiert zu gestalten und zu initiieren. Darüber hinaus wird immer wieder die Bedeutung prozessbezogener Kompetenzen hervorgehoben, auch in den Bildungsstandards, so dass ein erfolgreiches Konzept zur Förderung von Kompetenzen in diesem Bereich Praxisrelevanz besitzt, denn die Kompetenzen, die innermathematisches Experimentieren erfordert, sollten Schülerinnen und Schüler letztlich ohnehin erwerben. Speziell für die Domäne der Mathematik waren diese Fragen nach einer empiriegestützten theoretischen Fundierung unter der Perspektive des Experimentierens allerdings bislang nicht Gegenstand der Forschung.

Für die vorliegende Arbeit lassen sich also folgende aufeinander aufbauende Zielsetzungen zusammenfassen:

1. ein empiriegestütztes theoretisches Modell innermathematischen Experimentierens zu *entwickeln*,
2. Teilkompetenzen innermathematischen Experimentierens zu *erfassen* und
3. experimentelle Kompetenz mittels einer Lernumgebung zu *fördern*.

Nachdem die Ergebnisse der Arbeit bereits im Detail diskutiert wurden (vgl. Abschnitt 4.5, Abschnitt 5.1 und Abschnitt 7.4), soll im Folgenden zusammengefasst und auf generellerer Ebene diskutiert werden, inwieweit diese Forschungsziele erreicht wurden.

8.1 Gewinn der Arbeit

Die Konzeptualisierung abduktiver und induktiver Prozesse als *innermathematisches Experimentieren* war ein grundsätzliches Anliegen der Arbeit. Um ein solches Konzept zu entwickeln, wurden mehrere Wege beschritten. Auf theoretischer Ebene lässt sich innermathematisches Experimentieren wie oben beschrieben innerhalb zahlreicher theoretischer Ansätze verorten. Die Betrachtung experimenteller Prozesse auf empirischer Ebene konnte durch die Studie zur Untersuchung von Vorgehensweisen beim innermathematischen Experimentieren realisiert werden und damit diese Prozesse präzisieren. Die ausführliche Darstellung des so entstandenen Theoriekonzepts verdeutlicht zwei wesentliche Perspektiven: innermathematisches Experimentieren als Prozess einerseits und als fundamentale Kompetenz andererseits. Beide Perspektiven manifestieren sich in vier zentralen Tätigkeiten: eigene Beispiele generieren, Strukturen finden, Hypothesen aufstellen und Hypothesen an Beispielen prüfen.

Auch die Perspektive auf Mathematik als lebendige Wissenschaft voller experimenteller Prozesse konnte dabei schrittweise gestützt werden. Eine Charakterisierung solcher Prozesse auf theoretischer Ebene bildete dabei den Anfang. Es konnte aufgezeigt werden, wie sich die Peirce´schen Kategorien Abduktion, Induktion und Deduktion als Theorierahmen für innermathematisches Experimentieren eignen. Die Verbindung dieser Kategorien mit dem Modell des Experimentierens als Suche in zwei Räumen (Klahr & Dunbar, 1988) und seine Weiterentwicklung zu einem Drei-Räume-Modell war insbesondere bei der Analyse von Experimentierprozessen Lernender hilfreich. Auf diese Weise konnten die gefundenen Vorgehensweisen als Strategien beim Wechsel zwischen Beispiel- und Hypothesenraum bzw. als Strategien innerhalb der beiden Räume interpretiert werden. Damit konnte das Drei-Räume-Modell wesentlich zum Verständnis der Prozesse und damit zur Theorieentwicklung beitragen. Die Theorie innermathematischen Experimentierens konnte anschließend durch Integration weiterer theoretischer Modelle angereichert werden. Das *Modell innermathematischen Experimentierens*, das aus dieser vertieften Analyse entwickelt wurde, kann einerseits als *Prozessmodell* und andererseits als *Kompetenzmodell* verstanden werden. Vier Prozessschritte verdeutlichen dabei einen idealisierten Kreislauf der Wissensgenerierung bei innermathematischem Experimentieren und stellen damit einen Gewinn auf theoretischer Ebene dar. Anhand eines solchen Modells können aber nicht nur Tätigkeiten, sondern auch Anforderungen an Lernende ermittelt werden, die sich als Teilkompetenzen innermathematischen Experimentierens beschreiben lassen.

Das vorliegende *Kategoriensystem* als ein wesentliches Ergebnis der empirischen Untersuchung von Experimentierprozessen bei offenen problemhaltigen Aufgaben stellt eine Bereicherung für weitere Forschungsvorhaben dar, bei denen mathematische Situationen exploriert werden. Derzeit wird das Kategoriensystem im Rahmen einer Studie zur Veränderung von Beliefs von Lehramtsstudierenden beim mathematischen Problemlösen mit Forschungsheften einer Validierungsprüfung unterzogen. Dabei werden die gewonnenen Prozesskategorien zu Ratingkategorien verdichtet, mit deren Hilfe die Qualität der Problemlöseprozesse in Forschungsheften quantifizierend erfasst werden soll (Bernack, Holzäpfel, Leuders, & Renkl, 2010). Um eine valide Beschreibung mathematischer Problemsituationen in größerer Breite vorzunehmen, ist es notwendig, auch explizit deduktive Prozesse in die theoretische und empirische Analyse einzubeziehen, beispielweise auf der Basis des Toulmin'schen Begründungsschemas (Toulmin, 1975; Schwarzkopf, 2000). Hierbei kann eine Unterscheidung individueller und kommunikativer Argumentationsprozesse zu vertieften Erkenntnissen führen.

Das entwickelte *Drei-Räume-Modell* könnte sich bei der weiteren, vertieften Erfassung experimenteller Prozesse bei der Bearbeitung innermathematischer Fragen als besonders interessant erweisen. Analog zu der Analyse von experimentellen Prozessen bei naturwissenschaftlichen Fragestellungen (Künsting, Thillmann, Wirth, Leutner, & Fischer, 2008) besteht die Aussicht, durch eine Analyse von Vorgehensweisen im Rahmen dieses Modells, erfolgreiche Typen von Experimentierern zu identifizieren. Dazu kann in nachfolgenden Studien eine weitere Analyse des Zusammenspiels von Vorgehensweisen im gesamten Prozess, sowie insbesondere ein Vergleich zwischen Laien und Experten beim experimentellen Arbeiten vorgenommen werden. Interessant könnte dabei auch sein, inwiefern sich Analogien zu entscheidenden naturwissenschaftlichen Vorgehensweisen (z. B. Identifikation und systematische Variation von relevanten Variablen) ergeben (vgl. Wirth, Thillmann, & Künsting, 2008).

Die Studie liefert auch Hinweise zu methodischen Fragen nach einer geeigneten empirischen Erfassung der beschriebenen Prozesse des Experimentierens. Bezüglich der

Untersuchungsmethoden und der Aufgabenauswahl konnten Vor- und Nachteile der Methoden bzw. die Stärken und Schwächen der Aufgaben herausgearbeitet werden. Auf der Basis dieser methodologischen Analyse können künftig weitere vertiefte Analysen, auch in anderen Inhaltsbereichen, vorgenommen werden. Inwiefern die Optimierungskriterien auf Gruppen mit extremer Expertise (Grundschüler – Wissenschaftler) ausgedehnt werden können, könnte Gegenstand weiterer Analysen werden. Hinweise auf Ähnlichkeiten liefert ansatzweise der Vergleich des Kategoriensystems mit den Beobachtungsarten Pólyas.

Mit der Erfassung experimenteller Kompetenz konnte die Tragfähigkeit des Modells innermathematischen Experimentierens empirisch geprüft werden. Gleichzeitig konnte damit ein Instrument zur Überprüfung der Förderbarkeit experimenteller Kompetenz im Sinne der oben genannten dritten Zielsetzung der Arbeit geschaffen werden.

Bei der Operationalisierung von vier Teilkompetenzen innermathematischen Experimentierens – Beispiele generieren, Strukturierung, Hypothese formulieren und Überprüfung – wurden Aufgaben entwickelt, deren Bearbeitung die jeweiligen Teilkompetenzen erforderten. Die Herausforderung war, den mathematischen Prozess des Experimentierens in einzelnen Items abzubilden. Dabei gelang es nicht, alle vier genannten Teilkompetenzen auch empirisch zu trennen. Ein möglicher Grund dafür könnte sein, dass innermathematisches Experimentieren in allen Tätigkeiten beispielbasiert ist, die Kompetenz des Beispielegenerierens also ein zentrale Funktion einnimmt, die als eigene Teilkompetenz daher nur schwer von anderen Teilkompetenzen trennbar ist. Beispielsweise kann ein bestimmtes Beispiel, das zu Beginn einer Aufgabenbearbeitung generiert wurde genauer betrachtet werden und zur Strukturierung genutzt werden, indem etwa Eigenschaften identifiziert werden. Ebenso kann ein zuvor generiertes Beispiel zur Hypothesenprüfung herangezogen werden. Es zeigt sich also, dass die Teilkompetenz Beispiele zu generieren beim innermathematischen Experimentieren von durchdringender Bedeutung ist, aber eben deshalb auch sehr schwer von den anderen Teilkompetenzen losgelöst werden kann. Ähnlich verhält es sich mit der Teilkompetenz Hypothesen aufzustellen. Die Formulierung einer Hypothese bildet den Endpunkt eines Strukturierungsprozesses und ist damit so eng mit dieser Teilkompetenz verbunden, dass die empirische Zusammenführung der beiden Teilkompetenzen auch aus theoretischer Sicht plausibel erscheint.

Die gemeinsame Betrachtung von Teilkompetenzen auf die oben beschriebene Weise führt zu einer Trennung von zwei Teilkompetenzen, die aus theoretischer Sicht sinnvoll ist und darüber hinaus empirisch gestützt werden kann: (1) über die *Strukturierung* von Beispielen zu einer Vermutung zu kommen und (2) *Überprüfung* von Vermutungen an Beispielen. Mit dieser Dualität gelingt also eine psychometrische Präzisierung der Teilkompetenzen, die den Wechsel zwischen Beispiel- und Hypothesenraum repräsentieren und untermauert so die Tragfähigkeit des theoretischen Modells innermathematischen Experimentierens.

Mit der Entwicklung des Testinstruments, das im Rahmen der Studie eingesetzt wurde, ist ein erster Schritt der psychometrischen Erfassung experimenteller Kompetenz getan. Trotz dreifacher Pilotierung des Testinstruments, zeigten sich beim Einsatz in der Interventionsstudie weitere Optimierungsmöglichkeiten hinsichtlich der Eignung von Items. Dies könnte daran liegen, dass die Stichproben in den einzelnen Pilotierungsphasen deutlich kleiner waren, so dass hier teilweise andere Ergebnisse entstanden. In einer anschließenden Untersuchung könnte man versuchen, experimentelle Fähigkeiten differenzierter zu erfassen und sie möglicherweise auch themenübergreifender zu operationalisieren.

Eine weitere Möglichkeit wäre, in Folgeuntersuchungen eher Prozessqualitäten zu erfassen, was mit dem hier verwendeten Messinstrument nicht möglich ist. Die Verdichtung von 23 Kategorien, die individuelles Vorgehen beschreiben, auf einen zweidimensionalen Fähigkeitswert ist ein sehr großer Schritt, der mit Informationseinbußen einhergeht. Die Auswertung von Prozessdaten, die im Rahmen dieser Arbeit nicht mehr möglich war, könnte hier tiefere Einblicke ermöglichen. Beispielsweise wäre es interessant, verschiedene Experimentiertypen unterscheiden zu können wie sie beispielsweise Klahr und Dunbar identifizieren konnten (Klahr & Dunbar, 2000; Haverty, Koedinger, Klahr, & Alibali, 2000).

Die Aufgaben selbst, die zur Messung der Teilfähigkeiten entwickelt wurden, haben darüber hinaus größeres Potenzial. Sie eignen sich insbesondere auch zur Individualdiagnose. Wenn man schriftliche Bearbeitungen näher betrachtet, so kann man Aufschluss über Lösungswege Lernender erhalten und damit auch über ihre Schwierigkeiten in den jeweiligen Teilbereichen. Ebenso wäre es denkbar, die Aufgaben in Interviewsituationen zur Diagnose einzusetzen, was im Hinblick auf Lernbedarf von Schülerinnen und Schülern von Bedeutung ist und damit auch zur Gestaltung künftigen Unterrichts (vgl. Peter-Koop & Prediger, 2005).

Aufbauend auf das oben beschriebene empiriegestützte Kompetenzmodell konnte ein *Förderkonzept* experimenteller Teilkompetenzen anhand der Inhalte Teilbarkeit und Primzahlen ausgearbeitet werden. Die so entstandene Lernumgebung wurde im Rahmen der Intervention im Umfeld regulären Unterrichts an Realschulen umgesetzt, um zu klären, inwiefern experimentelle Teilkompetenzen durch ein solches Training gefördert werden können.

Im Vergleich zur Kontrollgruppe (n=101) zeigte die Experimentalgruppe (n=126) in den beiden erfassten Teilkompetenzen Strukturierung und Überprüfung deutlich mehr Zuwachs. Dieser Zuwachs kann mit großer Wahrscheinlichkeit als Erfolg des Trainings verbucht werden, da der Einfluss zahlreicher weiterer Faktoren wie Leistung im Fach Mathematik und Deutsch, Geschlecht, Fähigkeit zum induktiven Denken, Motivation und Selbstbild ausgeschlossen werden konnte. Besonders hervorzuheben ist hierbei die Transferleistung der Schülerinnen und Schüler auf andere Aufgabentypen und Inhalte (vgl. Klauer, 2011).

Allerdings kann hinsichtlich des Lernzuwachses auf inhaltlicher Ebene keine Aussage gemacht werden. Im Rahmen der Studie stand die Entwicklung experimenteller Kompetenz im Fokus. Es konnte gezeigt werden, dass Teilkompetenzen in zwei zentralen Bereichen nachhaltig erworben wurden. Diese wurden erfasst, nicht aber ihre Lernwirkung. Das bedeutet, es gibt Experimentierkompetenz, die beim Entdecken neuen mathematischen Wissens eingesetzt werden kann. Ob mit einer solchen Kompetenz aber letztlich auch besser Inhalte gelernt werden, ist noch offen. Die Gestaltung der Lernumgebung und die Erfahrungen bei ihrem Einsatz lassen es plausibel erscheinen, dass der Aufbau inhaltlichen Wissens auch bei gleichzeitiger Strategieförderung nicht vernachlässigt wurde, ein empirischer Nachweis dieser Aussage ist innerhalb des durchgeführten Projektes jedoch nicht zu führen. Bedeutsam ist dieser Aspekt insbesondere auch in Bezug auf entdeckendes Lernen (z.B. Kirschner, Sweller, & Clark, 2006; Mayer, 2004). Letztlich könnte mit der Entwicklung experimenteller Kompetenz möglicherweise auch entdeckendes Lernen geschult werden.

Die entwickelte Lernumgebung wurde für den Einsatz in der 6. Jahrgangsstufe konzipiert, wäre aber auch bereits je nach Umsetzung der Inhalte in der 5. Jahrgangsstufe denkbar. Ein Einsatz in höheren Klassenstufen wäre insofern vermutlich sogar mindestens ebenso erfolgreich, als die Schülerinnen und Schüler dann bereits auf inhaltlicher Ebene auf vorhandenes Wissen zurückgreifen könnten und der Erwerb von Strategien dadurch möglicherweise begünstigt wird. Ein großer Nutzen der Lernumgebung ist, dass sie sehr unterrichtsnah konzipiert wurde und damit direkt einsetzbar ist. Die Ergebnisse der Intervention lassen eine solche Nutzung in der Praxis zur konkreten Förderung experimenteller Kompetenzen wünschen.

Der Einsatz einer solchen Lernumgebung erfordert von Lehrkräften die Auseinandersetzung mit individuellen mathematischen Denkweisen von Schülerinnen und Schülern. Das kann dabei helfen, Kompetenzen der Lernenden besser einzuordnen. Ebenso kann es wie bereits angesprochen bei der Diagnose von Schwierigkeiten hilfreich sein, wenn Lernwege nachvollzogen werden können. Solche Überlegungen könnten hinsichtlich Lehrerausbildung, und auch Lehrerfortbildung Konsequenzen haben. In der Lehrerausbildung in der Weise, dass Studierende selbst Erfahrungen mit dem Generieren von mathematischen Zusammenhängen machen und anschließend theoretisch reflektieren, beispielweise durch den Einsatz von Forscherheften in Seminaren (Bernack et al., 2010). Der Weg zu einer Entdeckung wird als lernförderlich empfunden. Auch wenn nicht jeder zu einer Lösung für sich kommt, ist es hilfreich, dass sich alle mit einem Phänomen oder Problem befassen, bevor man sich systematisch damit auseinandersetzt. In Bildungsstandards wird aktives Entdecken von Schülerinnen und Schüler immer wieder gefordert. Die Lernumgebung, die im Rahmen dieser Arbeit entwickelt wurde, gibt auch Hinweise zur Gestaltung von Unterricht und zur Begleitung solcher Prozesse bei Schülerinnen und Schülern. Von großem Vorteil war an dieser Stelle die Anbindung an das fachdidaktische Forschungs- und Entwicklungsprojekt KOSIMA (Barzel, Prediger, Leuders, & Hußmann, 2011). In dem hierbei entwickelten

Schulbuch *mathewerkstatt* wird der Phase des Entdeckens als einer von drei wesentlichen Phasen große Bedeutung beigemessen, so dass hier auf eine große Auswahl geeigneter Aufgaben zurückgegriffen werden konnte, die in das Förderkonzept experimenteller Teilkompetenzen eingebunden wurden. Auf der Basis dieses Konzepts wäre eine Fortbildung für Lehrkräfte im Bereich des entdeckenden Lernens denkbar, die auf die Wahrnehmung und Anregung experimenteller Lernprozesse abzielen könnte.

Die Förderung experimenteller Kompetenz kann als Teil mathematischer Kompetenz dazu beitragen, dass Fähigkeiten geschult werden, die auch in anderen Bereichen von Bedeutung sind wie beispielsweise oben angesprochen beim entdeckenden Lernen. Ebenso können die Strategien, die im Rahmen der Lernumgebung gefördert werden, auch beim mathematischen Problemlösen oder in Situationen des Modellierens, wenn eine mathematische Lösung gesucht werden soll, angewendet werden. Insofern kommt experimenteller Kompetenz eine fundamentale Bedeutung zu.

8.2 Methodenreflexion

Empirische Forschungsprojekte haben häufig eines von zwei Zielen: sie generieren Theorie oder sie prüfen Theorie. Ein gutes fachdidaktisches Projekt in einem Bereich, der noch nicht gut beforscht ist, braucht jedoch beides: theoriebildende und theorieprüfende Elemente. In dieser Arbeit war es – nicht zuletzt durch die Einbindung in das Promotionskollegs „Experimentieren im mathematisch–naturwissenschaftlichen Unterricht“ (kurz: ExMNU) - möglich, beides zu verwirklichen. Ein im Rahmen dieses Kollegs entwickeltes Modell der Integration dieser beiden unterschiedlichen Forschungsansätze kann zur Verdeutlichung des Einsatzes beider Elemente herangezogen werden.

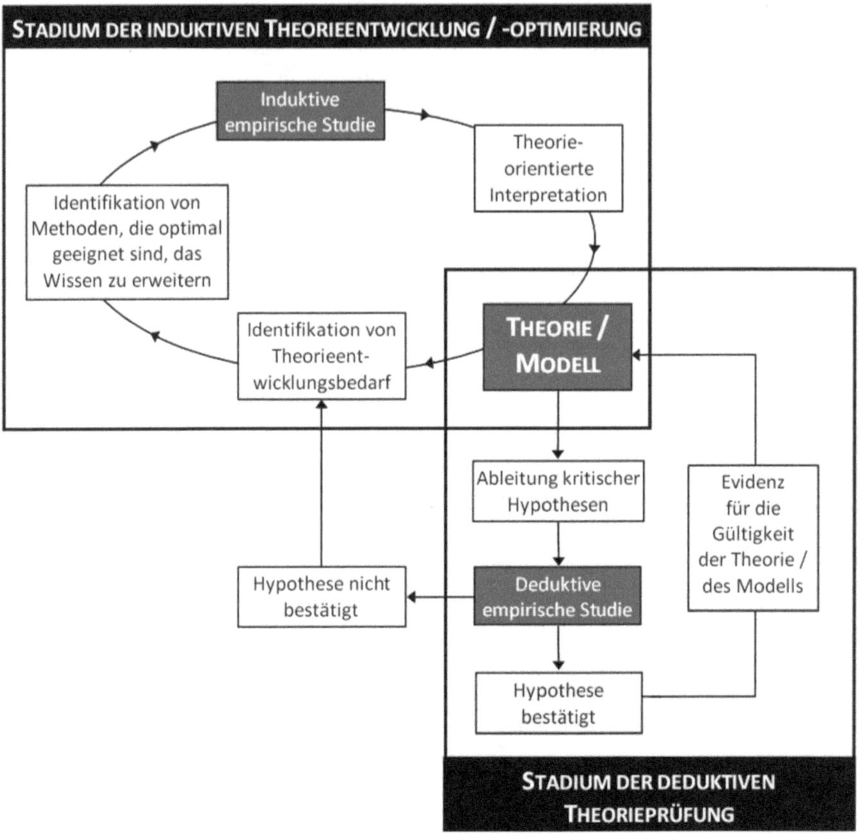

Abbildung 39: Zusammenspiel theoriegenerierender und –prüfender Schritte empirischen Arbeitens (aus: Wirtz & Schulz, 2012, p. 62)

Unterscheiden lassen sich hierbei zwei wesentliche Stadien, die der Theorieentwicklung und die der Theorieprüfung. Den Mittelpunkt – und gleichzeitig die Schnittstelle zwischen beiden Stadien – bildet die Theorie selbst. Im Idealfall ergänzen sich also beide Elemente. Die im Rahmen dieser Arbeit durchgeführte empirische Studie zur Untersuchung von Experimentierprozessen (vgl. Kapitel 4) lässt sich in Abbildung 39 dem oberen Kreislauf der induktiven *Theorieentwicklung* zuordnen. Ausgangspunkt bildet hierbei der Bedarf einer theoretischen Verankerung experimenteller Prozesse beim „Mathematiktreiben“. Der Einsatz mehrerer Erhebungsmethoden in Bezug auf die unterschiedlichen Kohorten und das sukzessive Datenerheben zeigen den in sich nochmals zirkulären Prozesscharakter dieser *qualitativen* Studie auf. Ziel war es auf der Basis des Verständnisses experimenteller Prozesse aus empirischen Daten eine Theorie innermathematischen Experimentierens zu entwickeln.

Die so entstandene Theorie wurde anschließend auf zweierlei Arten validiert: In einem ersten Schritt durch die Verknüpfung mit bereits bestehenden theoretischen Konzepten (vgl. Kapitel 5) wie beispielsweise induktivem Denken. In einem zweiten Schritt durch die Modellierung experimenteller Teilkompetenzen und deren Erfassung. Auch die in der Interventionsstudie (vgl. Kapitel 6) untersuchte Förderbarkeit dieser Teilkompetenzen trägt Anhaltspunkte für die Tragfähigkeit einer Theorie mittels *quantitativer Methoden* bei. Diese Schritte dienen also der *Theorieprüfung*, die im Modell im unteren Kreislauf dargestellt ist. Die Gültigkeit einer Theorie ist umso höher, je höher die interne Validität der theorieprüfenden Studie zu bewerten ist (Wirtz & Schulz, 2012). In der hier vorliegenden Interventionsstudie kann die *interne Validität* insofern als hoch bezeichnet werden, als dass eine Vielzahl möglicher Einflussfaktoren parallelisiert und kontrolliert werden konnten (vgl. Abschnitt 6.5). Hinsichtlich der *externen Validität* ist die Einschränkung vorzunehmen, dass die Lehrkräfte an der Studie freiwillig teilnahmen. Insofern wäre eine Übertragbarkeit ausschließlich auf Lehrkräfte möglich, die die Lernumgebung aus eigenem Interesse einsetzen würden.

Das Ineinandergreifen von theorieentwickelnden und theorieprüfenden Studien lässt die Integration qualitativer und quantitativer Methoden (*Mixed Methods Designs*) zu. Auf diese Weise können die Vorzüge beider Methodentraditionen gewinnbringend eingesetzt werden (Kelle, 2008). Mittels der qualitativen Studie zur Untersuchung von Experimentierprozessen konnte Gegenstandsbezug gewährleistet werden, indem Bearbeitungsprozesse Mathematiklernender unterschiedlicher Altersstufen analysiert wurden. Ergebnisse der quantitativen Interventionsstudie erlauben Aussagen, die eher verallgemeinerbar sind. In diesem Sinne ist die Verknüpfung unterschiedlicher Methoden mit ihrer unterschiedlichen Zielsetzung – der Theoriegewinnung und –prüfung – als Qualitätsmerkmal der Arbeit zu verstehen.

8.3 Ausblick

Mit den in dieser Arbeit vorgestellten Studien konnten wesentliche Grundlagen für ein Konzept innermathematischen Experimentierens im Mathematikunterricht erarbeitet werden. Das Projekt konnte insgesamt zur theoretischen und empirischen Fundierung induktiver und abduktiver Prozesse und Kompetenzen im Mathematikunterricht beitragen. Aus den Ergebnissen der Studien ergeben sich weitere Fragestellungen, die gerade im Hinblick auf schulische Praxis und die curriculare Forderung nach mathematischer Kompetenzentwicklung von Bedeutung sein können.

Zunächst wäre auf theoretischer Ebene von Interesse, wie sich experimentelle Kompetenz über die Altersstufen hinweg entwickelt. Auch im Bereich des Problemlösens gibt es hierzu bislang kaum Erkenntnisse (Heinze, 2007). Für die Gestaltung von Unterricht wäre eine nähere Untersuchung der Elemente der Intervention aufschlussreich. So könnte ermittelt werden, inwiefern das Schreiben, die Kommunikation oder der

Einsatz der Impulsschlüssel das Erlernen der Strategien unterstützt. Auch wissenswert wäre, inwiefern sich die beiden Gruppen hinsichtlich ihres Inhaltswissens unterscheiden. Ob also entweder Strategien oder Inhalte erlernt werden oder beides zusammen. Oder ob sogar Inhalte in der Verbindung mit Strategielernen besser erlernt werden.

Auch die empirische Ausdifferenzierung des Bereichs des *problem posing* (Brown & Walter, 2005), also wie Schülerinnen und Schüler überhaupt zu einer Fragestellung gelangen, könnte als Teilbereich des innermathematischen Experimentierens, aber auch im Kontext von Problemlösen interessant sein.

Das Forschungsprojekt stand wie bereits angesprochen in einem größeren Kontext des *Experimentierens im mathematisch-naturwissenschaftlichen Unterricht*. Hierbei stellt sich die Frage, inwiefern innermathematisches Experimentieren in eine breitere Fragestellung eingebettet werden kann. Möglicherweise lassen sich etwa Untersuchungen zu kognitiven Prozessen beim naturwissenschaftlichen Experimentieren mit denen in der Mathematik in Verbindung bringen (Künsting et al., 2008; Thillmann, 2008). Das Modell des Experimentierens als Suche in zwei Räumen (SDDS) von Klahr und Dunbar (Klahr & Dunbar, 1988) konnte zur Analyse experimenteller Prozesse im Fach Mathematik genutzt und erweitert werden und bietet so eine weitere Anknüpfungsmöglichkeit. Nachdem nun experimentelle Kompetenzen identifiziert und gefördert wurden, wäre in einem weiteren Schritt möglich, die Qualität von Experimentierprozessen zu untersuchen, also gute und schlechte Experimentierprozesse zur unterscheiden. Denkbar wäre hier ein Setting, das die drei postulierten Räume computergeneriert vorgibt und dabei Schülerprozesse strukturieren und erfassen kann. Damit gelänge eine Anbindung an ein Konzept aus den Naturwissenschaften, bei dem eine Computerumgebung auf der Basis des Zwei-Räume-Modells zur Untersuchung solcher Prozesse genutzt wurde (Wirth et al., 2008).

Wenn auch solche Fragestellungen im Moment noch offen bleiben, so kann vor dem Hintergrund der Befunde dieser Arbeit konstatiert werden, dass innermathematisches Experimentieren bei mathematischem Wissenserwerb eine bedeutende Rolle spielt. Es konnte aufgezeigt werden, welche Vorgehensweisen, Strategien und Kompetenzen dabei zentral sind und wie sie im Mathematikunterricht gefördert werden können. Dass ähnliche Kompetenzen in anderen Bereichen gefordert werden, unterstreicht die fundamentale Bedeutung innermathematischen Experimentierens.

9 Literatur

Aebli, H. (1994). *Denken: das Ordnen des Tuns* (2. Aufl., Bd. 2: Denkprozesse). Stuttgart: Klett-Cotta.

Amelang, M., & Schmidt-Atzert, L. (2006). *Psychologische Diagnostik und Intervention* (4., vollstäNdig überarbeitete und erweiterte Auflage.). *Springer-Lehrbuch*. Berlin, Heidelberg: Springer Medizin Verlag Heidelberg.

Barzel, B., Prediger, S., Leuders, T., & Hußmann, S. (2011). Kontexte und Kernprozesse - Aspekte eines theoriegeleiteten und praxiserprobten Schulbuchkonzepts. In *Beiträge zum Mathematikunterricht 2011*. Münster: WTM-Verlag.

Baumert, J., Stanat, P., & Demmrich, A. (2001). PISA 2000: Untersuchungsgegenstand, theoretische Grundlagen und Durchführung der Studie. In Deutsches PISA-Konsortium (Ed.), *PISA 2000. Basiskompetenzen von Schülerinnen und Schülern im internationalen Vergleich* (pp. 15–68). Opladen: Leske + Budrich.

Berg, G. (2009). Zur Konjunktur des Begriffs "Experiment" in den Natur-, Sozial- und Geisteswissenschaften. In M. Eggers & M. Rothe (Eds.), *Science studies. Wissenschaftsgeschichte als Begriffsgeschichte. Terminologische Umbrüche im Entstehungsprozess der modernen Wissenschaften* (pp. 51–82). Bielefeld: transcript-Verl.

Bernack, C., Holzäpfel, L., Leuders, T., & Renkl, A. (2010). Forschungshefte als Instrument der Professionalisierung von Mathematiklehrerinnen und Mathemtaiklehrern (ForMat). In *Beiträge zum Mathematikunterricht 2010* (pp. 153–156). Münster: Martin Stein.

Betsch, T., Funke, J., & Plessner, H. (Eds.). (2011). *Springer-Lehrbuch. Denken - Urteilen, Entscheiden, Problemlösen: Allgemeine Psychologie für Bachelor*. Berlin, Heidelberg: Springer-Verlag Berlin Heidelberg.

Böhm, A. (2005). Theoretisches Codieren: Textanalyse in der Grounded Theory. In U. Flick, E. v. Kardorff, & I. Steinke (Eds.), *Rororo Rowohlts Enzyklopädie: Vol. 55628. Qualitative Forschung. Ein Handbuch* (4th ed., pp. 475–485). Reinbek bei Hamburg: Rowohlt-Taschenbuch-Verl.

Bortz, J., & Döring, N. (2006). *Forschungsmethoden und Evaluation: Für Human- und Sozialwissenschaftler* (4., überarbeitete Auflage.). *Springer-Lehrbuch*. Berlin, Heidelberg: Springer Medizin Verlag Heidelberg.

Borwein, J. M., & Bailey, D. H. (2004). *Mathematics by experiment: Plausible reasoning in the 21st century*. Natick, Mass.: A K Peters.

Brown, S. I., & Walter, M. I. (2005). *The art of problem posing* (3. ed.). Mahwah, NJ: Erlbaum.

Bruder, R. (2003). *Methoden und Techniken des Problemlösenlernens: Material im Rahmen des BLK-Programms "Sinus" zur "Steigerung der Effizienz des mathematisch-naturwissenschaftlichen Unterrichts"*. Kiel: IPN.

Büchter, A., & Leuders, T. (2005). *Mathematikaufgaben selbst entwickeln: Lernen fördern - Leistung überprüfen*. Berlin: Cornelsen Scriptor.

Bühl, A. (2008). *SPSS 16: Einführung in die moderne Datenanalyse* (11., überarb. und erw. Aufl.). *st - Scientific tools*. München: Pearson Studium.

Bühner, M. (2006). *Einführung in die Test- und Fragebogenkonstruktion* (2., aktualisierte und erw. Aufl.). München: Pearson Studium.

Bundesministerium für Bildung und Forschung (BMBF) (Ed.). (2007). *Zur Entwicklung nationaler Bildungsstandards: Eine Expertise*. Bonn, Berlin.

Chazan, D. (1990). Quasi-empirical views of mathematics and mathematics teaching. *Interchange, 21*((1)), 14–23.

Cook, T. D., & Campbell, D. T. (1979). *Quasi-experimentation: Design & analysis issues for field settings*. Chicago: McNally.

Courant, R., & Robbins, H. (2010). *Was ist Mathematik?* (5th ed.). Heidelberg u.a: Springer.

Davis, P. J., & Hersh, R. (1998, c1981). *The mathematical experience* (1st ed.). Boston: Houghton Mifflin.

DeBellis, V., Rosenstein, J., Hart, E., & Kenney, M. (Eds.). (2009). *Navigating Through Discrete Mathematics in Prekindergarten-5*. Reston, Va: National Council of Teachers of Mathematics.

Doran, R., Lawrenz, F., & Helgeson, S. (1994). Research on Assessment in Science. In D. L. Gabel (Ed.), *Handbook of research on science teaching and learning. A project of the National Science Teachers Association*. New York u.a.: Macmillan u.a.

Dörner, D. (1979). *Problemlösen als Informationsverarbeitung* (2. Aufl.). Stuttgart [u.a.]: Kohlhammer.

Doyle, W. (1983). Academic Work. *Review of Educational Research, 53*(2), 159–199.

Engel, A. (1998). *Problem-solving strategies*. New York: Springer.

Epstein, D., & Levy, S. (1995). Experimentation and Proof in Mathematics. *Notices of the AMS, Volume 42*(Number 6), 670–674.

Euler, L. (1761). Specimen de usu observationum in mathesi pura: (Example of the use of observation in pure mathematics). In *Novi Commentarii academiae scientiarum Petropolitanae* (Vol. 6, pp. 185–230). Anonymos.

Euler, L. (1910). *Leonhardi Euleri Opera Omnia*: Birkhäuser Verlag.

Eysenck, M. W., & Keane, M. T. (Eds.). (2000). *Cognitive psychology: A student's handbook* (4th ed.). Hove: Psychology Press.

Fann, K. T. (1970). *Peirce's theory of abduction*. The Hague: Nijhoff.

Flach, P. A., & Kakas, A. (2000a). Abductive and inductive reasoning: background and issues. In P. A. Flach & A. C. Kakas (Eds.), *Applied logic series: Vol. 18. Abduction and induction. Essays on their relation and integration* (pp. 1–30). Dordrecht: Kluwer.

Flach, P. A., & Kakas, A. C. (Eds.). (2000b). *Applied logic series: Vol. 18. Abduction and induction: Essays on their relation and integration*. Dordrecht: Kluwer.

Frederiksen, N. (1984). Implications of Cognitive Theory for Instruction in Problem Solving. *Review of Educational Research, 54*(3), 363–407.

Freudenthal, H. (1973). *Mathematik als pädagogische Aufgabe* (1. Aufl.). *Klett-StudienbücherKlett-Studienbücher Mathematik*. Stuttgart: Klett.

Friebertshäuser, B., & Prengel, A. (2003). *Handbuch qualitative Forschungsmethoden in der Erziehungswissenschaft* (Studienausg.). Weinheim: Juventa-Verl.

Funke, J. (2003). *Problemlösendes Denken* (1. Aufl.). Stuttgart: Kohlhammer.

Funke, J. (2011). Problemlösen. In T. Betsch, J. Funke, & H. Plessner (Eds.), *Springer-Lehrbuch. Denken - Urteilen, Entscheiden, Problemlösen. Allgemeine Psychologie für Bachelor* (pp. 137–199). Berlin, Heidelberg: Springer-Verlag Berlin Heidelberg.

Gallin, P., & Ruf, U. (1991). *Sprache und Mathematik in der Schule: Auf eigenen Wegen zur Fachkompetenz* (2nd ed.). Zürich: Verl. Lehrerinnen und Lehrer Schweiz.

Glaser, B. G., & Strauss, A. A. L. (1998). *Grounded theory: Strategien qualitativer Forschung. GesundheitswissenschaftenMethoden*. Bern: Huber.

Goldin, G. A. (2004). Problem solving heuristics, affect, and discrete mathematics. *Zentralblatt für Didaktik der Mathematik, 36*(2), 56–60.

Gürtler, T., Perels, F., & Schmitz, B. &. B. R. (2002). Training zur Förderung selbstregulativer Fähigkeiten in Kombination mit Problemlösen in Mathematik. *Zeitschrift für Pädagogik*, (45. Beiheft), 222–239.

Hadamard, J. (1954). *An essay on the psychology of invention in the mathematical field*. New York: Dover Publ.

Hager, W., Patry, J.-L., & Brezing, H. (2000). *Evaluation psychologischer Interventionsmaßnahmen: Standards und Kriterien: ein Handbuch* (1. Aufl.). *Aus dem Programm Huber*. Bern: Huber.

Halmos, P. R. (1980). The Heart of Mathematics. *The American Mathematical Monthly, Vol. 87*(7), 519–524.

Hammann, M., Phan, T. T. H., & Bayrhuber, H. (2007). Experimentieren als Problemlösen: Lässt sich das SDDS-Modell nutzen, um unterschiedliche Kompetenzen beim Experimentieren zu messen? *Zeitschrift für Erziehungswissenschaften*, (Sonderheft 8), 33-49.

Hart, E., Kenney M., Rosenstein J., & DeBellis V. (Eds.). (2008). *Navigating Through Discrete Mathematics in Grades 6-12*. Reston, Va: National Council of Teachers of Mathematics.

Haverty, L., Koedinger, K. R., Klahr, D., & Alibali, M. W. (2000). Solving Inductive Reasoning Problems in Mathematics: Not-so-Trivial Pursuit. *Cognitive Science*, (2), 249–298.

Heinrich, F. (2004). *Strategische Flexibilität beim Lösen mathematischer Probleme: Theoretische Analysen und empirische Erkundungen über das Wechseln von Lösungsanläufen*. Schriftenreihe Didaktik in Forschung und Praxis: Bd. 17. Hamburg: Kovaéc.

Heinrich, F. (2010). "Strategiefehler" beim Bearbeiten mathematischer Probleme. *Der Mathematikunterricht*, *56*(3), 33–43.

Heintz, B. (2000a). *Die Innenwelt der Mathematik: Zur Kultur und Praxis einer beweisenden Disziplin. Aesthetik und Naturwissenschaften. Bildende Wissenschaften - Zivilisierung der Kulturen*. Berlin: Springer.

Heintz, B. (2000b). "In der Mathematik ist ein Streit mit Sicherheit zu entscheiden": Perspektiven einer Soziologie der Mathematik. *Zeitschrift für Soziologie, Jg. 29*(Heft 5), 339–369.

Heinze, A. (2007). Problemlösen im mathematischen und außermathematischen Kontext. *Journal für Mathematikdidaktik*, *28*(1), 3–30.

Hembree, R. (1992). Experiments and Relational Studies in Problem Solving: A Meta-Analysis. *Journal for Research in Mathematics Education*, *23*(3), 242-273.

Hoyningen-Huene, P. (1987). Context of Discovery and Context of Justification. *Studies in History and Philosophy of Science*, *18*, 501–515.

Hoyningen-Huene, P. (1991). Der Zusammenhang von Wissenschaftsphilosophie, Wissenschaftsgeschichte und Wissenschaftssoziologie In der Theorie Thomas Kuhns. *Journal for General Philosophy of Science*, (Volume 22, Number 1), 43–59.

Hoyningen-Huene, P. (2006). Context of Discovery versus Context of justification and Thomas Kuhn. In J. Schickore & F. Steinle (Eds.), *Archimedes: Vol. 14. Revisiting discovery and justification. Historical and philosophical perspectives on the context distinction* (pp. 119–131). Dordrecht: Springer.

Huber, O. (2002). *Das psychologische Experiment: Eine Einführung* (1. Nachdr. [der] 3. Aufl., unveränd. nach der 2., erg. und korrigierten Aufl.). *Aus dem Programm Huber*. Bern: Huber.

Hübner, S., Nückles, M., & Renkl, A. (2007). Lerntagebücher als Medium selbstgesteuerten Lernens: Wie viel instruktionale Unterstützung ist sinnvoll? *Empirische Pädagogik*, (21), 119–137.

Hußmann, S. (2003). Lerntagebücher – Mathematik in der Sprache des Verstehens. In T. Leuders (Ed.), *Mathematik-Didaktik. Praxishandbuch für die Sekundarstufe I und II* (pp. 75–92). Berlin: Cornelsen-Scriptor.

Hußmann, S., & Lutz-Westphal, B. (Eds.). (2007). *Kombinatorische Optimierung erleben: In Studium und Unterricht*. Wiesbaden: Frieds. Vieweg & Sohn Verlag.

Hußmann, S., Leuders, T., Prediger, S., & Barzel, B. (2011). Kontexte für sinnstiftendes Mathematiklernen (KOSIMA) - ein fachdidaktisches Forschungs- und Entwicklungsprojekt. In *Beiträge zum Mathematikunterricht 2011*. Münster: WTM-Verlag.

Hussy, W. (1998). *Denken und Problemlösen* (2., überarb. und erw. Aufl.). *Urban-Taschenbücher: Vol. 557*. Stuttgart: Kohlhammer.

Kelle, U. (2008). *Die Integration qualitativer und quantitativer Methoden in der empirischen Sozialforschung: Theoretische Grundlagen und methodologische Konzepte* (2nd ed.). Wiesbaden: VS Verl. für Sozialwiss.

Keppel, G., & Wickens, T. D. (2004). *Design and analysis: A researcher's handbook : Fourth edition* (4. ed., international ed.). Upper Saddle River, NJ: Pearson Prentice Hall.

Kirschner, P. A., Sweller, J., & Clark, R. E. (2006). Why minimal guidance during instruction does not work: An analysis of the failure of constructivist, discovery, problem-based, experiental, and inquiry-based teaching. *Educational Psychologist*, (41), 75–86.

Klahr, D., & Dunbar, K. (1988). Dual space search during scientific reasoning. *Cognitive Science*, (12), 1–48.

Klahr, D., & Dunbar, K. (2000). *Exploring science: The cognition and development of discovery processes. A Bradford book*. Cambridge, Massachusetts: MIT Press.

Klauer, K. J. (1991). Erziehung zum induktiven Denken - Neue Ansätze der Denkerziehung. *Unterrichtswissenschaft, 19.*(Heft 2), 135–151.

Klauer, K. J. (2011). *Transfer des Lernens: Warum wir oft mehr lernen als gelehrt wird* (1st ed.). Stuttgart: Kohlhammer.

Klauer, K. J. (Ed.). (1993). *Kognitives Training*. Göttingen: Hogrefe.

Klauer, K. J., & Phye, G. D. (2008). Inductive Reasoning: A Training Approach. *Review of Educational Research*, *78*(1), 85–123.

Klieme, E., & Hartig, J. (2008). Kompetenzkonzepte in den Sozialwissenschaften und im erziehungswissenschaftlichen Diskurs. In M. Prenzel, I. Gogolin, & H.-H. Krüger (Eds.), *Zeitschrift für Erziehungswissenschaft: Vol. 8. Kompetenzdiagnostik* (pp. 11–29). Wiesbaden: VS Verlag für Sozialwissenschaften / GWV Fachverlage GmbH Wiesbaden.

Klieme, E., & Leutner, D. (2006). Kompetenzmodelle zur Erfassung individueller Lernergebnisse und zur Bilanzierung von Bildungsprozessen: Beschreibung eines neu eingrichteten Schwerpunktprogramms der DFG. *Zeitschrift für Pädagogik*, *52*(6), 876–903.

Klieme, E., Maag-Merki, K., & Hartig, J. (2007). Kompetenzbegriff und Bedeutung von Kompetenzen im Bildungswesen. In Bundesministerium für Bildung und Forschung (BMBF) (Ed.), *Möglichkeiten und Voraussetzungen technologiebasierter Kompetenzdiagnostik* (Vol. 20, pp. 5–16). Bonn, Berlin.

Kline, M. (1982, c1980). *Mathematics, the loss of certainty*. New York: Oxford University Press.

Költzsch, K. (1979). *Zum Lehren des Problemlösens durch die Vermittlung von Lösungsstrategien und den Einsatz weiterer heuristischer Hilfsmittel : theoretische und empirische Untersuchungen unter besonderer Berücksichtigung des Lösens von problemhaften Bestimmungsaufgaben in den Klassen 10 und 11*: Hochschulschrift.

Komorek, E., Bruder, R., Collet, C., & Schmitz, B. (2006). Inhalte und Ergebnisse einer Intervention im Mathematikunterricht der Sekundarstufe I mit einem Unterrichtskonzept zur Förderung mathematischen Problemlösens und von Selbstregulationskompetenzen. In M. Prenzel (Ed.), *Untersuchungen zur Bildungsqualität von Schule. Abschlussbericht des DFG-Schwerpunktprogramms*. Münster [u.a.]: Waxmann.

Kratz, J. (1988). Beziehungsreiche geometrische Problemstellungen aus didaktischer Sicht. *Didaktik der Mathematik*, *16*(3), 206–234.

Krauthausen, G. (2006). *Zahlenforscher 1: Zahlenmauern. Didaktische Handreichung*. Donauwörth: Auer.

Künsting, J., Thillmann, H., Wirth, J., Leutner, D., & Fischer, H. E. (2008). Strategisches Experimentieren im naturwissenschaftlichen Unterricht. In *Psychologie in Erziehung und Unterricht* (Vol. 55, pp. 1–15).

Kutrovátz, G. (2002). Imre Lakatos's philosophy of mathematics. In E. B. Rutkamp (Ed.), *Philosophies, Historical Dimensions of Mathematics, Mathematics Education and Logic* (pp. 116–122). Pretoria: University of South Africa.

Lakatos, I. (1976). *Proofs and refutations: The logic of mathematical discovery*. Cambridge ;, New York: Cambridge University Press.

Lakatos, I. (1979). *Beweise und Widerlegungen: Die Logik mathematischer Entdeckungen. Wissenschaftstheorie, Wissenschaft und Philosophie*. Braunschweig: Vieweg.

Lakatos, I. (1982). *Mathematik, empirische Wissenschaft und Erkenntnistheorie. Philosophische Schriften/Imre Lakatos: Vol. 2*. Braunschweig: Vieweg.

Leonhart, R. (2010). *Datenanalyse mit SPSS*. Göttingen, Bern, Wien, Paris, Oxford, Prag, Toronto, Cambridge, MA, Amsterdam, Kopenhagen, Stockholm: Hogrefe.

Leuders, T. (2008). Kooperation im Mathematikunterricht fördern - fachliches und soziales Lernen miteinander verbinden. In R. Bruder, T. Leuders, & A. Büchter (Eds.), *Mathematikunterricht entwickeln. Bausteine für kompetenzorientiertes Unterrichten* (pp. 129–148). Berlin: Cornelsen-Scriptor.

Leuders, T. (2010). *Erlebnis Arithmetik: Zum aktiven Entdecken und selbstständigen Erarbeiten. Mathematik Primarstufe und Sekundarstufe I + II*. Heidelberg: Spektrum Akad. Verl.

Leuders, T., & Philipp, K. (i. Vorb.). Mit Beispielen zum Erkenntnisgewinn – Experiment und Induktion in der Mathematik.

Leuders, T., & Philipp, K. (2012). Experimentelles Arbeiten in der Mathematik - ein Brückenschlag zur Naturwissenschaft mit Blick auf Peirce, Pólya und Medawar. In W. Rieß, M. Wirtz, B. Barzel, & A. Schulz (Eds.), *Experimentieren im mathematisch-naturwissenschaftlichen Unterricht – Schüler lernen wissenschaftlich denken und arbeiten.* (pp. 75-88) Münster: Waxmann.

Leuders, T., Naccarella, D., & Philipp, K. (2011). Experimentelles Denken - Vorgehensweisen beim innermathematischen Experimentieren. *Journal für Mathematik-Didaktik, Volume 32, Number 2*, 205–231.

Lienert, G. A., Raatz, U., & Lienert-Raatz. (1998). *Testaufbau und Testanalyse* (6. Aufl., Studienausg.). Weinheim: Beltz Psychologie-Verl.-Union.

Lolli, G. (2008). Experimental Methods in Proofs. In R. Lupacchini & G. Corsi (Eds.), *Deduction, Computation, Experiment. Exploring the Effectiveness of Proof* (pp. 65–79). Milano: Springer.

Mandl, H., & Friedrich, H. F. (Eds.). (1992). *Lern- und Denkstrategien: Analyse und Intervention*. Göttingen: Hogrefe.

Mason, J., Burton, L., & Stacey, K. (2006). *Mathematisch denken: Mathematik ist keine Hexerei* (4., überarb. Aufl.). München: Oldenbourg.

Mayer, R. E. (2004). Should There Be a Three-Strikes Rule Against Pure Discovery Learning? *American Psychologist, 59*(1), 14–19.

Mayring, P. (2002). *Einführung in die qualitative Sozialforschung: Eine Anleitung zu qualitativem Denken. Beltz-Studium*. Weinheim: Beltz.

Medawar, P. B. (1969). *Induction and intuition in scientific thought. University paperbacks*. London: Methuen.

Meyer, M. (2007). *Entdecken und Begründen im Mathematikunterricht: Von der Abduktion zum Argument. Texte zur mathematischen Forschung und Lehre: Vol. 52*. Hildesheim [u.a.]: Franzbecker.

Meyer, M. (2009). Abduktion, Induktion - Konfusion. Bemerkungen zur Logik der interpretativen Sozialforschung: Paralleltitel: Abduction, induction - confusion - notes on the logic of interpretative social research. *Zeitschrift für Erziehungswissenschaft*, *12*(2), 302–320.

Meyer, M., & Prediger, S. (2009). Warum? Argumentieren, Begründen, Beweisen. *Praxis der Mathematik in der Schule*, *51*(30), 1–7.

Ministerium für Kultus, Jugend und Sport Baden-Württemberg (2004). *Bildungsplan 2004 - Realschule*. Stuttgart.

National Council of Teachers of Mathematics. (1989). *Curriculum and evaluation standards for school mathematics*. Reston, Va: National Council of Teachers of Mathematics.

National Council of Teachers of Mathematics. (1995). *Assessment standards for school mathematics*. Reston, Va: National Council of Teachers of Mathematics.

National Council of Teachers of Mathematics. (2000). *Principles and standards for school mathematics* (2. printing.). Reston, Va.: National Council of Teachers of Mathematics.

Newell, A., & Simon, H. A. (1972). *Human problem solving*. Englewood Cliffs: Prentice-Hall.

Patton, M. Q. (2002). *Qualitative research & evaluation methods* (3. ed.). Thousand Oaks, Calif.: Sage.

Peirce, C. S., & Walther, E. (1967). *Die Festigung der Überzeugung und andere Schriften*. Baden-Baden: Agis-Verl.

Peirce, C. S., Hartshorne, C., & Weiss, P. (1960a). *Pragmatism and pragmaticism and Scientific metaphysics* ([2. print]). *Collected papers of Charles Sanders Peirce: / ed. by Charles Hartshorne and Paul Weiss Vol. 5 and 6*. Cambridge, Mass-: Belknap Press of Harvard Univ. Press.

Peirce, C. S., Hartshorne, C., & Weiss, P. (1960b). *Principles of philosophy and Elements of logic* (2. print.). *Collected papers of Charles Sanders Peirce: ed. by Charles Hartshorne and Paul Weiss ; Vol. 1 and 2*. Cambridge, Mass.: Belknap Press of Harvard Univ. Press.

Peirce, C. S., Hartshorne, C., Weiss, P., & Burks, A. W. (1998). *Reviews, correspondence and bibliography. Collected papers of Charles Sanders Peirce: / ed. by Charles Hartshorne and Paul Weiss ; Vol. 8*. Bristol: Thoemmes [u.a.].

Peter-Koop, A., & Prediger, S. (2005). Dimensionen, Perspektiven und Projekte mathematikdidaktischer Handlungsforschung. In E. Eckert & W. Fichten (Eds.), *Schulbegleitforschung. Erwartungen, Ergebnisse, Wirkungen* (pp. 185–201). Münster ; München [u.a.]: Waxmann.

Pfeifer, P., Lutz, B., & Bader, H. J. (2004). *Konkrete Fachdidaktik Chemie* (Neubearb., 3. Aufl., [Nachdr.]). München: Oldenbourg Schulbuchverl.

Pietschmann, H. (1996). *Phänomenologie der Naturwissenschaften*. Berlin/Heidelberg: Springer.

PISA-Konsortium Deutschland (Ed.). (2002). *Materialien aus der Bildungsforschung: Vol. 72. PISA 2000: Dokumentation der Erhebungsinstrumente*. Berlin: Max-Planck-Inst. für Bildungsforschung.

PISA-Konsortium Deutschland (Ed.). (2006). *PISA 2003: Dokumentation der Erhebungsinstrumente*. Münster: Waxmann.

Poincaré, H. (1914). *Wissenschaft und Methode*. Leipzig: Teubner.

Pólya, G. (1949). *Schule des Denkens: Vom Lösen mathematischer Probleme. Sammlung Dalp: Vol. 36*. Bern: Francke.

Pólya, G. (1962). *Induktion und Analogie in der Mathematik. Wissenschaft und Kultur*. Basel etc.: Birkhäuser.

Popper, K. R. (1963). *Conjectures and Refutations. The Growth of Scientific Knowledge*. London: Routledge & Kegan Paul.

Popper, K. R. (1994). *Logik der Forschung* (10., verb. und verm. Aufl.). *Die Einheit der Gesellschaftswissenschaften: Vol. 4*. Tübingen: Mohr.

Prediger, S. (2010). Über das Verhältnis von Theorien und wissenschaftlichen Praktiken – am Beispiel von Schwierigkeiten mit Textaufgaben. *Journal für Mathematik-Didaktik*, *31*(2), 167–195.

Prenzel, M., Gogolin, I., & Krüger, H.-H. (Eds.). (2008). *Zeitschrift für Erziehungswissenschaft: Vol. 8. Kompetenzdiagnostik*. Wiesbaden: VS Verlag für Sozialwissenschaften / GWV Fachverlage GmbH Wiesbaden.

Reichertz, J. (2003). *Die Abduktion in der qualitativen Sozialforschung. Qualitative Sozialforschung: Vol. 13*. Opladen: Leske + Budrich.

Reiss, K., & Renkl, A. (2001). Learning to prove: The idea of heuristic examples. *Zentralblatt für Didaktik der Mathematik*, *34*(1), 29–35.

Richter, A. (1995). *Der Begriff der Abduktion bei Charles Sanders Peirce. Europäische Hochschulschriften. Reihe 20, Philosophie: Vol. 453*. Frankfurt Main: Lang.

Rost, J. (1996). *Lehrbuch Testtheorie, Testkonstruktion* (1st ed.). Bern [u.a.]: Huber.

Rudolf, M., & Müller, J. (2004). *Multivariate Verfahren: Eine praxisorientierte Einführung mit Anwendungsbeispielen in SPSS*. Göttingen: Hogrefe.

Rychen, D. S., & Salganik, L. H. (Eds.). (2001). *Defining and selecting key competencies*. Seattle: Hogrefe & Huber.

Saldern, M. v. (1995). Zum Verhältnis von qualitativen und quantitativen Methoden. In E. König & P. Zedler (Eds.), *Bilanz qualitativer Forschung* (pp. 331–371). Weinheim: Deutscher Studien Verlag.

Salmon, M. H. (1995). *Introduction to logic and critical thinking* (3. ed.). Fort Worth: Harcourt Brace College Publ.

Santaella, L. (1997). *The development of Peirce's three types of reasoning: Abduction, Deduction and Induction.*

Schnell, R., Hill, P. B., & Esser, E. (2005). *Methoden der empirischen Sozialforschung* (7., völlig überarb. und erw. Aufl.). München: Oldenbourg.

Schoenfeld, A. H. (1985). *Mathematical problem solving*. Orlando, Florida etc.: Academic Press.

Schoenfeld, A. H. (1992). Learning to think mathematically: Problem solving, metacognition, and sense-making in mathematics. In National Council of Teachers of Mathematics & D. A. Grouws (Eds.), *Handbook of research on mathematics teaching and learning* (pp. 334–370). New York: Macmillan.

Schöneck-Voß, N. M., & Voß, W. (2005). *Das Forschungsprojekt: Planung, Durchführung und Auswertung einer quantitativen Studie ; [Lehrbuch]* (1. Aufl.). Wiesbaden: VS Verl. für Sozialwiss.

Schott, F., & Azizi Ghanbari, S. (2008). *Kompetenzdiagnostik, Kompetenzmodelle, kompetenzorientierter Unterricht: Zur Theorie und Praxis überprüfbarer Bildungsstandards ; ComTrans - ein theoriegeleiteter Ansatz zum Kompetenztransfer als Diskussionsvorlage*. Münster: Waxmann.

Schulz, A., Wirtz, M., & Starauscheck, E. (2012). Das Experiment in den Naturwissenschaften. In W. Rieß, M. Wirtz, B. Barzel, & A. Schulz (Eds.), *Experimentieren im mathematisch-naturwissenschaftlichen Unterricht – Schüler lernen wissenschaftlich denken und arbeiten.* (pp. 15-38) Münster: Waxmann.

Schütte, S. (Ed.). (2002). *Die Matheprofis 3*. München: Oldenbourg.

Schwarzkopf, R. (2000). *Argumentationsprozesse im Mathematikunterricht: Theoretische Grundlagen und Fallstudien. Texte zur mathematischen Forschung und Lehre: Vol. 10*. Hildesheim: Franzbecker.

Schwätzer, U., & Selter , C. (1998). Summen von Reihenfolgezahlen - Vorgehensweisen von Viertklässlern bei einer arithmetisch substantiellen Aufgabenstellung. *Journal für Mathematikdidaktik, 19*(2/3), 123–148.

Schwengeler, C. A. (1998). *Geometrie experimentell: Ideen und Anregungen zu einem handlungsorientierten Mathematikunterricht* (1. Aufl.). Zürich: Orell Füssli.

Shadish, W., Cook, T., & Campbell, D. (2002). *Experimental and Quasi-Experimental Designs for Generalized Causal Inference*. Boston: Houghton Mifflin.

Shewhart, W. A., & Deming, W. E. (1986). *Statistical method from the viewpoint of quality control* (1. publ., unabridged republ., Graduate School of the Department of Agriculture, Washington, D. C., 1939.). New York: Dover Publ.

Simon, H. A., & Lea, G. (1974). Problem solving and rule induction: A unified view. In L. W. Gregg (Ed.), *Annual Carnegie Cognition Symposium: Vol. 9.1973. Knowledge and cognition. [Ninth Annual Symposium on Cognition, May 1973]* (pp. 105–127). Potomac, Md.: Erlbaum.

Sørenson, H. K. (2010). Exploratory experimentation in experimental mathematics: A glimpse at the PSLQ algorithm. In B. Löwe & T. Müller (Eds.), *Texts in Philosophy: Volume 11. PhiMSAMP. Philosophy of Mathematics: Sociological Aspects and Mathematical Practice* (pp. 341–360). London: College Publications.

Steinle, F. (2005). *Explorative Experimente: Ampère, Faraday und die Ursprünge der Elektrodynamik.* Techn. Univ., Habil.-Schr.--Berlin. *Boethius: Bd. 50.* Stuttgart: Steiner.

Steinle, F. (2006). Experiment. In F. Jaeger (Ed.), *Enzyklopädie der Neuzeit* (pp. 722–728). Stuttgart: Metzler.

Stern, E. (1992). Die spontane Strategieentdeckung in der Arithmetik. In H. Mandl & H. F. Friedrich (Eds.), *Lern- und Denkstrategien. Analyse und Intervention.* Göttingen: Hogrefe.

Strauss, A. L. (1998). *Grundlagen qualitativer Sozialforschung: Datenanalyse und Theoriebildung in der empirischen soziologischen Forschung* (2. Aufl.). *UTB für WissenschaftUni-Taschenbücher.* München: Fink.

Sylvester, J. J. (1882). A constructive theory of partitions, arranged in three acts, an interact and an exodin. *American Journal of mathematics, 5*, 251–330.

Thillmann, H. (2008). *Selbstreguliertes Lernen durch Experimentieren: Von der Erfassung zur Förderung.* Göttingen: Niedersächsische Staats- und Universitätsbibliothek.

Toulmin, S. E. (1975). *Der Gebrauch von Argumenten. Wissenschaftstheorie und Grundlagenforschung: Vol. 1.* Kronberg/Ts.: Scriptor Verl.

Toulmin, S. E. (1977). *Human understanding: The collective use and evolution of concepts.* Princeton, NJ: Princeton Univ. Press.

Waywood, A. (1992). Journal Writing and Learning Mathematics. *For the Learning of Mathematics, 12*(2), 34–43.

Weidle, R., & Wagner, A. C. (1982). Die Methode des lauten Denkens. In G. L. Huber & H. Mandl (Eds.), *Verbale Daten. Eine Einführung in die Grundlagen und Methoden der Erhebung und Auswertung.* Weinheim: Beltz.

Weinert, F. E. (2001a). Concept of Competence: A Conceptual Clarification. In D. S. Rychen & L. H. Salganik (Eds.), *Defining and selecting key competencies.* Seattle: Hogrefe & Huber.

Weinert, F. E. (2001b). *Leistungsmessungen in Schulen. Beltz-Pädagogik.* Weinheim: Beltz.

Weinstein, C. E., & Mayer, R. (1986). The teaching of learning strategies. In M. C. Wittrock (Ed.), *Handbook of research on teaching. A project of the American Educational Research Association* (3rd ed., pp. 315–327). New York, NY [u.a.]: Macmillan.

Wiener, N. (1923). *Collected works: With commentaries.* Cambridge, Mass.: The MIT Pr.

Winter, H. (1991). *Entdeckendes Lernen im Mathematikunterricht: Einblicke in die Ideengeschichte und ihre Bedeutung für die Pädagogik* (2., verb. Aufl.). Braunschweig: Vieweg.

Wirth, J., Thillmann, H., & Künsting, J. (2008). Das Schülerexperiment im Naturwissenschaftlichen Unterricht. Bedingungen der Lernförderlichkeit einer verbreiteten Lehrmethode aus induktionspsychologischer Sicht. *Zeitschrift für Pädagogik, 54*(3), 361–375.

Wirtz, M., & Schulz, A. (2012). Modellbasierter Einsatz von Experimenten. In W. Rieß, M. Wirtz, B. Barzel, & A. Schulz (Eds.), *Experimentieren im mathematisch-naturwissenschaftlichen Unterricht – Schüler lernen wissenschaftlich denken und arbeiten.* (pp. 57-74) Münster: Waxmann.

Wittmann, E. C. (2005). Eine Leitlinie für die Unterrichtsentwicklung vom Fach aus: (Elementar-) Mathematik als Wissenschaft von Mustern. *Der Mathematikunterricht, 51*(2/3), 5–22.

Wottawa, H., & Thierau, H. (2003). *Lehrbuch Evaluation* (3., korrigierte Aufl.). *Psychologie Lehrbuch.* Bern: Huber.

Zimbardo, P. G. (1999). *Psychologie: Mit 70 Tab* (7., neu übers. u. bearb. Aufl.). Berlin, Heidelberg: Springer.

10 Anhang

10.1 Lernumgebung „Zahlenforschung“

10.1.1 Aufgaben

Die hier dargestellten Aufgaben und Grafiken sind adaptierte und zum Teil veränderte Vorversionen von Aufgaben aus dem Forschungsprojekt KOSIMA, die teilweise im Schulbuch *mathewerkstatt* eingesetzt werden.

1 Schokoladentafeln

a) Wie viele Stückchen haben Schokoladentafeln meistens?
Wie viele Mitglieder könnte Oles Familie haben?
Wann gibt es Streit beim Verteilen?

b)

Als Zahlenforscher kannst du bei der Frage helfen:
Wie viele Stückchen sollte eine rechteckige Schokolade haben, damit sie bei möglichst vielen verschiedenen Familiengrößen gerecht aufgeteilt werden kann?

TIPP
Untersuche zuerst einige Beispiele. Du kannst dazu auch Rechtecke in dein Heft zeichnen.

c)

Schreibe zur Frage in **b**) deine Empfehlung auf und begründe sie.

Treppenzahlen

2 Ole und Till haben gewettet, dass sie mit der Anzahl von Münzen, die sie gerade dabei haben, Treppen bauen können.

4+3+2=9 5+4=9

a) Baue Tills Treppe nach und füge noch eine größere Stufe hinzu.
Wie viele Münzen hat die Treppe nun insgesamt?

b) Arbeite nun wieder als Zahlenforscher und untersuche die folgende Frage:

Zu welchen Zahlen lassen sich Treppen bauen? Bei welchen Zahlen geht das nicht?

Halte alle deine Überlegungen schriftlich fest.
Immer wenn du nicht weiter kommst, kannst du einen Schlüssel aussuchen, der dir weiterhilft.

c) Welche Schlüssel hast du benutzt? Welche waren bei diesem Problem nützlich?

3 Das Produktbäumchen-Spiel

Wenn man ein Produktbäumchen gießt, wachsen aus einer Zahl zwei neue Zahlen. Das Produkt der beiden neuen Zahlen ist immer genau die Zahl, aus der sie gewachsen sind.

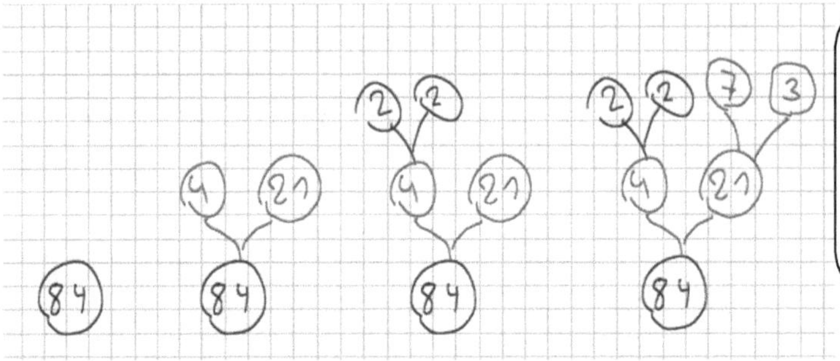

Ole wählt als Wurzelzahl die 84.

Till gießt und zerlegt die 84.

Ole gießt und zerlegt die 4.

Till zerlegt die 21. Ole kann nicht mehr zerlegen und hat verloren.

a) Spielt das Spiel mehrere Male und fangt dabei abwechselnd an.

b) Erforscht das Spiel: Welche Zahlen sollte man wählen, um zu gewinnen?

c) Erforscht die Produktbäumchen: Zeichnet möglichst viele verschiedene Bäumchen mit der Wurzelzahl 15 und mit der Wurzelzahl 48.
Worin unterscheiden sich die Bäumchen?
Was ist bei allen Bäumchen gleich?

Alle Teiler von:

1	1
2	1, 2
3	1, 3
4	1, 2, 4

4 Teiler

Es gibt Zahlen mit sehr wenigen Teilern und solche mit sehr vielen Teilern.

a) Erstelle eine Übersicht über die Teiler aller Zahlen bis 30.
Welche Zahlen haben die meisten Teiler?
Findest du Zahlen über 30, die noch mehr Teiler haben?

b) Zahlen mit nur zwei Teilern heißen *Primzahlen.*
Kreise in deiner Tabelle alle Primzahlen ein.

1	
2	
3	
4	
5	
6	
7	
8	
9	
10	
11	
12	
13	
14	
15	

16	
17	
18	
19	
20	
21	
22	
23	
24	
25	
26	
27	
28	
29	
30	

Das Zeichen ◯ bedeutet: Diese Zahlen haben nur zwei Teiler.

5 Zahlen vollständig zerlegen

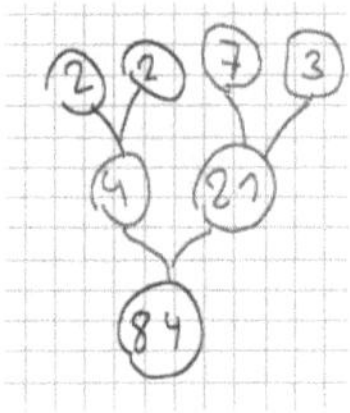

Wenn man eine Zahl wie im Produktbäumchen-Spiel vollständig zerlegt, kann man das auch als Rechnung schreiben.
Zum Baum am Rand gehören folgende Rechnung und Erklärung:

$84 = 4 \cdot 21$ *„Die 84 kann man in die beiden Faktoren 4 und 21 zerlegen."*
$= 2 \cdot 2 \cdot 21$ *„Die 4 kann man in $2 \cdot 2$ zerlegen."*
$= 2 \cdot 2 \cdot 7 \cdot 3$ *„Die 21 kann man in $7 \cdot 3$ zerlegen."*
„Weiter kann man die Zahl nicht zerlegen."

a) Zeichne einen Baum zur Zahl 180 und schreibe die passende Rechnung dazu.
Wie viele Faktoren hat deine Zerlegung am Schluss?

b)
Wenn man irgendeine Zahl vollständig in Faktoren zerlegt, was kann man dann über das Ergebnis immer sagen?
Du könntest z.B. beginnen mit „Wenn man irgendeine Zahl ..."

c)
Ole sagt: „Die 1 können wir beim Zerlegen nicht gebrauchen".
Was meint Ole damit?

6 Wichtige Schritte beim Zahlenforschen

Pia hat ein Problem erforscht. Hier steht ihre Lösung.

Problem: Welche Zahlen haben drei Teiler? Wie sehen solche Zahlen aus?

.

Die Teiler von 4 sind 1, 2, 4 – die passt.
Die Teiler von 6 sind 1, 2, 3, 6 – die passt nicht.

.

Erst trage ich die 1 und die Primzahlen ein, die haben ein oder zwei Teiler.

Zahl	1	2	3	4	5	6	7	8	9	10	11	12	13	14	15	16	17	
Teiler-anzahl	1	2	2	3 X	2	4	2	4	3 X	4	2	6	2	4	4	5 X	2	

Jetzt habe ich die 4, die 9 und die 16 gefunden.
Was haben die gemeinsam? $4 = 2 \cdot 2$ $9 = 3 \cdot 3$ $16 = 4 \cdot 4$

.

Alle Quadratzahlen haben drei Teiler:
Die 25 hat zum Beispiel die 1, die 5 und die $5 \cdot 5$ als Teiler.

.

Ich überprüfe das mal an 16.
Die Teiler sind 1, 2, 4, 8, 16. Also fünf Teiler!

a) Lies Pias Lösung durch. Besprich mit einem Partner, wie Pia vorgegangen ist.

b) Welche Schlüssel hat sie an den verschiedenen Stellen benutzt? Trage sie in die grauen Felder ein.

7 Dreiteilen

Die Summe d
Ziffern einer
Zahl nennt man
die *Quersumme.*

Till hat einen Trick gefunden, wie man Zahlen erkennen kann, die ohne Rest durch 3 teilbar sind.

Till hat ausgerechnet:
Die Quersumme von 468 ist 4 + 6 + 8 = 18.
Er hat geprüft, ob die Quersumme durch 3 teilbar ist: 18:3=6
Dann hat er probiert, ob die Zahl selbst auch durch 3 teilbar ist: 468:3=156

a) Probiere Tills Trick an den folgenden Zahlen aus:

(1) 532 (2) 123 456 (3) 111 111 111

b) Formuliere Tills Trick mithilfe der Quersumme.
Du kannst den folgenden Satzanfang verwenden:

Eine Zahl ist ohne Rest durch 3 teilbar, wenn ...

8 Dreiteilen und Neunteilen

1	**2**	**3**	**4**	**5**	**6**	**7**	**8**	**9**	**10**
11	**12**	**13**	**14**	**15**	**16**	**17**	**18**	**19**	**20**
21	**22**	**23**	**24**	**25**	**26**	**27**	**28**	**29**	**30**
31	**32**	**33**	**34**	**35**	**36**	**37**	**38**	**39**	**40**
41	**42**	**43**	**44**	**45**	**46**	**47**	**48**	**49**	**50**

a) Kreuze alle Zahlen an, die ohne Rest durch 3 teilbar sind.

b) Kreise alle Zahlen ein, die ohne Rest durch 9 teilbar sind.

c) Welcher Zusammenhang besteht zwischen den Zahlen aus a) und b)?

d) Till sagt: Die Quersummenregel funktioniert auch beim Teilen durch 9!
Prüfe seine Vermutung.

9 Zweiteilen und Fünfteilen

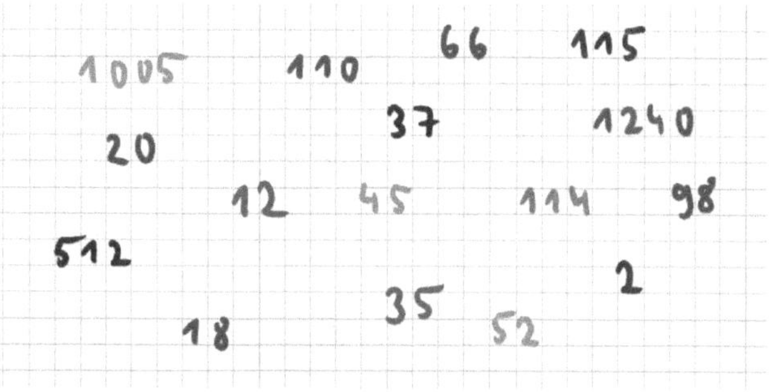

a) Finde alle Zahlen auf dem Blatt, die ohne Rest durch 5 teilbar sind. Formuliere eine Regel.

b) Finde alle Zahlen auf dem Blatt, die ohne Rest durch 2 teilbar sind. Formuliere eine Regel.

c) Welche Zahlen sind ohne Rest durch 2 *und* zugleich ohne Rest durch 5 teilbar?

d) Ergänze die Tabelle.

	Eigenes Beispiel
Eine Zahl ist ohne Rest durch **3** teilbar, wenn …	
Eine Zahl ist ohne Rest durch **9** teilbar, wenn …	
Eine Zahl ist ohne Rest durch **5** teilbar, wenn …	
Eine Zahl ist ohne Rest durch **2** teilbar, wenn …	

10 Zweifüßerzahlen

Ole nennt alle Zahlen, die man nur einmal in zwei Primzahlen zerlegen kann, „Zweifüßerzahlen“.
Suche nach solchen Zweifüßerzahlen.
Wie viele Zweifüßerzahlen kannst du unter 50 finden?

11 Prüfe die Regeln

Pia und Ole haben beim Spielen mit Zahlen einige Regeln entdeckt.
Prüfe nach, ob die Regeln stimmen.

Pia sagt: „Wenn eine Zahl auf 0 endet, dann ist sie durch 10 teilbar.“

Ole sagt: „Wenn die Quersumme einer Zahl ohne Rest durch 8 teilbar ist,
dann ist die Zahl selbst auch ohne Rest durch 8 teilbar.“

12 Zahlen mit Charakter

a) Woran erkennt man alle Zahlen, die durch 3 und zugleich durch 5 teilbar sind?

b) Woran erkennt man, ob eine Zahl über 100 durch 4 teilbar ist?
Überprüfe deine Vermutung auch an Zahlen über 1000.

10.1.2 Lehrerhandreichung

Konzeption

Das Unterrichtskonzept besteht aus vier Phasen, die das „Strategielernen“ strukturieren:

1. Hinführung/Gewöhnung (Aufgaben im Kontext):
   Am Beispiel der Schokoladentafeln werden die Schüler auf die Zahlenforschung vorbereitet.
2. Bewusstmachen/Explizieren von Strategien:
   An einer einführenden Aufgabe (Treppenzahlen) werden Schlüssel eingeführt und thematisiert, die bei der Bearbeitung der Aufgabe nützlich sein können.
3. Reflexion der Verwendung von Schlüsseln/Strategien:
   Anhand einer vorgegebenen Schülerlösung soll das Vorgehen nachvollzogen und reflektiert werden.
4. Transfer (Übungsfeld für die Verwendung von Schlüsseln/Strategien):
   Die Verwendung der Schlüssel soll beim Bearbeiten der weiteren Aufgaben angeregt werden.

Zentrale Bestandteile:

- Kommunikation über das Vorgehen der Schüler
- Verschriftlichen aller Aufgabenbearbeitungen im Forscherheft

Inhalte: Teilbarkeit, Primzahlen

Umfang: 10-13 Schulstunden

Übersicht:

Aufgabe	Kommentar	Material	Zeit in Schulstunden
Vortest		Test	1
Übungsaufgaben zum Teilen	Übungsaufgaben zur Wiederholung der Division Gewöhnung ans Schreiben Einführung des Forscherhefts L-Feedback zum Schreiben (Anleitung der SuS)	Aufgaben Arbeitsblätter	2
1 Schokoladentafeln	a) Plenum: Sicherung des Aufgabenverständnisses b) EA oder PA c) EA Plenum: Austausch und Diskussion der Ergebnisse	Bild, Sprechblasen Forscherheft	1

2 Treppenzahlen (Video)	Plenum: Aufgabenstellung, Begriffsklärung a) EA b) EA oder PA c) Plenum: Austausch und Diskussion der Ergebnisse und Verwendung der Schlüssel	Bild, Sprechblasen Schlüssel	2
3 Produktbäumchen-Spiel	Plenum: Spiel an Tafel erklären (oder spielen) a) PA mit verschieden farbigen Stiften (wichtig: in *einem* Forscherheft arbeiten) b)EA oder PA (Schlüssel) Plenum: Diskussion c) EA	Schlüssel	1 + HA
4 Teiler (MB)	HA oder EA Plenum: was ist eine Primzahl?		HA
5 Zahlen vollständig zerlegen	Bezug Produktbäumchen Primfaktorzerlegung a) EA b) EA (Schlüssel) c) EA Plenum: verschiedene Bäume zur 180 präsentieren (Endzahlen immer gleich), Anknüpfung an die Zahlenforschung aus Aufgabe 3	Bäume zur 180 Schlüssel	HA
6 Wichtige Schritte beim Zahlenforschen (Video)	Plenum: Fragestellung besprechen a) PA b)EA oder PA Besprechen der Aufgabe: welcher Schlüssel passt jeweils?	Folie Schlüssel	1
7 Dreiteilen	Woran erkennt man, ob eine Zahl durch 3 teilbar ist? Plenum: Tills Trick vorstellen. a) EA b) EA		<1
8 Dreiteilen und Neunteilen	EA oder HA	Schlüssel zu d)	<1

9 Zweiteilen und Fünfteilen	Teilbarkeitsregeln zusammenfassen a)-d) EA	Schlüssel zu c)	HA
10 Zweifüßer-zahlen	EA mit Hinweis des systematischen Aufschreibens Besprechung der Ergebnisse (wie hast du die Beispiele geordnet?)	Schlüssel	HA
11 Prüfe die Regeln	Vermutung prüfen an Beispielen bzw. Begründung EA, dann Besprechung (wie kann man Vermutungen prüfen?)	Schlüssel	<1
12 Zahlen mit Charakter	EA: Übung und Einsatz der Schlüssel Plenum: Vermutungen besprechen	Schlüssel	<1
Nachtest			1

Didaktischer Kommentar

Vortest

Der Test wird von speziell dafür geschulten Testleitern durchgeführt.

Übungsaufgaben zur Division und Hinführung zum Prozessschreiben

Die Aufgaben dienen dazu, die Division zu wiederholen. Gleichzeitig wird hier das Forscherheft für die Schülerinnen und Schüler eingeführt. Sie werden dazu angeleitet, ihre Überlegungen zu verschriftlichen.

Am Ende dieses Aufgabenteils ist es wichtig, den Schülerinnen und Schülern ein Feedback zu ihrem Forscherheft zu geben.

1 Schokoladentafeln (Einstieg)

Diese Aufgabe dient als Einstieg in die Zahlenforschung.

Die Situation und die Aussagen der Kinder auf dem Bild können als Impuls an die Tafel geheftet werden. Dazu soll im Plenum der Aufgabenteil a) diskutiert werden.

Aufgabenteil b) bearbeiten die Schülerinnen und Schüler in ihrem Forscherheft in Einzel- oder Partnerarbeit. Hierbei ist darauf hinzuweisen, dass die SuS Schokoladentafeln als Rechtecke zeichnerisch darstellen können.

Aufgabenteil c) soll in schriftlicher Form festgehalten werden (Einzelarbeit).

Abschließend sollen im Plenum verschiedene Schülerlösungen besprochen werden. Die SuS sollen hierzu ihr Vorgehen kurz anhand ihres Forscherheftes vorstellen.

Mögliche Leitfragen:

„Wie seid ihr vorgegangen?“

„Welche Beispiele habt ihr gezeichnet?“

„Wie viele Beispiele habt ihr gezeichnet?“

„Wie lautet eure Empfehlung?“ etc.

Zur Lösung:

Zu suchen ist hier eine Tafelgröße mit möglichst vielen Teilern, die gängigen Familiengrößen entsprechen. Häufige Lösungen sind: 24 (Teiler: 1,2,3,4,6,8,12,24), 30 (Teiler: 1,2,3,5,6,10,15,30), 36 (Teiler: 1,2,3,4,6,9,12,18,36), 60 (Teiler: 1,2,3,4, 5,6,10,12,15,20,30,60). Zulässig sind auch Begründungen wie „die Eltern bekommen weniger als die Kinder“ etc. Wichtig ist hier, den eigenen Lösungsweg darstellen zu können.

(Anmerkung: Die SuS können hier auch die Aufgabenstellung bekommen, ein Werbeplakat für eine Schokoladenfirma mit der idealen Tafelgröße zu gestalten. Diese Aufgabe könnte dann in Kleingruppenarbeit bearbeitet werden.)

2 Treppenzahlen (Einführung der Schlüssel)

Diese Aufgabe bildet das Kernstück bei der Einführung der Schlüssel.

Der Bildimpuls und die Sprechblasen können an die Tafel geheftet werden. Zunächst sollten nur die beiden Sprechblasen der beiden Jungen Ole und Till sichtbar sein. Für das Aufgabenverständnis wichtige Begriffe wie „Treppe“ (eine Treppe wird immer um eine Stufe höher, eine Treppe muss nicht bei 1 beginnen) und „Stufe“ (eine Stufe entspricht einer Münzspalte) sollten hier thematisiert werden. An dieser Stelle kann auf die Summendarstellung von Treppen hingewiesen werden:

Oles Treppe: 9=4+3+2

Tills Treppe: 9=5+4

Eine mögliche Fragestellung an die SuS wäre hier: Ole sagt:„Treppenzahlen kann man auch Reihenfolgezahlen nennen.“ Was meint Ole damit?

Aufgabenteil a) dient der Sicherung des Aufgabenverständnisses und soll von den SuS in Einzelarbeit im Forscherheft bearbeitet werden: 5+4+3+2=14.

An der Tafel wird nun die Sprechblase von Pia als Impuls zu Aufgabenteil b) dargestellt. Die SuS können spontan äußern, welche Vermutung sie haben (geht es mit acht Münzen oder nicht?). Ohne die Frage zu klären, soll nun zu Aufgabenteil b) übergegangen werden, den die SuS im Forscherheft bearbeiten sollen. Hierzu sollte die Aufgabenstellung gemeinsam gelesen werden. Die SuS sollten an dieser Stelle darauf hingewiesen werden, wirklich all ihre Überlegungen und Gedanken aufzuschreiben. Die Schlüssel werden mit dem Hinweis, dass sie bei der Aufgabenbearbeitung benutzt werden können, zur Verfügung gestellt. Im Forscherheft sollen die Schlüssel notiert werden, die benutzt werden. Den SuS steht es frei, ob sie die Aufgabe bildlich oder mit Hilfe der Summendarstellung bearbeiten.

(Anmerkung: Bei der Zahlenforschung können unterschiedliche Vorgehensweisen vorkommen: Einige betrachten ausschließlich Treppen, die bei 1 beginnen (Dreieckszahlen: 1, 3=1+2, 6=1+2+3, 10=1+2+3+4, 15=1+2+3+4+5 etc.), andere betrachten Treppen mit bestimmter Stufenanzahl (z.B. zweistufige oder dreistufige Treppen). Auch die Formulierung von Vermutungen kann hier sehr vielfältig sein: „man kann mit allen Zahlen eine Treppe bauen“ (falsch), „man kann mit allen ungeraden Zahlen eine Treppe bauen“, „man kann mit geraden Zahlen keine Treppe bauen“ (falsch) etc. Erwünscht ist hier auch das Formulieren von falschen Vermutungen im Prozess der Zahlenforschung. Die SuS sollen dazu aufgefordert werden, Vermutungen zu prüfen. Das kann durch das Hinweisen auf die Schlüssel geschehen.)

Aufgabenteil c) sollte im Plenum besprochen werden.

Mögliche Leitfragen:

„Was habt ihr über Treppenzahlen herausgefunden?“ (Fokus: inhaltliche Ergebnisse)

„Welche Schlüssel habt ihr benutzt?“ (Fokus: prozessbezogene Reflexion).

An dieser Stelle sollten die einzelnen Schlüssel ausführlich thematisiert werden. Hierzu bietet es sich an, auf die Aufgabe Bezug zu nehmen:

- Beispiele aufschreiben.
  SuS sollen (möglichst unterschiedliche) Beispiele aus ihrer Bearbeitung nennen.
- Beispiele ordnen (z.B. als Liste oder Tabelle).
  „Welche Beispiele passen zusammen/sind ähnlich?“, „Wie habt ihr eure Beispiele geordnet?“. Ordnungskriterien wie z.B. nach Größe, nach Anzahl der Stufen, nach geraden/ungeraden Zahlen etc. besprechen.
- Eine andere Darstellung suchen (z.B. Zeichnung oder Rechnung).
  Manchmal kann es hilfreich sein, wenn die Darstellung gewechselt wird. (Vermutlich haben die meisten SuS gezeichnet.)
- Vermutung aufstellen (Was fällt mir auf?).
  Eine Vermutung ist eine Aussage, die noch abgesichert werden muss (eine Idee, wie etwas sein könnte, es ist aber nicht sicher). „Nennt einige Vermutungen, die ihr aufgestellt habt, „Wie seid ihr zu euren Vermutungen gekommen?“ (die SuS haben Beispiele aufgeschrieben und Auffälligkeiten/Strukturen erkannt, die sie als Aussage/Vermutung formulieren).
- Vermutung prüfen (Finde ich ein Gegenbeispiel?).
  „Wie habt ihr eure Vermutungen geprüft?“ Man kann ein Gegenbeispiel finden, um eine Vermutung zu widerlegen. Ein Beispiel zur Bestätigung einer Vermutung reicht nicht aus. Hier sollen die SuS durch die Betrachtung von (meist mehreren) Beispielen Vertrauen in die Vermutung gewinnen, sie sollen sich sicher sein, dass sie stimmt und erklären, warum sie sicher sind.

Zur Lösung:

Die SuS kommen hier zu Lösungen wie: „man kann alle ungeraden Zahlen als zweistufige Treppe darstellen“, „es gehen nicht alle gerade Zahlen“, „die 2, die 4, die 8, die 16 … kann man nicht als Treppe bauen“ etc. Alle Lösungen, die dieses Phänomen beschreiben, sind hier erwünscht.

Man kann alle Zahlen als Treppen darstellen außer Zweierpotenzen wie die 2, $4=2\cdot2$, $8=2\cdot2\cdot2$, $16=2\cdot2\cdot2\cdot2$ etc., da sie ausschließlich gerade Teiler haben.

(Satz von Sylvester: Jede natürliche Zahl $n > 2$ hat genau so viele Darstellungen als Summe aufeinanderfolgender natürlicher Zahlen, wie sie ungerade Teiler hat. Dabei wird die Zahl 1 nicht als Teiler gezählt, wohl aber die Zahl n selbst.)

3 Produktbäumchen-Spiel

Das Spiel soll anhand des Beispiels erläutert werden: Dazu wird der Spielverlauf zweifarbig an die Tafel gezeichnet. Pias Sprechblase wird als Impuls zur Verwendung der Zahl 1 dazu geheftet. Die SuS sollen überlegen, warum die Zerlegung mit 1 nicht sinnvoll ist (Zerlegungen wiederholen sich dann unendlich, das Spiel würde nicht enden).

Aufgabenteil a) soll in Partnerarbeit durchgeführt werden (mehrere Durchgänge). Die Partner wechseln sich mit der Wahl der Wurzelzahl ab und entscheiden sich für die Notation in *einem* der beiden Forscherhefte.

Aufgabenteil b) im Forscherheft schriftlich beantworten und im Plenum kurz besprechen. Kriterien für die Wahl der Wurzelzahlen können sein: gerade Zahl, große Zahl, Zahl mit vielen Teilern etc. Hier auf die Verwendung der Schlüssel hinweisen.

Aufgabenteil c) in Einzelarbeit im Forscherheft bearbeiten.

Im Plenum anhand der Bäume Gemeinsamkeiten und Unterschiede besprechen. (*Gemeinsamkeiten*: Anzahl der Zerlegungen bei gleicher Wurzelzahl, Endzahlen sind immer gleich bei gleicher Wurzelzahl, Endzahlen sind immer 2,3,5,7,11,... (Primzahlen) *Unterschiede*: die Äste wachsen anders, es kommen andere Zahlen/Teiler vor) Beim Fokussieren auf die Endzahlen soll hier der Begriff der Primzahlen thematisiert werden. Außerdem soll an dieser Stelle der Teilerbegriff nochmal aufgefrischt werden.

Zur Lösung c):

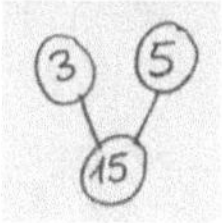

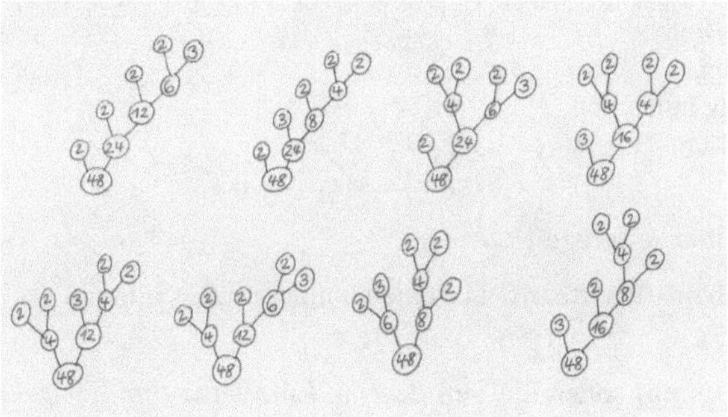

4 Teiler (Primzahlbegriff)

Diese Aufgabe kann im Anschluss an die Plenumsphase zu Aufgabe 3 als Hausaufgabe gestellt werden.

5 Zahlen vollständig zerlegen (Primfaktorzerlegung)

Diese Aufgabe nimmt Bezug auf Aufgabe 3 (Produktbäumchen). Zahlen sollen multiplikativ vollständig in Faktoren zerlegt werden (Primfaktorzerlegung).

Die gesamte Aufgabe soll im Forscherheft bearbeitet werden. Insbesondere zu Aufgabenteil b) sollte nochmals auf die Verwendung der Hilfsfragen hingewiesen werden.

Zur Lösung:

a) 180=2·2·3·3·5

b) Wenn man irgendeine Zahl vollständig zerlegt, …
… enthält die Zerlegung ausschließlich Primzahlen.

c) Die 1 ist keine Primzahl.
Die Zerlegungen wiederholen sich dann.

6 Wichtige Schritte beim Zahlenforschen

Die SuS sollen anhand der hier vorgegebenen „Schülerlösung" überlegen, wie Pia das Problem gelöst hat und welche Schlüssel sie dabei benutzt hat. Um eine Kommunikation zwischen den SuS zu ermöglichen, soll diese Aufgabe in Partnerarbeit bearbeitet werden.

Im Plenum sollen die einzelnen Schritte von Pia anhand einer Folie nochmal besprochen werden („Wie ist Pia vorgegangen?"). Die SuS können dann überprüfen, ob sie die richtigen Schlüssel eingetragen haben. Verbesserungen sollen sie mit andersfarbigem Stift neben ihre ursprüngliche Lösung schreiben.

Zur Lösung:

1. Beispiele aufschreiben
2. Beispiele ordnen
3. Eine Vermutung aufstellen
4. Vermutung prüfen.

7 Dreiteilen (Teilbarkeitsregel)

Bei dieser Aufgabe ist der Begriff der Quersumme zu klären und Tills Trick im Plenum zu besprechen.

Aufgabenteile a) und b) sollen die SuS dann in Einzelarbeit im Forscherheft bearbeiten. Im Anschluss sollte die Regel besprochen werden. Dazu kann folgende Darstellung eventuell hilfreich sein:

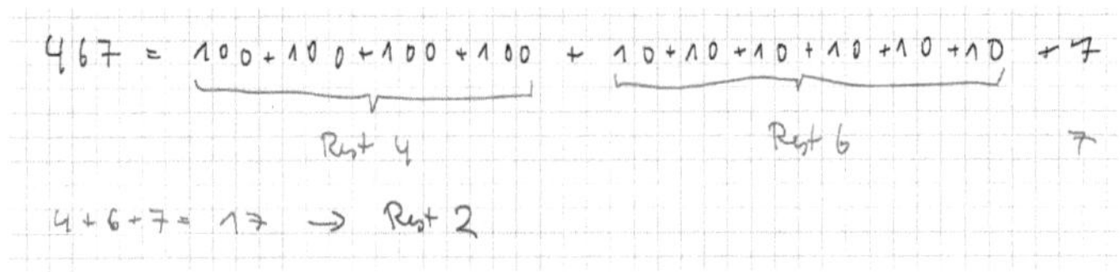

Zur Lösung:

a)

(1) 5+3+2= 10
10:3=3 Rest 1
532:3=177 Rest 1

(2) 1+2+3+4+5+6= 21
21:3=7
123 456:3=41 152

(3) 1+1+1+1+1+1+1+1+1=9
9:3=3
111 111 111:3=37 037 037

b) Eine Zahl ist ohne Rest durch 3 teilbar, wenn auch ihre Quersumme ohne Rest durch 3 teilbar ist.

8 Dreiteilen und Neunteilen (Teilbarkeitsregel)

Die SuS sollen diese Aufgabe in Einzelarbeit im Forscherheft bearbeiten. Die SuS sollen hier sehen, dass alle Neunerzahlen auch Dreierzahlen sind. Beschreibungen des Musters sind auch zulässig. Wichtig ist, dass die SuS ihre Überlegungen schriftlich festhalten.

Diese Aufgabe kann auch als Hausaufgabe gestellt werden.

9 Zweiteilen und Fünfteilen (Teilbarkeitsregel)

Diese Aufgabe kann im Anschluss an Aufgabe 7 und 8 als Hausaufgabe gestellt werden. In der Tabelle werden Teilbarkeitsregeln nochmal zusammengefasst und durch eigene Beispiele ergänzt.

Zur Lösung:

a) alle Zahlen mit Endziffer 0 oder 5
b)alle geraden Zahlen
c) Zehnerzahlen
d) Eine Zahl ist ohne Rest durch 9 teilbar, wenn auch ihre Quersumme ohne Rest durch 9 teilbar ist.

10 Zweifüßerzahlen (alle Schlüssel)

Diese Aufgabe kann entweder nach Aufgabe 6 oder nach Aufgabe 11 und 12 als Hausaufgabe gestellt werden. Es sollte nochmals auf das Verwenden der Schlüssel hingewiesen werden.

Hier geht es um das geordnete/systematische Aufschreiben von Beispielen. Bei der Besprechung kann man sich an der Frage „wie bist du vorgegangen?" orientieren.

Zur Lösung:

Es gibt insgesamt 16 Zweifüßerzahlen unter 50:

$2{\cdot}2=4$, $2{\cdot}3=6$, $2{\cdot}5=10$, $2{\cdot}7=14$, $2{\cdot}11=22$, $2{\cdot}13=26$, $2{\cdot}17=34$, $2{\cdot}19=38$, $2{\cdot}23=46$

$3\cdot3=9$, $3\cdot5=15$, $3\cdot7=21$, $3\cdot11=33$, $3\cdot13=39$

$5{\cdot}5=25$, $5{\cdot}7=35$

11 Prüfe die Regeln (Vermutung prüfen)

Die SuS sollen hier gezielt Vermutungen überprüfen. Auf die Verwendung der Schlüssel sollte nochmals hingewiesen werden.

Zur Lösung:

(1) Pias Vermutung ist richtig. Die SuS können Beispiele dazu aufschreiben und daran begründen.
(2) Oles Vermutung ist falsch. Die SuS können sie durch ein Gegenbeispiel widerlegen.

12 Zahlen mit Charakter (alle Schlüssel)

Bei dieser Aufgabe sollen abschließend nochmals die Schlüssel eingesetzt werden. Die SuS arbeiten in Einzelarbeit im Forscherheft.

Zur Lösung:

a) Die beiden Regeln für Teilbarkeit durch 3 und Teilbarkeit durch 5 müssen beide gelten:
Die Endziffer muss 0 oder 5 sein *und* die Quersumme der Zahl muss ohne Rest durch 3 teilbar sein.
b) Eine Zahl ist ohne Rest durch 4 teilbar, wenn die letzten beiden Ziffern ohne Rest durch 4 teilbar sind.

Nachtest

Der Test wird von speziell dafür geschulten Testleitern durchgeführt.

10.2 Testaufgaben

Aufgabe 1

Aufeinander folgende Zahlen

Hier siehst du drei Zahlen, die aufeinander folgen:

Diese drei Zahlen folgen nicht aufeinander:

Ergänze so, dass die drei Zahlen aufeinander folgen.'

436		

Aufgabe 2

Paul behauptet:

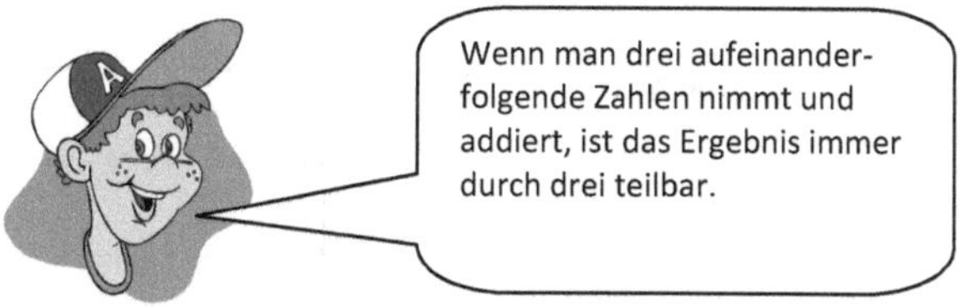

Prüfe, ob er recht hat und begründe deine Antwort.

Aufgabe 3

Schau dir die folgenden Zahlenmauern genau an.
In den Grundsteinen stehen immer die Zahlen 3,4, und 5.

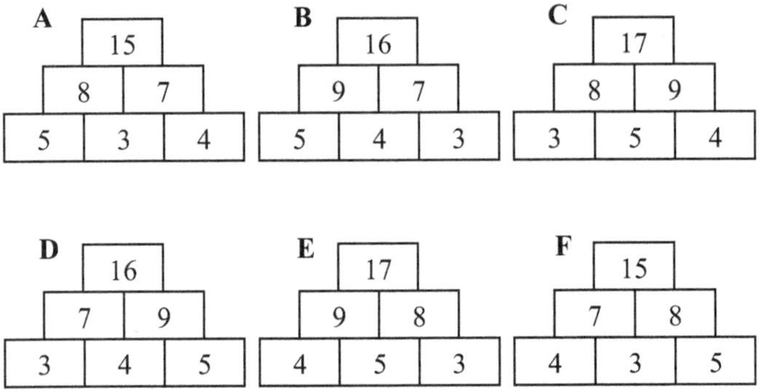

Was fällt dir auf? Schreibe eine, zwei oder drei Vermutungen auf.

Aufgabe 4

In einer 3-reihigen Zahlenmauer soll im Zielstein eine gerade Zahl stehen.
Meike sagt:

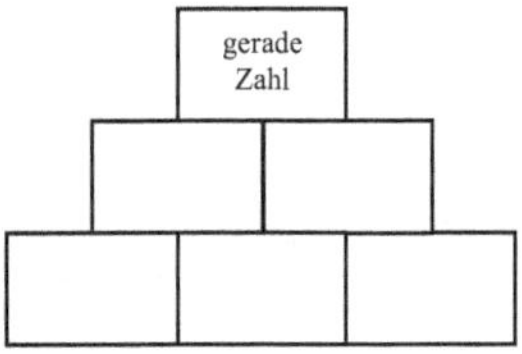

Überprüfe Meikes Aussage an einem Beispiel und erkläre.

Aufgabe 5

Schau dir die folgenden Zahlenmauern genau an.

	20	
10		10
5	5	5

	24	
12		12
6	6	6

	12	
6		6
3	3	3

	40	
20		20
10	10	10

Paul sagt:

Du kannst den Satz auf ein, zwei oder drei Arten weiter schreiben.

Wenn in allen Grundsteinen die gleiche Zahl steht, dann...

Aufgabe 6

Hier siehst du einige Zahlenmauern.
Welche Beispiele passen zusammen? Erkläre.

[A]

	40	
15		25
5	10	15

[B

	38	
19		19
9	10	9

[C]

	80	
45		35
25	20	15

[D]

	33	
15		18
5	10	8

[E]

	33	
20		13
13	7	6

[F]

	24	
12		12
4	8	4

Aufgabe 7

Paul hat besondere Minus-Aufgaben aufgeschrieben.

	7	4	7
−	4	7	4

	9	2	9
−	2	9	2

	5	1	5
−	1	5	1

a) Schreibe selbst einige solcher Minusaufgaben auf wie Paul.

−			

−			

−			

−			

b) Erkläre, wie Pauls Aufgaben aufgebaut sind.

Aufgabe 8

Meike hat auch solche Minus-Aufgaben gerechnet wie Paul. Sie hat sich die Ergebnisse genau angeschaut.

Meike sagt:

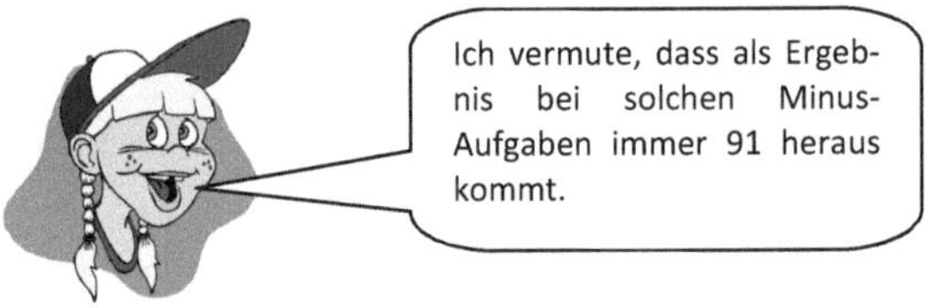

Gibt es eine solche Minus-Aufgabe, die Meikes Vermutung unterstützt?
Wenn du eine findest, schreibe sie auf.

−			

Gibt es eine solche Minus-Aufgabe, die Meikes Vermutung nicht unterstützt?
Wenn du eine findest, schreibe sie auf.

−			

Entscheide, ob Meikes Vermutung stimmt und begründe.

Meikes Vermutung stimmt. ☐ ja ☐ nein

Weil...

Aufgabe 9

Meike und Paul haben beim Spielen mit Zahlen einige Regeln entdeckt.
Paul sagt:

Prüfe nach, ob die Regel stimmt. Begründe deine Antwort.

Aufgabe 10

Meike hat beim Spielen mit Zahlen eine andere Regel entdeckt.
Meike sagt:

Prüfe nach, ob die Regel stimmt. Begründe deine Antwort.

Aufgabe 11

Meike hat Minusaufgaben gerechnet.
Schau Dir die Aufgaben genau an und setze die Aufgabenreihe fort.

	6	6	5		6	6	4		6	6	3												
–	5	5_1	6	–	4	4_1	6	–	3	3_1	6	–				–				–			
	1	0	9		2	1	8		3	2	7												

	7	7	6		7	7	5		7	7	4												
–	6	6_1	7	–	5	5_1	7	–	4	4_1	7	–				–				–			
	1	0	9		2	1	8		3	2	7												

Schau dir die Ergebnisse in den grauen Feldern genau an. Was fällt dir auf?
Schreibe eine, zwei oder drei Vermutungen auf.

Aufgabe 12

Woran erkennt man, ob eine zwei- oder dreistellige Zahl durch 11 teilbar ist?

Kolibri 360 GmbH
Ferdinand-Jühlke-Straße 7
99095 Erfurt, Deutschland
produktsicherheit@kolibri360.de